高 等 学 校 教 材

土木工程测量学教程

（上 册）

罗新宇 主编

U0261220

中 国 铁 道 出 版 社 有 限 公 司

2 0 2 1 年 · 北 京

内 容 简 介

本教材按照高等学校土木类"工程测量"课程教学大纲的要求编写,全书共 13 章,前四章介绍测量学的基本知识和基本的测量工作以及常规测量仪器的使用方法,第五、六、七章介绍小地区控制测量、地形图基本知识和地形图测绘的方法,第八章介绍测量误差理论的基本知识,第九章到第十二章介绍测设的基本工作以及建筑工程、管道工程、铁路站场的施工测量,第十三章简要介绍了 GPS(全球定位系统)、GIS(地理信息系统)和 RS(摄影测量与遥感)方面的基本知识。

本书可用于土木工程、给排水工程、环境工程、交通运输工程、建筑学、城市规划、工程管理等专业的教学用书,也可作为土木工程技术人员的专业参考书。

图书在版编目(CIP)数据

土木工程测量学教程(上册)/罗新宇主编. —北京:中国铁道出版社,2003.10(2021.1 重印)

高等学校教材

ISBN 978-7-113-05494-6

Ⅰ.土…　Ⅱ.罗…　Ⅲ.土木工程-工程测量-高等学校-教材　Ⅳ.TU198

中国版本图书馆 CIP 数据核字(2003)第 085053 号

书　　名:土木工程测量学教程(上册)
作　　者:罗新宇
出版发行:中国铁道出版社有限公司(100054,北京市西城区右安门西街 8 号)
责任编辑:李丽娟
封面设计:蔡　涛
印　　刷:三河市宏盛印务有限公司
开　　本:787×960　1/16　印张:18　字数:358 千
版　　本:2003 年 10 月第 1 版　2021 年 1 月第 15 次印刷
书　　号:ISBN 978-7-113-05494-6
定　　价:48.00 元

出 版 说 明

近年来，兰州交通大学认真贯彻落实教育部有关文件精神，不断推进教育教学改革。学校先后出资数百万元，设立了教学改革、专业建设、重点课程(群)建设、教材建设等项基金，并制定了相应的教学改革与建设立项计划、项目管理及奖励办法等措施。根据培养"基础扎实、知识面宽、能力强、素质高"的高级专门人才的总体要求，学校各院(部)认真组织广大教师积极参加教学改革与建设，开展系统的研究与实践，取得了一系列教学改革与建设成果。

通过几年来的深化改革，各学科专业制定了新的人才培养目标和规格，构建了新的人才培养模式和知识、能力、素质结构，不断修订完善专业教学计划和教学大纲。教学内容和课程体系的改革是教学改革的重点和难点，学校投入力量最大，花费时间最长，投入精力最多，取得的成效也最为显著。突出反映在教材建设方面，学校在各学科专业课程整合、优选教材的基础上，制定了"十五"教材建设规划，积极组织教材编写工作，通过专家论证和推荐，优化选题，优选编者，以保证教材编写质量，最后由学校教材编审委员会审定出版，确保出版教材教育思想的正确性、内容的科学性和先进性、形式的新颖性以及面向使用专业的针对性和适用性。近年来，通过广大教师的努力，相继编著了一批高水平、高质量、有特色的教材(包括文字教材和电子教材)。这些教材一般是由一些学术造诣较深、教学水平较高、教学经验比较丰富的教师担任主编，骨干教师参编，同行专家主审而定稿的。在教材中凝聚了编著教师多年的教学、科研成果和心血，这是他们在教学改革和建设中对高等教育事业做出的重要贡献。

本教材为学校"十五"教材建设资助计划项目，并通过了学校教材编审委员会审定。希望该教材在教学实践过程中，广泛听取使用意见和建议，适时进一步修改、完善和提高。

兰州交通大学"十五"规划
教材编审委员会
2003 年 4 月

兰州交通大学"十五"规划教材
编审委员会

前　　言

　　21世纪是科学、教育全面发展的世纪。为了更好地培养新世纪的科技人才，我国各高等学校正在进行着广泛的教育改革和教学改革。非测绘专业的测量学课程的教学，同样也在进行着课程和教学内容的改革。本教材是按照高等学校土木类"工程测量"课程教学大纲的要求编写的，可用于土木工程、给排水工程、环境工程、交通运输工程、建筑学、城市规划、工程管理等专业的教学用书，也可作为工程技术人员的专业参考书。

　　随着社会的发展和科技的进步，工程测量的理念和手段近年来已发生了重大变化，测量工作正逐渐从经纬仪＋钢尺＋小平板的模式向全站仪＋计算机的模式转变。为了适应测绘科技发展的这一趋势，本教材力图在满足"三基"（基本理论、基本知识和基本技能）教育的基础上，充分反映测量工作的新理念、新知识、新仪器、新方法。内容上除了考虑学生在校期间所学知识的系统性和完整性外，同时也考虑了学生就业后本书的实用价值和参考价值。在编排上，一方面考虑了测绘知识的系统性和完整性，同时也充分考虑了教学的循序渐进特点，按照由浅入深、先易后难的原则组织教材内容。

　　本书分上下两册。参加上册编写工作的有：罗新宇（第一、六、七、十、十一、十二章）、杨维芳（第二、三、四、五、十三章）、李仲勤（第八、第九章）。本书由罗新宇统稿并担任主编。施工控制测量、道路线路测量、桥梁施工测量、隧道施工测量、变形观测等内容，将编入下册出版。

　　本教材的编写，得到了铁道第一勘察设计院陈新焕高级工程师的大力支持，原兰州铁道学院测量教研室主任周天恒认真细致地审查了书稿，在此一并致谢。

　　由于编者水平有限，书中可能存在不少缺点和错误，敬请读者批评指正。

编　者

2003年夏

目 录

第一章　测量学的基本知识

第一节　测量学的地位和作用

测量学是研究如何测定地面点的位置和高程,将地球表面的地形及其他信息测绘成图,以及确定地球的形状和大小的科学。也就是说,测量学是研究如何测量和描绘地球整体以及地面形状的科学。"测量"一词是泛指对各种量的量测,而测量学所要量测的对象是地球的表面乃至整个的地球。由于测量学一般都包含测和绘两项内容,所以这门科学又称为"测绘科学"。

按照所研究的内容、范围和对象的不同,测量学有许多分支学科:①研究地球的形状、大小和重力场问题,建立国家大地控制网等工作,属于大地测量学研究的范畴。其具体任务是在广大区域内测定一些点的精确位置供各项研究使用,并为各种测量工作提供基础。大地测量必须考虑地球曲率的影响。在小范围地面上不考虑地球曲率的影响,而将地球表面当作平面看待。②研究各种物体所在位置的详细情况并绘制出地形图的测量工作,属于地形测量学的范畴,其具体任务是测绘各种比例尺的地形图。③利用摄影相片确定物体的形状、大小和位置的工作属于摄影测量学研究范畴。④各种工程在勘测设计、施工建造以及运营管理等阶段中所进行的各种测量工作属于工程测量学的研究范畴。此外,"地图编制"、"测绘仪器制造"也是测绘科学中的两个重要分支。随着科学的发展和新技术的应用,又出现了卫星大地测量、遥感技术、惯性定位系统、卫星定位系统等一些新兴的学科。

在测量工作中有两类不同性质的工作:一类称为测定,是把地面上存在的各种物体,利用测量的方法确定它们的位置并绘制成图,例如测绘地形图的工作;另一类称为测设,是把预定的点位用测量的方法设置到地面上,例如各种工程建筑物的施工放样工作。前者是把地面实际的形态通过测量转化成图或数字,是获取地面信息的过程;后者则是按设计图纸或预定的数字,通过测量方法把拟建造的建筑物位置标定到地面,是将设计变成现实的过程。

测量工作一般要经过野外观测和室内计算、绘图等程序。野外的观测工作称"外业",室内的计算和绘图等工作称"内业"。外业工作是取得原始数据的过程,内业工作是对原始数据进行分析、整理、加工的过程。由于测量的成果可以应用到各个方面,影响极广,工作中的任何差错都能造成不良的后果,有的甚至会对工程造成巨大损失,所以保证质量是测量工作者的首要职责。因此,外业观测必须按规范或规程的要求来完成,不合格的必须重测,手簿、图纸等原始资料,应保证正确、清楚和完整;内业工作必须认真细致,交付的成果必须经复核检验,确保成果的质量。

工程测量在国民经济建设和国防建设中占有重要的地位,测量学的知识和技能有着十分广泛的用途,无论在政治、经济、军事、科技和文化教育等方面,都有重要的应用。工程测量的应用涉及国民经济的各个方面,如城市、工厂、矿山和水利等建设,铁路、公路和水运等交通的建设,以及农业、林业的开发和建设。

测绘工作在土木工程建设中起着十分重要的作用。例如铁路或公路的建设,在设计阶段,为了选择最经济合理的路线,要进行大量的测量工作。在施工阶段,为了把线路和各种建筑物正确地按设计位置建造出来,要进行各种测设和检测工作。在工程竣工后,对各项工程还要进行竣工测量。而在运营期间,为保证建筑物的安全使用,对重要建筑物要进行位移、沉陷、倾斜等项目的变形监测,为了管理、改建或扩建的需要,还要进行各种测量。可以说,任何建设项目都是测量先行,所以测绘人员常被喻为工程建设的尖兵。

测量学课程不仅在本专业的实际工作中占有重要地位,对本专业的后续课程也起着重要作用。学习测量学必须坚持理论与实践并重,不但要掌握测量的基本理论,而且要重视观测、计算和绘图等基本技能的训练。在学习中应养成认真负责、一丝不苟的工作作风和爱护仪器设备的良好习惯。由于野外作业工作和生活条件均较艰苦,因此还必须培养吃苦耐劳和克服困难的精神。

本书首先叙述各种基本的测量工作,然后介绍与土木工程专业密切相关的地形测量、工程测量等内容。

第二节　地面点位的表示方法

一、测量的基本原则和测量工作的实质

在地面上无论是天然或人工形成的物体,其分布多数是零乱而不规则的。那么如何来测量这些为数众多而分布又不规则的特征点呢?一般进行的程序应是先在测区范围内精确测出少数点的位置,如图 1-1 中的 A、B、C 等,然后以这些点为基础,测量它们周围地物地貌的特征点,得出局部的地形图。图中 A、B、C 等点构成的图形在测区中形成一个框架,起控制作用,所以这些点称为控制点,测量这些点的位置的工作称为控制测量。以控制点为基准测量其周围地形特征点位置的工作称为碎部测量。利用各控制点间已测定的位置关系,就可以把从各控制点所测得的局部地形连成一个整体,从而得出这一测区的地形图,并能保证必要的精度。这就是进行测量工作必须遵循的"从整体到局部,先控制后碎部"的基本原则。在测设工作中同样也要遵循这一基本原则。按照这一原则进行测量工作,不仅可以防止测量误差的过大积累,保证整个测区内测量

精度的一致性，也可以在较大测区内同时安排多个作业组进行工作，以加快作业进度，提高工作效率。

无论是控制测量还是碎部测量，从根本上讲都是测量点位的工作。不但测定是这样，测设也是这样。因此可以说："测量工作的实质就是测量（测定或测设）点位的工作。"任何性质的测量工作都是如此。

既然测量工作都是测定点位的工作，因此首先应了解地面上点位的表示方法。由于测量工作都是在地球表面上进行的，所以在讨论如何确定地面点位之前，先介绍关于地球形状和大小的知识。

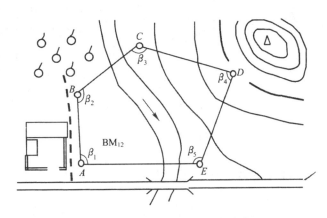

图 1-1　从整体到局部的测量原则

二、地球的形状和大小

地球是一个球体，表面高低起伏极不规则，最高的山峰珠穆朗玛峰高达 8 848.13 m，最深的海沟马里亚纳海沟深达 11 022 m。虽然地球表面的起伏如此之大，但与半径为 6 000 余公里的整个地球相比，还是微不足道的。由于地球表面上陆地只占 29%，而海洋却占 71%，所以我们可以将地球总的形状看做是一个被海水包围的形体。设想由静止的海水面所包围并延伸进大陆和岛屿后，形成了一个封闭的曲面，这个曲面称为大地水准面，由大地水准面所包围的形体称为大地体，大地体可以代表地球总的形状。

任何静止的水面在测量学中均可称为水准面。水准面的特点是它处处与铅垂线相垂直，同一水准面上势能处处相等。水准面可以位于不同的高度，所以水准面可以有无数个。由于潮汐、波浪的影响，不存在一个完全处于静止平衡状态的海水面，但可以取平均海水面作为大地水准面，它是无数水准面中的一个。为此，人们在海岸边设立验潮站，用验潮站所测得的平均海水面来代替静止的海水面。因此也可以说，大地水准面是与平均海水面重合的一个封闭曲面。

由于地球外层物质分布的不均匀，引起各处铅垂线方向的不规则变化，因而大地水准面也是一个不规则的曲面。为了便于处理大地测量的成果，需要用一个简单的几何形体来代替大地体。力学理论和实测结果都证明，地球是一个两极稍扁的不规则球体，在这样的球体上难以进行数学计算，但可以用一个椭圆绕其短轴旋转而成的形体来代替大地体，称为"椭球"。大地水准面有些地方在椭球表面之上，有些地方则在椭球表

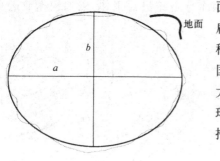

图 1-2 大地水准面和参考椭球面

面之下。椭球的大小用长半轴 a 和短半轴 b 或扁率 α 表示(图 1-2),一般用 a 和 α 表示,a 和 α 称为椭球的元素。为了测量工作的需要,在一个国家或一个地区,需要选用一个最接近于本地区大地水准面的椭球,这样的椭球称为"参考椭球"。我国目前采用 1975 年国际大地测量协会推荐的地球椭球,其元素值为:

$$a = 6\ 378\ 140\ \text{m}$$

$$\alpha = \frac{a - b}{a} = 1 : 298.257$$

由于地球的扁率很小,所以在一般测量工作中,可把地球看做一个圆球,其半径 R = 6 371 km 。

三、地面上点位的表示方法

在测量工作中,地面上点的位置都用坐标和高程来表示。坐标用来表示点的平面位置,高程则表示地面点到高程基准面的垂直距离,即用两个量说明地面点在椭球面或水平面上投影的位置。

1. 点的高程

地面任意一点沿铅垂线到大地水准面的距离称为该点的绝对高程,简称高程,亦称标高或海拔,两点之间的高程差称为高差。如图 1-3,H_A、H_B 分别是 A 点和 B 点的高程,而 h_{AB} 是 A、B 两点之间的高差。

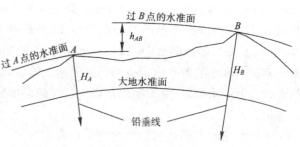

图 1-3 高程与高差

过去我国采用的"1956 年黄海高程系",是根据青岛验潮站 1950～1956 年对黄海水面的观测结果确定的平均海水面作为高程基准面,并以此确定青岛水准原点的高程为 72.289 m。

从 1989 年起,国家规定采用"1985 年国家高程基准"作为全国统一的高程系统。该系统是根据 1952～1979 年的观测资料计算得出的平均海水面作为高程基准面,并得出青岛水准原点的高程为 72.260 m。水准原点是全国高程测量的基准点。在使用已有的高程资料时,一定要注意高程基准面的统一和换算。

有时,为了工作的方便,在独立的测区内,也可以假设某一水准面为基准,则该测区各点的高程就是以同一个假设水准面为基准的相对高程。

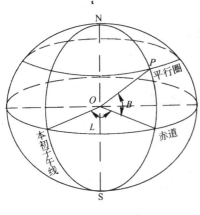

图 1-4　大地坐标

2. 点的平面位置

地面点的平面位置是用地面点在一定基准面上的坐标表示的。当地面点投影到椭球面上时，其平面位置用大地坐标来表示，当投影到水平面上时，则用平面直角坐标表示。

（1）大地坐标

地面点的大地坐标用"大地经度"和"大地纬度"来表示。在图 1-4 中 N、S 分别为地球的北极和南极，*NOS* 为地球的短轴，又称地轴。通过球心 *O* 并垂直于地轴的平面称赤道平面，它与椭球面的交线称为赤道。由地面上任一点和椭球短轴决定的平面称该点的子午面，子午面与椭球面的交线称子午线。地面上任意一点 *P* 的子午面与本初子午面之间的夹角，就是 *P* 点的大地经度，通常用符号 *L* 表示。大地经度自本初子午面起向东 0°～180° 称东经，向西 0°～180° 称西经。过 *P* 点作椭球的法线，在 *P* 点的子午面内，*P* 点的法线与赤道平面所成的角就是 *P* 点的大地纬度，用符号 *B* 表示。大地纬度自赤道起向北 0°～90° 称北纬，向南 0°～90° 称南纬。

1968 年以前，将通过英国格林尼治天文台的子午线规定为本初子午线，以此作为度量经度的起始子午线。由于极移的影响和格林尼治天文台迁址，1968 年国际时间局改用经过国际协议原点（CIO）和原格林尼治天文台的经线延伸交于赤道圈的一点作为经度的零点。1977 年我国决定采用过该经度零点与极原点 1968.0（1968 年 1 月 1 日零时瞬间）的子午线作为本初子午线，包含该子午线的子午面称为本初子午面。

（2）平面直角坐标

用大地坐标表示大范围内地球表面的点位是很方便的，在小区域内进行测量时，用经纬度表示点的平面位置则十分不便。但如果把局部椭球面看作一个水平面，在这样的水平面上建立起平面直角坐标系 *xOy*，则点的平面位置就可用该点在平面直角坐标系中的直角坐标（*x*, *y*）来表示。

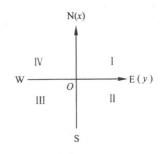

图 1-5　测量平面直角坐标系

在测量学中，平面直角坐标系的安排与数学中常用的迪卡尔坐标系不同，它以南北方向为 *x* 轴，向北为正；而东西方向为 *y* 轴，向东为正。象限顺序按顺时针方向计（图 1-5）。这种安排与迪卡尔坐标系的坐标轴和象限顺序正好相反。这是因为在测量中南北方向是最重要的基本方向，直线的方向也都是从正北方向开始按顺时针方向计量的，但这种改变并不影响三角函数的应用。为了避免坐标定义的混淆，现在许多国家已采用 N—E 坐标，即北—南坐标表示地面点的平面位置。平面直角坐标系的坐标轴和原点可根据需要选择。

对于大范围的测量工作,应采用与大地坐标有联系的高斯平面直角坐标系统,详见第六章。

第三节　测量的基本工作

以上阐明了测量工作的若干基本概念:如测量工作可分为测量和测设两类不同性质的工作;无论是测量还是测设都要遵循从整体到局部的原则,即从控制到碎部的原则;无论是测量还是测设,控制测量还是碎部测量,所有测量工作的本质都是测定点位的工作,即测定点的平面位置和高程。测量点的平面位置的工作叫做"平面测量",而测量点的高程的工作称为"高程测量"。

为了测定点的平面位置,要测量两点间的水平距离,即连接两点的直线在水平面上投影的长度,如图 1-1 中的 AB、BC…测量相邻两直线间的水平角,即两直线在水平面上投影的夹角,如图 1-1 中的 β_1、β_2…。可见,水平距离和水平角是确定点的平面位置的基本要素。为了确定点在空间的位置,还需要测量点的高程。有时直接测量两点间的斜距,再测量在铅垂面内的竖直角,然后推算 A、B 两点间的水平距离和高差。所以不论进行何种测量工作,需要在实地测量的基本要素都是:

1. 高程;
2. 角度(水平角和竖直角);
3. 距离(水平距离或斜距)。

测量这三种基本要素的工作是基本的测量工作。每一种基本要素的测量都可以用不同的仪器和方法来进行,测量工作者应根据实际的需要和可能的条件,选用最经济合理的工作方法来实现工作目标。

思考与练习题

1-1　进行测量工作应遵循的原则是什么?

1-2　为什么说测量工作的实质就是测量点的位置?

1-3　什么是水准面、大地水准面、椭球和参考椭球?

1-4　测量工作中地面点的位置是如何表示的?

1-5　用水平面代替水准面对距离和高程产生什么影响?

1-6　基本的测量工作有哪些?为什么说这些是基本的测量工作?

第二章 高 程 测 量

为了确定地面点的位置,必须测定地面点的高程,测定地面点高程的工作称为高程测量。高程测量按所使用的仪器和施测方法的不同,可分为水准测量、三角高程测量、气压高程测量、无线电测高、立体摄影测量测高、GPS测高等几种方法。其中,水准测量是高程测量的主要方法,在国家大地测量、工程勘测和施工测量中经常用到。本章着重介绍水准测量所使用的光学仪器及水准测量的方法,并扼要介绍自动安平水准仪和电子水准仪的构造特点。

第一节 水准测量原理

水准测量的目的是确定地面点的高程,但水准测量不是直接测定地面点的高程,而是先测定地面两点间的高差,然后根据其中一个已知点的高程算出另一点的高程。

如图 2-1,设 A 为已知点,其高程为 H_A。为确定未知点 B 的高程 H_B,可在 A、B 两点间安置一架能提供水平视线的仪器——水准仪,并在 A、B 两点上分别竖立有刻度的直尺——水准尺。根据水准仪提供的水平视线,可分别读取 A 点水准尺上的读数 a 和 B 点水准尺上的读数 b,则由图中的几何关系可知 A、B 两点间的高差为

$$h_{AB} = a - b \qquad (2-1)$$

于是 B 点的高程 H_B 为

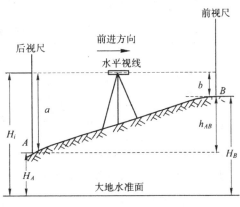

图 2-1 水准测量原理

$$H_B = H_A + h_{AB} \qquad (2-2)$$

设水准测量的前进方向是由 A 点向 B 点,则规定已知点 A 为后视点,其水准尺的读数 a 为后视读数;未知点 B 为前视点,其水准尺的读数 b 为前视读数。则高差 h_{AB} 为

$$h_{AB} = 后视读数 a - 前视读数 b$$

高差 h_{AB} 本身可正可负,当 a 大于 b 时 h_{AB} 值为正,这种情况是 B 点高于 A 点;当 a 小于

b 时 h_{AB} 值为负,即 B 点低于 A 点。当 a 等于 b 时 $h_{AB}=0$,A、B 两点同高。

高差是相对的,在书写高差 h_{AB} 时,必须注意 h 下标的顺序。例如 h_{AB} 是表示由 A 点至 B 点的高差;而 h_{BA} 表示由 B 点至 A 点的高差,即

$$h_{AB} = -h_{BA}$$

从图中还可以看出,A 点的高程 H_A 加后视读数 a,得视线高程 H_i(也称为仪器高程)。用视线高减去前视读数 b,也可求出 B 点的高程 H_B,这在建筑工程施工中和断面测量中经常用到,用公式表示为

$$H_B = (H_A + a) - b = H_i - b \tag{2-3}$$

把仪器安置在一个地方,根据一个已知高程的后视点,用这种方法可同时求得几个未知点的高程,这种方法称为视线高法或仪高法,在这些点上的水准尺读数称为中视读数。

第二节 微倾式水准仪

水准仪是用于水准测量的仪器。我国对大地测量仪器规定的总代号为"D",水准仪的代号为"S",即取汉语拼音的第一个字母,连接起来就是"DS",通常省略"D"而只写"S"。按仪器所能达到的每公里往返测高差中数的偶然中误差这个精度指标来划分,可分为 DS_{05}、DS_1、DS_3、DS_{10} 四个等级,其等级划分和主要用途见表 2-1。

表 2-1 水准仪的等级划分及主要用途

水准仪系列型号	DS_{05}	DS_1	DS_3	DS_{10}
每公里往返测高差中数的偶然中误差	≤0.5 mm	≤1 mm	≤3 mm	≤10 mm
主要用途	国家一等水准测量及地震监测	国家二等测量及其他精密水准测量	国家三、四等水准测量及一般工程水准测量	一般工程水准测量

水准仪有微倾式水准仪、自动安平水准仪、电子水准仪等,本节主要介绍微倾式水准仪。

一、水准仪的构造

微倾式水准仪构造如图 2-2 所示,主要由望远镜、水准器和基座三部分组成。

1. 望远镜

望远镜是提供视线和照准目标的设备。它由物镜、调焦透镜(也称对光透镜)、十字丝分划板和目镜等组成,如图 2-3。

物镜由凸透镜或复合透镜组成,其作用是将照准的目标成像在十字丝平面上而形成缩小的实像。目镜的作用是将物镜所成的实像连同十字丝的影像放大成虚像。十字

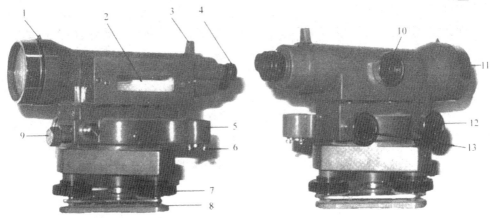

图 2-2 水准仪的构造

1—准星;2—水准管;3—照门;4—目镜;5—圆水准器;6—圆水准器校正螺丝;7—脚螺旋;8—三角底板;9—水平制动螺旋;10—调焦螺旋;11—物镜;12—水平微动螺旋;13—微倾螺旋。

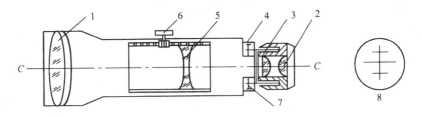

图 2-3 望远镜的构造

1—物镜;2—目镜;3—十字丝分划板;4—分划板护罩;5—调焦透镜;

6—物镜调焦螺旋;7—分划板固定螺丝;8—十字丝。

丝分划板是用于准确瞄准测量目标的。它是一块圆形的平板玻璃,其上刻有一些很细的分划线,如图 2-3 所示,中间的一根长横丝称为横丝或中丝,竖直的称为竖丝,上下的短丝用以测定距离之用,称为视距丝。在水准测量中,通过十字丝分划板能在水准尺上进行读数。

为了能使观测者通过目镜同时看清目标影像和十字丝,在物镜和十字丝之间还安装着一个调焦透镜,转动物镜调焦螺旋可以改变调焦透镜的位置,使目标影像落在十字丝平面上。

通过物镜光心和十字丝交点的连线称为望远镜的视准轴,即通常所说的视线。水准测量中就是利用视准轴来照准目标,用十字丝中丝截取水准尺读数的。

(1)望远镜成像原理

先讨论外调焦望远镜的成像原理。所谓外调焦,是指通过改变物镜位置而获得清晰影像的调焦方式。如图 2-4,当远处目标 AB 通过物镜成倒立缩小的实像 ab 后,因目标的远近不同,像的位置不一定落在十字丝平面上。这时,需要转动物镜调焦螺旋,使物镜相对于十字丝平面作前后移动,以改变物距和像距,使实像落在十字丝面上。这项操作称为物镜调焦。如果这时十字丝平面位于目镜的焦平面上,则可得到与十字丝同时被放大的虚像 $a'b'$。

外调焦望远镜存在许多缺点,如仪器不稳定、密封性差等。现代许多仪器采用内调焦望远镜。

图 2-5 是内调焦望远镜的原理图,图中 L_1 为物镜,它固定不动,其焦距为 f_1,十字丝分划板也固定不动。为使远近不同物体的像都能落在十字丝分划板上,在 L_1 与焦点 F_1 之间安置了一凹透镜 L_3,其焦距为 f_3,L_3 可随物镜调焦螺旋的转动而前后移动,这就相当于有一个虚拟透镜 L 代替了 L_1 与 L_3 两个透镜的作用,故称 L 为等效透镜。等效透镜的焦距 f 可随调焦透镜与物镜之间距离的改变而改变,从而能够通过改变 f 的办法,满足透镜成像的条件。另外,采用内调焦方式的物镜可以使望远镜的设计尺寸大为缩小,仪器更为轻便,这也是内调焦望远镜的主要优点。

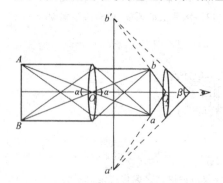

图 2-4 望远镜的成像原理

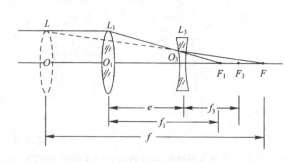

图 2-5 内调焦望远镜原理图

(2)望远镜的性能

1)放大率

望远镜的作用是看清远处物体。如图 2-4 所示,由于望远镜筒的长度相对于望远镜与物体的距离而言是很短的,因此,当我们直接用眼睛看远处物体 AB 时,人眼的张角可近似为 α,通过望远镜看到物体倒立的虚像为 $b'a'$,它对眼睛的张角为 β,这两个张角之比就是望远镜的放大率 v,即

$$v = \frac{\beta}{\alpha} \qquad (2-4)$$

或

$$v = \frac{f}{f_2} \qquad (2-5)$$

式中 f 为等效透镜的焦距;f_2 为目镜焦距。当 $f = 200 \text{ mm}$,$f_2 = 8 \text{ mm}$ 时,$v = 25$ 倍。

2)目镜视度调节

人眼所能看清物体的距离因人而异。正常眼睛有自动调节距离的本领。眼睛处于松弛状态时所能看到的物点叫明视远点,最合适的距离叫明视距离。对正常眼睛,明视远点在无穷远,明视近点在150 mm,明视距离在250 mm。

所谓视度就是指人眼对正常眼的屈光偏差。正常眼睛的视度用零表示,负值表示近视眼,正值为远视眼。移动目镜到分划板的距离,使不同视度的眼睛都能看清十字丝,这个过程叫视度调节,其范围一般为 −5 ~ +5 个屈光度,它刻在目镜外罩上的视度环上。视度环在零位时,目镜的物方焦点和十字丝分划面重合。

(3)望远镜的使用

首先将望远镜对向明亮的背景,例如对向白色的墙面,调节目镜调焦(对光)螺旋,使观测者能看清十字丝。然后再照准目标,调节物镜调焦(对光)螺旋,使尺像清楚。这样从目镜中就能同时清楚地看到十字丝和目标影像。

有时会出现这种情况:瞄准目标后,眼睛在目镜端作上下微量移动,会发现十字丝与目标影像也有相对移动,读数随眼睛的移动而改变,这种现象称为视差(图 2-6b)。产生视差的原因是目标通过物镜后的影像与十字丝分划板不重合。视差对读数精度颇有影响,应予消除。消除视差的方法是交替调节目镜和物镜的调焦螺旋,使目标影像落在十字丝分划板上。此时当眼睛在目镜端上下移动时,十字丝横丝截取的水准尺上的读数不变(图 2-6a)。

2. 水准器

水准器是多种测量仪器上都有的用于置平仪器的一种重要装置。分为水准管和圆水准器两种。

(1)水准管

水准仪上的水准管用一内壁沿纵向磨成半径为7 ~ 20 m圆弧的玻璃制成(图 2-7)。制造时,管内盛满加热

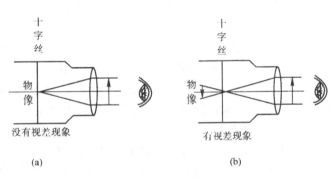

没有视差现象　(a)　有视差现象　(b)

图 2-6　视差

的某种液体,如氯化锂或酒精和乙醚的混合液,冷却后管内液体体积收缩出现一小气泡,因气泡较轻,所以处于管内最高处。

水准管两端一般刻有2 mm间隔的刻划线,刻划线的中点 s 称为水准管零点,过零点且与水准管内壁圆弧相切的纵向直线 L—L 称为水准管轴。当气泡两端与刻划中心对称时,气泡居中,此时水准管轴水平。水准管与望远镜连在一起,若视准轴与水准管轴平行,则当气泡居中时,视准轴也位于水平位置。

水准管上每2 mm弧长所对的圆心角称为水准管分划值,以 τ 表示(图 2-8),用公式表示为

$$\tau = \frac{2}{R}\rho \tag{2-6}$$

式中 $\rho = \dfrac{180°}{\pi} = 206\ 265''$，$R$ 为水准管圆弧半径（mm）。

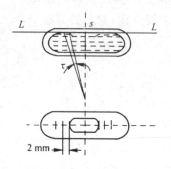

图 2-7　水准管

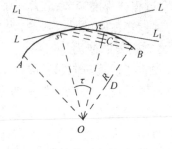

图 2-8　水准管分划值 τ 示意图

显然，不同的 τ 值要求不同的曲率半径 R。τ 与 R 成反比。

一般 S_1、S_3 型水准仪的水准管分划值分别为 $10''/2$ mm 及 $20''/2$ mm。当气泡移动一格（2 mm）时，对于 $\tau = 20''/2$ mm 的水准管，水准管轴倾斜 $20''$。而对于 $\tau = 10''/2$ mm 的水准管，水准管轴倾斜 $10''$，气泡就移动一格。所以分划值愈小，水准管的灵敏度也愈高。

一般水准仪都在水准管的上方装一组符合棱镜系统（图 2-9a）。通过这组棱镜的折光作用，将气泡两端的像反映在望远镜的符合水准器放大镜内，当在放大镜中看到气泡两端的两个半像对齐（图 2-9c）时，表示气泡居中。如果两个半像错开（图 2-9b），则表示气泡未居中，此时可转动望远镜微倾螺旋，使气泡两端的像重合，而气泡也就居中了。这种具有棱镜装置的水准器，称为符合水准器。它能提高气泡居中的精度。

（2）圆水准器

圆水准器也是一个封闭的玻璃容器，其内壁顶面磨成球面，顶面中心有一圆圈，圆圈中心就是圆水准器的零点，通过零点的球面法线 OC 称为圆水准轴（图 2-10）。圆水

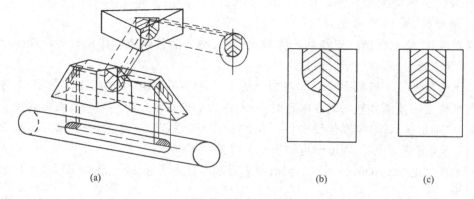

(a)　　　　　　　　　　　(b)　　　　　　　(c)

图 2-9　符合水准器

准轴与仪器的旋转轴(竖轴)平行,当气泡居中时,表示仪器的竖轴处于铅垂位置。一般圆水准器的分划值约为 8′~10′。由于它的灵敏度较低,所以只能作粗略整平(或称粗平)用。图2-10中1为校正螺钉,2为固定螺丝。

3. 基座

基座由轴座、脚螺旋、三角压板和底板等部件组成,圆水准器也在基座上,见图2-2。基座的作用是支承仪器上部,并与三角架连接。水准仪上部可在基座上绕竖轴旋转。利用脚螺旋可以使圆水准器气泡居中。

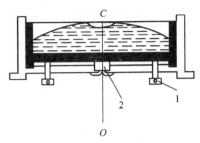

图 2-10 圆水准器

二、三脚架、水准尺和尺垫

三脚架是水准仪的附件,用以安置水准仪,使用时用中心连接螺旋与仪器紧固。

水准尺一般用优质木材、玻璃钢或铝合金制成。S_{05}、S_1 水准仪一般使用铝合金制成的钢瓦水准尺。S_3 水准仪所使用的水准尺是用干燥木材或玻璃钢等制成的,长度为 3~5 m,尺上每隔1 cm或0.5 cm涂有黑白或红白相间的分格,每分米注一数字。水准尺按尺形分为直尺(图2-11a)、塔尺(图2-11b)等几种,又有单面尺与双面尺之分。双面尺的分划一面是黑白相间的,称为黑面;另一面是红白相间的,称为红面。双面尺要成对使用,一对尺子的黑色分划,其起始数字都是从零开始,而红面的起始数字分别为4 687 mm及4 787 mm,使用双面尺的优点在于,可以避免观测时因印象而产生的读数错误。

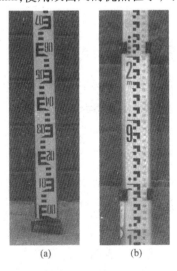

图 2-11 水准尺

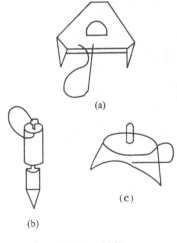

图 2-12 尺垫

尺垫是用铸铁制成的,如图2-12。上面有一个半球,观测时,水准尺立于半球上。尺垫下面有三个尖脚可以踩入土中。它的作用是防止水准尺的位置和高度发生变化而影响水准测量的精度。对松软地面,则使用图 2-12b 所示的尺桩打入土中。尺垫只能用于转点。

三、水准仪的使用

使用水准仪时,应按以下步骤操作。

1. 安置

先打开三脚架,将水准仪用中心连接螺旋固定于三脚架上,将脚架的两条腿取适当位置安置好,然后一手握住第三条腿作前后移动和左右摆动,一手扶住脚架顶部,眼睛注意圆水准器气泡的移动,使之不要偏离中心太远。如果地面比较坚实,如在公路上、城镇中有铺装面的街道上等可以不用脚踏,如果地面比较松软则应用脚踏实,使仪器稳定。当地面倾斜较大时,应将三脚架的一个脚安置在上坡方向上,将另外两个脚安置在下坡方向,如图 2-13 所示,这样可以使仪器比较稳固。

2. 粗平

粗平工作是用脚螺旋使圆水准器的气泡居中。操作方法如下:用两手分别以相对方向转动两个脚螺旋,此时气泡移动方向与左手大拇指旋转时的移动方向相同,如图 2-14a 所示。然后再转动第三个脚螺旋使气泡移到圆圈中央(称为气泡居中),见图 2-14b。

图 2-13　水准仪的安置

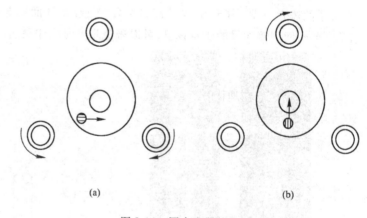

(a) (b)

图 2-14　圆水准器的整平

3. 瞄准

在用望远镜瞄准目标之前,必须先将十字丝调至清晰。瞄准目标应首先使用望远镜上面的瞄准器,在瞄准水准尺后用制动螺旋将仪器制动,然后转动微动螺旋,在望远镜内找到水准尺。若水准尺成像不清晰,可以转动物镜调焦螺旋至成像清晰,注意检查并消除视差。

4. 精平

水准仪微倾螺旋用来调节水准管连同望远镜一起作上、下微小倾斜,其转动轴位于望远镜物镜的一端靠近微动螺旋处,它是一个有弹性的钢片。水准管的水准管轴并不固定在与仪器竖轴相垂直的位置上,而能在一定范围内作相对运动。粗平后的仪器竖轴仅是基本铅垂,为使视线严格水平,每次读数前,必须先用微倾螺旋调整水准管使气泡居中。由于气泡的移动有惯性,所以转动微倾螺旋的速度不能快,特别在符合水准器的两端气泡影像将要对齐的时候尤应注意,只有当气泡已经稳定不动而又居中的时候才达到精平的目的。

图 2-15 用水准仪的中丝
在水准尺上读数

5. 读数

仪器精平后即可用十字丝中丝在水准尺上读数。一般读四个数字,即米、分米、厘米、毫米。如图2-15所示为1.784 m。为了保证读数的准确性,可先估读毫米数。

第三节 水准测量的实施

一、水准点与水准路线

用水准测量的方法测定的,其高程达到一定精度的高程控制点叫做水准点(Bench Mark),简记为BM。水准测量实施时,通常是从已知高程的水准点开始,测出未知点的高程。

水准点分为永久性和临时性两种。国家等级水准点如图 2-16a 所示,一般用石料或混凝土制成,埋在地面冻结线以下,顶面设半球状标志。有的设置在稳定的墙脚上,称为墙脚水准点,如图 2-16b 所示。

建筑工地上的永久性水准点一般用混凝土制成,其式样如图 2-17a 所示,临时性水

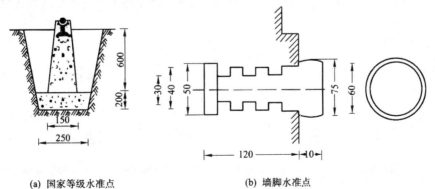

(a) 国家等级水准点　　　　　　　　(b) 墙脚水准点

图 2-16 永久性水准点(单位:mm)

准点可在地面上突出的坚硬岩石或在屋脚用油漆作记号代替,也可用大木桩打入地下,桩顶钉以铁钉作为临时水准点,其式样如图 2-17b 所示。

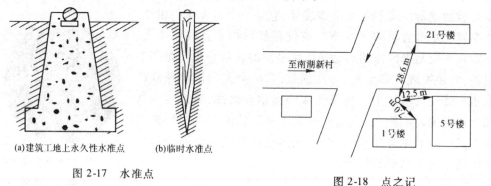

(a)建筑工地上永久性水准点   (b)临时水准点

图 2-17   水准点

图 2-18   点之记

　　埋设水准点一般选在土质坚硬、使用方便并能长期保存的地方。埋设后应绘制点位平面略图,称为点之记(图 2-18),图上要写明水准点的编号及其与附近地物的距离,以便今后寻找和使用。

　　进行水准测量的路线称为水准路线。根据测区实际情况和需要,可布置成单一水准路线和水准网。

　　单一水准路线又有闭合水准路线、附合水准路线和支水准路线。闭合水准路线是从一已知高程的水准点 BM_1 出发,沿一条水准路线进行水准测量,测出 1、2、3 等未知点的高程,最后回到 BM_1,如图 2-19a 所示。附合水准路线是从已知高程的水准点出发测定 1、2、3 等点的高程,最后附合到另一已知水准点 BM_2 上,如图 2-19b。支水准路线则从一已知高程的水准点 BM_5 出发,既不回到原来的水准点上,也不附合到另外的已知水准点上,如图 2-19c。为了进行检核,支水准路线应进行往返测量。

　　由若干条单一水准路线相互连接而构成的网形,称为水准网。单一水准路线相交的水准点称为结点,如图 2-19d 中的水准点 4 为结点,此种水准网称为结点水准网。

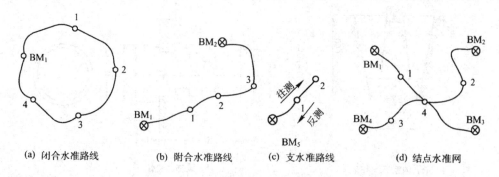

(a) 闭合水准路线   (b) 附合水准路线   (c) 支水准路线   (d) 结点水准网

图 2-19   水准路线的形式

16

二、水准测量的方法

当欲测高程点与水准点相距较远或高差较大时,则需要连续多次安置仪器才能测得两点间的高差,也就需要在两点间设置若干个立尺点来传递高程,这些立尺点,称为转点(Turning Point),简记为 TP,也可记作 ZD。在图 2-20 中,已知 *A* 点高程为 29.053 m,欲求 *B* 点高程,其观测步骤如下:

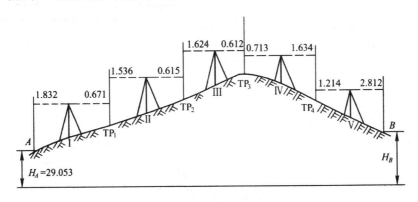

图 2-20　水准测量的实施

将水准尺立于 *A* 点上作为后视尺,按水准测量等级所规定的标准视线长度在施测线路合适的位置安置水准仪,安置仪器的地方称为测站。在施测线路的前进方向上,取仪器至后视大致相等的距离处设置转点 1(TP₁),放置尺垫,尺垫上立水准尺作为前视尺。仪器粗平后,后视 *A* 点上的水准尺,再精平,读得后视读数1.832 m,记入表 2-2 的后视读数栏内。旋转仪器,前视转点 1 上的水准尺,精平后读得前视读数为0.671 m,记入前视读数栏内。后视读数减前视读数得到高差1.161 m,记入高差栏内,此为一个测站上的工作。

当水准仪迁至第Ⅱ站时,转点 1 的水准尺不动,旋转尺面,面向仪器,作为第二站的后视。将 *A* 点上的水准尺移至转点 2,作为第二测站的前视,进行观测和计算后,得到第二测站两点间的高差。这样依次沿水准线路施测至 *B* 点。

每安置一次仪器,施测一个测站,便会得到一个高差。所有测站高差的总和便是 *A*、*B* 两点的高差。即

$$h_1 = a_1 - b_1$$
$$h_2 = a_2 - b_2$$
$$\vdots$$
$$h_5 = a_5 - b_5$$

式中等号右边用 *a* 与 *b* 的下标分别表示第 1 站、第 2 站……第 *n* 站的后视读数与前视读数。因此

$$\sum h = \sum_{1}^{n} (a - b) = \sum_{1}^{n} a - \sum_{1}^{n} b \tag{2-7}$$

B 点的高程为

$$H_B = H_A + \sum h \tag{2-8}$$

表 2-2 水准测量记录手簿表

日期 2002 年 4 月 8 日　　　　仪器型号 DS$_3$　　　　仪器编号 S$_3$-32

班级 交 00　　　　　　　　　组别 8　　　　　观测者 李子棋　　　　　　　　记录者 狄缘

点 号	水准尺读数（m）		高差 h（m）		高程 H（m）	备 注
	后视（a）	前视（b）	+	−		
A	1.832		1.161		29.053（已知）	
TP$_1$	1.536	0.671			30.214	
			0.921			
TP$_2$	1.624	0.615			31.135	三项检核：
			1.012			$\sum a - \sum b = 0.575$
TP$_3$	0.713	0.612			32.147	$\sum h = \sum h_+ + \sum h_- = 0.575$
				0.921		$H_B - H_A = 0.575$
TP$_4$	1.214	1.634			31.226	
B		2.812		1.598	29.628	
Σ	6.919	6.344	3.094	2.519		

三、水准测量检核

1. 计算检核

由式（2-7）、（2-8）可知，B 点相对于 A 点的高差等于各测站高差的代数和，也等于各测站后视读数之和减去各站前视读数之和，因而，可用式（2-7）、（2-8）进行计算检核，称为三项检核。在本例中：

$$\sum h = 3.094 - 2.519 = 0.575$$

$$\sum_{1}^{n} a - \sum_{1}^{n} b = 6.919 - 6.344 = 0.575$$

$$H_B - H_A = 0.575$$

后视总和与前视总和之差、高差总和、终点高程与起点高程之差三项计算的数字相符，说明计算无误。

需要说明的是，计算检核只能检查计算是否正确，并不能检核观测和记录是否有错。在检核中，如发现 $\sum h$、$\sum a - \sum b$、$H_A - H_B$ 三项数字不符，应仔细检查计算过程，发现错误，予以改正。

2. 测站检核

为避免观测错误，保证观测精度，对每一测站的高差都必须采取措施进行检核。测

站检核的主要方法有:

(1)改变仪器高法:即在一个测站上用两次不同的仪器高度(两次仪器高度之差应在10 cm以上)测出高差。若两次所测高差相差不超过容许值5 mm,则认为符合要求,取两次高差平均值作为该测站高差的最后结果,否则应重测。与此相类似,在条件许可下,也可用两台仪器同时观测两点的高差,相互比较,精度要求与高差计算如上所述。

(2)双面尺法:即在一个测站上,不改变仪器高度,先用水准尺的黑红面两次测量高差,用扣除一对水准尺零点差后的两次高差之差进行校核。其容许值与高差计算均同于改变仪器高法。

(3)倒立尺法:即正立水准尺读取一个数,然后将水准尺倒立在同一面又读得一个数,如两数相加等于原整尺长度,则说明读数无误;若与原整尺之差在测量容许范围内,可不重测。否则,必须重测。

3. 成果检核及闭合差调整

(1)高差闭合差 f_h

水准测量在野外作业,受着各种因素的影响,如温度、风力、大气不规则折光、尺子下沉或倾斜、仪器误差、观测误差等。这些因素所引起的误差在一个测站上可能反映不明显,但若干个测站的累积,往往使整个水准路线达不到精度要求。因此,不但需要进行测站检核,还需要对水准测量进行成果检核。水准测量的成果检核采用高差闭合差与容许高差闭合差(即高差闭合差的限差)比较的方法进行。所谓高差闭合差 f_h 是指高差观测值与高差理论值之差。单一水准路线的高差闭合差见表2-3。

表2-3 单一水准路线的高差闭合差

水准路线	支水准	附合水准	闭合水准
高差闭合差 f_h	$f_h = \sum h_{往} + \sum h_{返}$	$f_h = \sum h_{测} - (H_{终} - H_{始})$	$f_h = \sum h_{测}$

(2)容许高差闭合差 $f_{h容}$

容许高差闭合差 $f_{h容}$ 是指高差闭合差的容许值。各种测量规范对不同等级的水准测量都规定了高差闭合差的容许值。《工程测量规范》(GB 50026—93)中规定五等水准测量的高差闭合差容许值 $f_{h容}$ 为

$$f_{h容} = \pm 30\sqrt{L} \qquad (\text{mm}) \qquad (2\text{-}9)$$

国家《城市测量规范》(CJJ 8—99)中规定图根水准测量路线闭合差容许值 $f_{h容}$ 为

$$\left.\begin{array}{ll} 平地 & f_{h容} = \pm 40\sqrt{L} \quad (\text{mm}) \\ 山地 & f_{h容} = \pm 12\sqrt{n} \quad (\text{mm}) \end{array}\right\} \qquad (2\text{-}10)$$

此处 L 为水准路线的总长度,以公里为单位;n 为测站总数。山地一般指每公里测站数在 16 个以上的地形。

容许的高差闭合差 $f_{h容}$ 用来衡量成果的精度。若 $f_h < f_{h容}$，则成果符合精度要求，可进行下一步的计算，即进行高差闭合差的调整与高程计算；否则检查原因，返工重测。

（3）高差闭合差的调整

由于存在闭合差，使测量成果产生矛盾。为了消除矛盾和提高成果精度，必须在观测值上加某些改正数，改正数与闭合差的符号相反，其数值的总和与闭合差相等。

在同一条水准路线上，一般可认为观测条件是相同的，所以可认为误差的大小与路线的长度或者测站数成正比。因此，一条水准路线的高差闭合差，应按与距离或测站数成正比反符号分配到各段高差上的原则进行调整。则各段路线高差闭合差的改正数 v_i 的计算公式为：

$$v_i = -\frac{f_h}{[L]}L_i \quad 或 \quad v_i = -\frac{f_h}{[n]}n_i \tag{2-11}$$

式中 $[L]$ 为路线的总长；L_i 为某测段的距离；$[n]$ 为水准路线测站数总和；n_i 为某测段的测站数。

分配完后，应按下式进行校核：

$$\sum v_i = -f_h$$

若上式成立则说明计算无误。

（4）高差平差值的计算

各测段观测高差加上相应的改正数，为改正后的高差 (h_i)，称为高差平差值，即

$$(h_i) = h_i + v_i \tag{2-12}$$

高差平差值的总和，应等于高差的理论值，即进行如下检核：

$$\sum (h_i) = \sum h_理 \tag{2-13}$$

（5）未知点的高程计算

经检核无误，便可由起点开始，用高差平差值逐点推算各点高程，直至回到起点或另一个已知点，并与其高程相等。

【例 2-1】 如图 2-21，测区附近有一已知高程的水准点 BM_5，欲求得 1、2、3 点的高程，可从 BM_5 点起进行水准测量，经过 1、2、3 点再回到 BM_5 点，形成一个闭合水准路线。各段观测高差及路线长度如图所示。

【解】 显然，如果观测过程中没有误差，高差总和在理论上应等于零，即

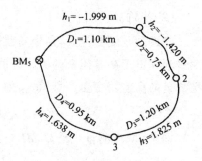

图 2-21 闭合水准路线

$$\sum h_理 = 0 \tag{2-14}$$

但由于测量中各种误差的影响，实测高差总和不为零，从而产生高差闭合差，用公式表

示为

$$f_h = \sum h_{测} - \sum h_{理} = \sum h_{测} \tag{2-15}$$

结合图 2-21 的情况,各段高差观测值列于表 2-4 中,$f_h = 0.044$ m $= 44$ mm,$f_{h容} = \pm 30\sqrt{L} = \pm 60$ mm,因 $f_h < f_{h容}$,说明观测成果符合要求。

在表 2-4 中,列出了各段的距离 L_i,路线总长为 4.00 km,则按式(2-11)有

$$v_i = \frac{f_h}{[L]}L_i = -\frac{44}{4}L_i = -11\,L_i \quad (\text{mm})$$

表 2-4　闭合水准路线高差闭合差调整与高程计算表

点　号	距离 (km)	测得高差 (m)	高差改 正数(m)	改正后 高差(m)	高　程 (m)	备　　注
BM$_5$	1.10	-1.999	-0.012	-2.011	37.141	
1	0.75	-1.420	-0.008	-1.428	35.130	$f_h = 44$ mm
2	1.20	+1.825	-0.013	+1.812	33.702	$f_{h容} = \pm 30\sqrt{L} = \pm 60$ mm
3	0.95	+1.638	-0.011	+1.627	35.514	$f_h < f_{h容}$
BM$_5$					37.141	成果合格
$\sum$	4.00	+0.044	-0.044	0		

于是,$v_1 \approx -12$ mm,$v_2 \approx -8$ mm,$v_3 \approx -13$ mm,$v_4 \approx -11$ mm。检查 $\sum v_i = -44$ mm,$\sum v_i = -f_h$,所以计算无误。

各测段观测高差加上相应的改正数即为高差平差值(h_i),计算可在表 2-4 中进行。高差平差值的总和,应等于高差的理论值。即进行如下检核:

$$\sum(h_i) = \sum h_{理} = 0$$

经检核无误,便可由起点开始,用高差平差值逐点推算各点高程,直至回到起点,并与起点高程相等。

【例 2-2】 在图 2-22 中,从已知高程的水准点 BM$_1$ 开始测量,附合至另一已知程的水准点 BM$_2$。今欲测 B$_{01}$、B$_{02}$ 点高程,其观测成果如图 2-22 所示。

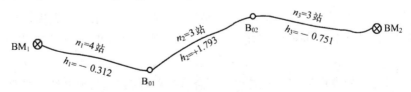

图 2-22　附合水准路线

【解】 由于附合水准路线是从一个已知高程的水准点开始施测,并附合到另一个已知高程的水准点,如果认为已知高程没有误差,观测过程也没有误差,则整个路线高差总和的理论值 $\sum h_{理} = H_{终} - H_{始}$。这里 $H_{终}$ 与 $H_{始}$ 分别表示最终点与起始已知点的高

程,按高差闭合差的定义

$$f_h = \sum h_测 - (H_终 - H_始) = +0.730 - (20.586 - 19.826)$$

$$= -0.030 \text{ m} = -30 \text{ mm} \tag{2-16}$$

高差闭合差的容许值和改正数的检核与闭合水准路线相同。改正后的高差检核条件为:

$$\sum(h_i) = H_终 - H_始 \tag{2-17}$$

容许闭合差 $f_{h容} = \pm 12\sqrt{n} = \pm 38$ mm,因 $f_h < f_{h容}$,成果合格,可进行调整。

高差改正数的计算

$$v_i = -\frac{f_h}{[n]}n_i = -\frac{-30}{10}n_i = +3n_i \quad (\text{mm})$$

于是,$v_1 = +12$ mm,$v_2 = +9$ mm,$v_3 = +9$ mm。检查 $\sum v_i = +30$ mm,$\sum v_i = -f_h$,所以计算无误。

最后计算各点的高程,整个计算在表 2-5 中进行。

表 2-5　附合水准路线高差闭合差调整与高程计算

点　号	测站数	测得高差 (m)	高差改正数(m)	改正后高差(m)	高　程 (m)	备　　注
BM$_1$	4	-0.312	+0.012	-0.300	19.826 (已知)	$f_h = \sum h - (H_{BM_2} - H_{BM_1})$
B$_{01}$					19.526	$= -0.030$ m $= -30$ mm
	3	+1.793	+0.009	+1.802		$f_{h容} = \pm 12\sqrt{n} = \pm 38$ mm
B$_{02}$					21.328	$f_h < f_{h容}$　成果合格
BM$_2$	3	-0.751	+0.009	-0.742	20.586 (已知)	
$\sum$	10	0.730	+0.030	0.760		

【例 2-3】　如图 2-23,从水准点 BM$_5$ 测至 1 点($H_{BM_5} = 37.000$ m,路线长度360 m),再从 1 点返回,往测高差为1.946 m,返测高差为 -1.955 m,求 1 点高程。

【解】　理论上往测与返测高差的绝对值应相等而符号相反,否则有高差闭合差:

$$f_h = \sum h_往 + \sum h_返 \tag{2-18}$$

高差闭合差的容许值和检核要求与闭合水准路线的相同,但路线长度以单程计算。则 $f_h = 0.009$ m,$f_{h容} = \pm 30\sqrt{0.36} = \pm 18$ mm,$f_h < f_{h容}$,观测成果合格。

$$v_i = -\frac{f_h}{[L]}L_i = -\frac{f_h}{2} = 0.004\ 5 \text{ m}$$

故

$$h = 1.946 + 0.004\ 5 = 1.950\ 5 \text{ m}$$

$$H_1 = H_{BM_5} + h = 38.950 \text{ m}$$

（6）直接改正高程的方法

在道路工程测量中，常常直接对观测高程进行改正。设在一条水准路线中，第 j 个未知点测得的高程为 H_j，前 j 段高差的观测值和改正数分别为 h_1、h_2、$\cdots$、h_j 和 v_1、v_2、$\cdots$、v_j，则经闭合差调整后，第 1、2、$\cdots$ j 各点的高程为

图 2-23　支水准路线

$$(H_1) = H_0 + h_1 + v_1$$

$$(H_2) = (H_1) + h_2 + v_2 = H_0 + h_1 + v_1 + h_2 + v_2 = H_0 + h_1 + h_2 + v_1 + v_2$$

即

$$(H_2) = H_2 + v_1 + v_2$$

用同样的方法可得

$$(H_j) = H_j + \sum_{i=1}^{j} v_i \tag{2-19}$$

式中，(H_j) 为改正以后 j 点的高程，H_j 为 j 点的测量高程。由此可见，$\sum v_i$ 实际上就是 j 点高程的改正数，设其为 V_j，根据公式（2-14），则有

$$V_j = \sum_{i=1}^{j} v_i = -\frac{f_h}{\sum L} \cdot \sum_{i=1}^{j} L_i \tag{2-20}$$

第四节　水准仪的检验校正

在使用仪器之前，应先进行检查，包括检查仪器的包装箱、仪器外表有无损伤、转动是否灵活、水准器有无气味、光学系统有无霉点、脚螺旋有无松动、脚架是否牢固，有无过紧或过松现象等。

对仪器进行检验，就是要查明仪器的轴系是否满足应有的几何条件，如果不满足，且超出了规定要求，则应进行校正。

一、水准仪轴系应满足的条件

根据水准测量原理，要求水准仪能提供一条水平视线，而水平视线又是依望远镜微倾螺旋使水准管气泡居中而确定的。如果水准管气泡居中而视线不水平，则不符合水准测量原理。因此使水准管轴 LL 平行于视准轴 CC 是水准仪应满足的主要条件（图 2-24）。

此外，为了便于操作，使仪器能迅速初步整平，要求当圆水准器气泡居中时，仪器旋转轴（或称仪器竖轴）VV 基本处于铅垂状态，也即圆水准轴 L_0L_0 与仪器竖轴 VV 平行。另一个条件是望远镜十字丝的横丝应垂直于仪器的竖轴，这样可不必用十字丝的交点而用交点附近的横丝进行读数。

二、水准仪的检验与校正

检验、校正的顺序应使后一项检验不破坏前一项的检验结果。

1. 圆水准轴 L_0L_0 与仪器竖轴 VV 平行的检验与校正

（1）检验原理与方法

为使问题简单起见，现取两个脚螺旋的连线方向加以讨论。设圆水准轴 L_0L_0 与仪器竖轴 VV 不平行而有一交角 α。假定基准面是一个水平面，则这种不平行是由于脚螺旋的不等高与圆水准气泡下面

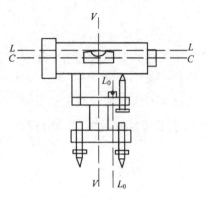

图 2-24　水准仪的主要轴线

的校正螺旋不等长所引起的。所以当气泡居中时，圆水准轴是铅垂的，而仪器竖轴则与铅垂位置偏差 α 角，见图 2-25a。

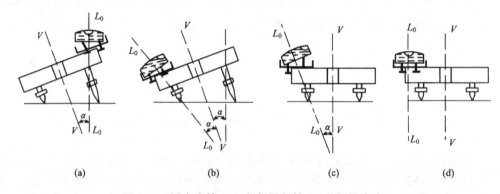

| (a) | (b) | (c) | (d) |

图 2-25　圆水准轴 L_0L_0 与仪器竖轴 VV 平行的检验

将望远镜旋转 180°（图 2-25b），由于仪器是绕 VV 旋转，即 VV 位置不动，由于气泡恒处于最高处，因此圆水准轴 L_0L_0 不但不竖直，而且与铅垂线之间的夹角为 2α。

（2）校正

检验时若发现圆水准器气泡出了圆圈，则先转动仪器的脚螺旋，使气泡向居中位置移动偏离格值的一半，此时，如操作完全正确，如图 2-25c 所示，仪器的竖轴处于铅垂状态。其余一半则由校正针分别拨动圆水准器下面的 3 个校正螺钉（图 2-10）进行校正，此时圆水准轴 L_0L_0 平行于仪器竖轴，且两轴线都处于铅垂状态（图 2-25d）。这项检验校正工作，需要反复进行数次，直到仪器转到任何位置气泡都居中时为止。

2. 十字丝横丝应垂直于仪器竖轴

（1）检验原理与方法

若十字丝横丝已垂直于仪器竖轴，也即横丝是水平的，则用横丝的不同部分在水准尺上读数应该是相同的。检验时，整平仪器后，瞄准一固定点 A，拧紧制动螺旋，用微动

螺旋缓慢地转动望远镜,如 A 点始终在横丝上移动,如图 2-26a、b,说明条件满足。否则,如果 A 点离开了横丝,如图 2-26c、d,则应校正。

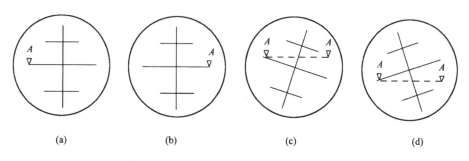

图 2-26　十字丝横丝垂直于仪器竖轴的检验

(2)校正方法

打开目镜处的护罩,用螺丝刀松开 4 个十字丝分划板的固定螺旋,并拨正十字丝环。也有用螺丝刀松开十字丝环的止头螺丝,拨正十字丝环的。

3. 望远镜视准轴应与水准管轴平行

(1)检查原理与方法

如图 2-27,在平坦地面上选择距离大致在100 m 左右的 A、B 两点,并在这两点上打入木桩或设置尺垫。设视准轴与水准管轴不平行,它们之间的夹角为 i。当水准管气泡居中,即水准管轴水平时,视线将倾斜 i 角。由于 i 角对水准尺读数的影响与距离的远近成正比,当后视距离与前视距离相等时,i 角对水准尺读数的影响也相同,则求得的高差不受其影响。所以检验时将仪器置于地面点 A、B 的等距离 I 处,使 $D_A = D_B$,则高差:

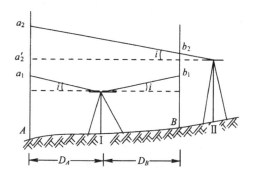

图 2-27　望远镜视准轴与水准
管轴平行的检验

$$h'_{AB} = a_1 - b_1$$

为正确的高差值。然后将仪器置于 A 或 B 的一端,如 B 端附近(约 3 ~ 5 m),读 B 尺上的读数 b_2,A 尺上的读数 a_2,由此得在 II 点测得的 A、B 两点间的高差:

$$h''_{AB} = a_2 - b_2$$

如果 h'_{AB} 与 h''_{AB} 相差大于3 mm,则可认为视准轴与水准管轴不平行,应予校正。

(2)校正方法

由图 2-27 显见,仪器在 II 点并读取 B 尺读数后,因仪器离 B 点很近,i 角对它的影响很小,可忽略不计,可认为 B 尺上的读数 b_2 为视线水平时的读数,则 A 尺上的正确

读数为

$$a_2' = h_{AB}' + b_2 \qquad (2\text{-}21)$$

根据式(2-21)的计算结果,转动微倾螺旋使横丝对准 A 尺上读数为 a_2' 的地方,此时视准轴已水平,但水准管气泡不再居中。校正时,先用校正针松开水准管一端左右两个螺丝,拨动上下两个校正螺丝,使气泡居中,然后旋紧左右两个螺丝。这时,水准管轴也处于水平位置,与视准轴平行。

这项校验校正要反复进行,直到Ⅰ、Ⅱ两个测站上测得的高差相差不超过3 mm。

第五节　水准测量的主要误差

水准测量的误差主要来源于仪器及工具的误差、观测误差和外界条件的影响三个方面。

一、仪器及工具误差

1. 视准轴与水准管轴不平行的误差

水准仪在经过检验校正后,还可能存在一些残余误差,这些残余误差也会对测量成果产生一定的影响。但这种误差大多呈系统性,可在测量过程中采取一定措施予以消除或减弱,如在观测时,使前后视距相等,在高差计算中予以消除。如果由于地形条件限制或其他原因,使得在某一个测站上的前视距离大于后视距离,在下一个测站上就应该使后视距离大于前视距离,以使前面的误差得以补偿。

2. 物镜调焦引起的误差

转动物镜调焦螺旋时,望远镜内的调焦透镜前后移动,由于仪器制造误差和使用中的磨损等方面的原因,调焦透镜光心的移动轨迹可能与望远镜主光轴不重合。这就改变了视准轴,使视准轴与水准管轴不再平行,从而引起在水准尺上的读数误差。如果在观测过程中保持前后视距相等,就可以在读数过程中不改变物镜调焦螺旋,避免由此产生的误差。

3. 水准尺误差

水准尺上水准器位置不正确、水准尺刻划不准、尺底磨损、尺身弯曲等原因,都会影响水准测量的精度。因此,要经常对水准尺的水准器及尺身进行检验,必要时予以更换。另外,在观测时应尽可能使测站数成偶数,使水准尺用于前后视的次数相等,以消除或减小尺底磨损及刻划不准带来的影响。

二、观测误差

1. 水准管气泡的居中误差

居中误差一般为水准管分划值 τ 的 0.15 倍,即 $\pm 0.15\tau$。采用符合水准器时,气泡

居中精度可提高一倍,故居中误差为

$$m_\tau = \pm \frac{0.15\tau}{2\rho} \cdot s \qquad (2\text{-}22)$$

式中,s 为视线长度,ρ 为 1 弧度对应的角度值,$\rho = 206\,265''$。

2. 估读误差

在水准尺上估读毫米数的误差与人眼的分辨能力、望远镜放大倍率及视距长度有关。因此估读误差可用下式计算:

$$m_v = \frac{60''}{v} \cdot \frac{s}{\rho} \qquad (2\text{-}23)$$

式中,v 为望远镜放大率;$60''$ 为人眼的极限分辨能力;s 为视线长度。

3. 视差

产生视差的原因是十字丝平面与水准尺影像不重合,造成眼睛位置不同时,便读出不同读数,从而产生读数误差。观测时需认真调焦,以消除视差的影响。

4. 水准尺竖立不直的误差

水准尺不竖直,总是使尺上读数增大。设水准尺倾斜铅垂线 α 角,尺上一读数为 b',铅垂位置的正确读数为 b,则水准尺竖立不直对读数的影响为

$$\Delta\alpha = b' - b = b' - b'\cos\alpha = b'(1 - \cos\alpha) \qquad (2\text{-}24)$$

可见,$\Delta\alpha$ 的大小既与倾角 α 的大小有关,也和尺上读数 b' 的大小有关。当 $\alpha = 3°$,$b' = 0.5\,\text{m}$ 时,$\Delta\alpha = 0.7\,\text{mm}$。当 $\alpha = 3°$,$b' = 2\,\text{m}$ 时,$\Delta\alpha = 2.7\,\text{mm}$。因此,作业时应力求水准尺竖直,避免此项误差的影响。当读数超过 1 m 时,可在读数时前后摇动水准尺,其最小读数即为水准尺竖直时的读数。

三、外界条件的影响

1. 仪器和尺垫升沉的误差

在观测过程中,由于仪器或水准尺的自重或观测者的走动,仪器和尺垫可能逐渐下沉。相反,由于土壤的弹性,也可能使仪器或尺垫上升。由此产生的误差将随测站数的增加而积累。为减弱这类误差,应选择坚固平坦的地点安置仪器和设置转点,将脚架和尺垫踩实。并力求观测熟练,加快观测速度,以减弱相关影响。

此外,采用往返观测的方法,取成果的中数,可减弱尺垫升沉误差的影响。采用“后前前后”的观测方法也可减弱仪器和尺垫升沉误差的影响,在一个测站上采用“后前前后”的观测步骤为:

(1)照准后视水准尺黑面读数;

(2)照准前视水准尺黑面读数;

(3)照准前视水准尺红面读数;

(4)照准后视水准尺红面读数;

可减弱仪器升沉误差的影响。

2. 气候的影响

不利的气候条件也会给水准测量带来误差。如日晒会引起脚架的扭转,会使水准管本身和管内液体温度升高而导致视准轴的变化,地面水分的蒸发会导致视线的变化等等。所以观测时应注意采取措施消除或减弱气候的不利影响,例如撑伞遮阳,地面水分蒸发严重时应缩短视线。一般来说,晴天正午前后空气对流强烈,对观测结果的影响最大,不宜进行观测,大风时仪器和水准尺都不稳定,也不宜进行观测。最理想的观测天气是无风的阴天。

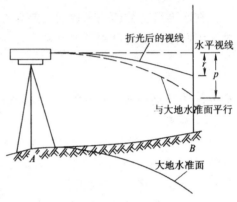

3. 地球曲率及大气折光的影响

如图 2-28 所示,大地水准面是一个曲面,而水准仪的视线是水平的,因而用水平视线代替大地水准面在尺上读数会产生读数误差 p,可以证明:

图 2-28　地球曲率及大气折光对高差的影响

$$p = s^2/2R \tag{2-25}$$

式中,s 为仪器到水准尺的距离,R 为地球的平均半径6371 km。

实际上,由于空气的上下层温度和密度不同,使光线发生折射,即视线穿过大气层时不能成为一条直线,而是一条曲线,称为光程曲线。实验表明,该曲线半径大约是地球曲线半径的 6～7 倍,则折光量的大小对水准尺读数产生的影响为:

$$r = \frac{s^2}{2 \times 7R} \tag{2-26}$$

大气折光与地球曲率的综合影响为:

$$f = p - r = \frac{s}{2R} - \frac{s^2}{14R} = 0.43 \frac{s^2}{R} \tag{2-27}$$

特别在晴天,视线离地面愈近折射愈大,水准尺上的读数误差也就愈大。因此一般规定视线必须高出地面一定的高度(例如0.3 m)。此外,采用前、后视距离相等,可消除或减弱大气折光及地球曲率的影响。

第六节　自动安平水准仪

自动安平水准仪(图 2-29)的特点是只有圆水准器,没有水准管和微倾螺旋。粗平之后,借助自动补偿装置的作用,在十字丝交点上读得的便是视线水平时应得的读数。自动安平水准仪的优点在于:由于没有水准管和微倾螺旋,观测时无需精平,从而简化了操作,缩短了观测时间,亦可防止观测者的操作疏忽,减小外界条件对测量成果的影响。现代各种精度等级的水准仪均采用自动补偿装置。

一、自动安平原理

如图 2-30a 所示,设有一水准仪,由于仪器竖轴安置的偏差,使其望远镜的视准轴产生了一个不大的倾斜角 α。此时,水平视线在望远镜分划板平面上所截的位置 A 与十字丝中心位置 Z 之间产生了一个数值为 l 的偏差,当望远镜向无限远目标调焦时,则有

图 2-29　DSZ3 自动安平水准仪

$$l = f \cdot a \tag{2-28}$$

式中,f 为物镜的等效焦距。

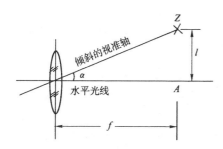 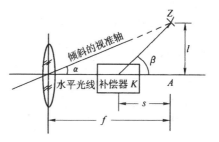

(a)无补偿器时,水平视线在望远镜 分 划 板平面上所截的位置 A 与十字丝中心位置 Z 之间产生一个数值为 l 的偏差

(b)有补偿器时,水平视线在望远镜 分划板上的位置与十字丝中心重合

图 2-30　自动补偿原理

为了使仪器的视线恢复至水平位置,补偿器按以下两种工作原理设计。

1. 自动补偿原理

当望远镜倾斜时,仪器内部的补偿器 K 使水平视线在望远镜分划板上所成的像点位置折向望远镜十字丝中心 Z,从而使十字丝中心发出的光线在通过望远镜物镜中心后成为水平视线。此时,仪器的视线是水平的(图 2-30b)。

从图中可得

$$l = s \cdot \beta \tag{2-29}$$

将式(2-28)代入上式,满足自动补偿的条件是

$$f \cdot \alpha = s \cdot \beta \tag{2-30}$$

只要满足了式(2-30),便可使通过 K 点的水平光线,仍能通过十字丝中心 Z,从而达到自动补偿的目的。

2. 自动安平原理

除上述补偿原理外,还有一种补偿办法,其原理是当视准轴稍有倾斜时,仪器内部的补偿器使得望远镜十字丝中心 Z 自动移向水平视线位置,从而使望远镜视准轴与水平视线重合,可以读出视线水平时的读数。如图 2-31,望远镜成竖直状态,十字丝分划板悬挂在 4 根吊丝上,望远镜倾斜时,分划板受重力作用而摆动。设计仪器时使 4 根吊丝的有效摆动半径 l 与物镜焦距 f 相等,适当地选择吊丝的悬挂位置,将能使通过十字丝交点的铅垂线始终通过物镜的光心,即视准轴始终处于铅垂位置。两个反光镜构成 45° 角,视准轴经两次反射后射出的光线必定是水平光线,因此十字丝交点上始终能得到水平光线的读数。

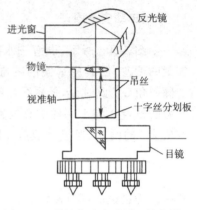

图 2-31 采用自动安平原理的仪器

折射水平视线和摆动十字丝中心 Z,这两种原理都是以式(2-30)为理论基础的。

二、DSZ3 与 Ni007 自动安平水准仪

图 2-32 为国产 DSZ3 型自动安平水准仪光学示意图,其补偿器安置在调焦镜与十字丝分划板之间,它由屋脊棱镜 1,两块直角棱镜 2 和空气阻尼器 P 所组成。屋脊棱镜固定在望远镜镜筒上,两个直角棱镜则用交叉的金属丝吊于屋脊棱镜上。当视准轴水平时,水平光线进入物镜后经直角棱镜等作几次反射最后通过十字丝交点。而当望远镜倾斜 α 角时,吊丝悬挂的两直角棱镜在重力作用下,并不随望远镜倾斜,而是相对于倾斜的相反方向偏转 β 角,使原来的水平光线通过棱镜的几次反射后,仍能到达十字丝交点,即仍能读出水平视线时的读数 A,从而达到补偿的目的。

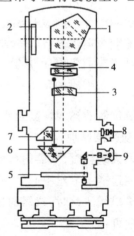

图 2-33 Ni007 水准仪的光学结构图
1—五角棱镜;2—棱镜保护玻璃;3—调焦透镜;
4—望远镜物镜;5—水平度盘;6—补偿器;
7—直角棱镜;8—望远镜目镜;
9—水平度盘读数目镜。

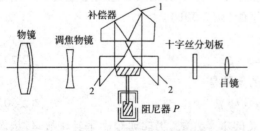

图 2-32 DSZ3 型自动安平水准仪光学示意图

补偿器 K 的位置,应能使通过补偿器的光线经几次反射后的角度为 β,根据式(2-30)有,$\dfrac{\beta}{\alpha} = \dfrac{f}{s} = n$,$n$ 称补偿器的补偿系数。DSZ3 型自动安平水准仪的 n 为 4,因为望远镜物镜的焦距 f 已知,则 $s = f/4$,于是可确定 K 点的适当位置。

Ni007 自动安平水准仪属于高精度的水准仪。仪器的光学结构如图 2-33 所示。由水平方向来的光线经保护玻璃 2 后,在五角棱镜 1 的镜面上经过两次反射,光线转 90° 向下,经过物镜 4 和调焦透镜 3,再经过补偿器 6 的两次反射后转 180° 而垂直向上,经直角棱镜 7 的反射和目镜 8 的放大与倒像,最后给出正像。

补偿器是一块两次反射的直角棱镜,用弹性薄簧片悬挂成摆(重力摆),以摆轴为中心摆动而自动处于与重力方向一致的位置。摆的作用范围为 $\pm 10'$,用空气阻尼减震,仪器停止转动后 3 ~ 4 s,就可静止。

第七节 电子水准仪

一、概 述

电子水准仪具有光学水准仪无可比拟的优点,与光学水准仪相比,它具有测量速度快、精度高、读数客观、使用方便、能减轻作业劳动强度、可自动记录存储测量数据、易于实现水准测量内外业一体化的优点。

电子水准仪又称数字水准仪,它是在自动安平水准仪的基础上发展起来的。电子水准仪与光学水准仪的不同之处,是在望远镜中装了一个由光敏二极管构成的行阵探测器,仪器内装有图像识别与处理系统,并配用条码水准尺。行阵探测器将水准尺上的条码图像转变成电信号后传送给信息处理机。信息经处理后即可求得视线水平时的水准尺读数和视距值。因此,电子水准仪将原有的由人眼观测读数彻底变为由光电设备自行探测视线水平时的水准尺读数。

二、电子水准仪的一般结构

电子水准仪的望远镜光学部分和机械结构与光学自动安平水准仪基本相同。图 2-34 为 NA2002 望远镜光学和主要部件的结构略图。图中的部件较自动安平水准仪多了调焦发送器、补偿器监视、分光镜和行阵探测器 4 个部件。

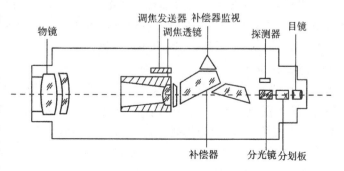

图 2-34 NA2002 望远镜光学和主要部件的结构略图

调焦发送器的作用是测定调焦透镜的位置,由此计算仪器至水准尺的概略视距值。补偿器监视的作用是监视补偿器在测量时的功能是否正常。分光镜则是将经由物镜进入望远镜的光分离成红外光和可见光两个部分。红外光传送给行阵探测器作标尺图像探测的光源,可见光源穿过十字丝分划板经目镜供观测人员观测水准尺。基于 CCD 摄像原理的行阵探测器是仪器的核心部件之一,长约6.5 mm,由 256 个光敏二极管组成。每个光敏二极管的口径为25 μm,构成图像的一个像素。这样水准尺上进入望远镜的条码图像将被分成 256 个像素,并以模拟的视频信号输出。

三、电子水准仪的基本原理

标尺影像通过望远镜成像在十字丝面上,通过一组由光敏二极管组成的探测器,将图像译释成视频信号,再由仪器内的标准代码(参考信号)进行比对。比对十字丝中央位置周围的视频信号,通过电子放大、数字化后,得到望远镜中丝在标尺上的读数;比对上、下丝的视频信号及条码成像的比例,可得仪尺间的视距。为迅速比对,由调焦螺旋的调焦位置提供概略视距,再进行精确比对。图 2-35 为电子水准仪基本原理框图。

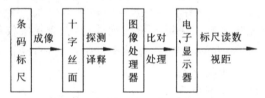

图 2-35　电子水准仪基本原理框图

当前电子水准仪采用了原理上相差较大的三种自动电子读数方法:

1. 相关法(徕卡 NA3002/3003);

2. 几何法(蔡司 DiNi10/20);

3. 相位法(拓普康 DL101C/102C)。

四、相关法基本原理

自行阵探测器获得的水准尺上的条码图像信号(即测量信号),通过与仪器内预先设置的"已知代码"(参考信号)按信号相关方法进行比对,使测量信号移动以达到两信号最佳符合,从而获得标尺读数和视距读数。

进行数据相关处理时,要同时优化水准仪视线在标尺上的读数(即参数 h)和仪器到水准尺的距离(即参数 d),因此这是一个二维离散相关函数。为了求得相关函数的峰值,需要在整条尺子上搜索。在这样一个大范围内搜索最大相关值大约要计算50 000 个相关系数,较为费时。为此,采用了粗精相关两个运算阶段来完成此项工作。由于仪器距水准尺的远近不同时,水准尺图像在视场中的大小亦不相同,因此粗相关的一个重要步骤就是用调焦发送器求得概略视距值,将测量信号的图像缩放到与参考信号大致相同的大小,即距离参数 d 由概略视距值确定,完成粗相关,这样可使相关运算次数减少约80%。然后再按一定的步长完成精相关的运算工作,求得图像对比的最大相关值 h_0,即水平视准轴在水准尺上的读数。同时亦求得精确的视距值 d_0。

五、条码水准尺

与电子水准仪配套的条码水准尺,各厂家设计方式不尽相同,但其基本要求是一致的。条码标尺设计要求各处条码宽度和条码间隔不同,以便探测器能正确测出每根条码的位置。标尺条码一方面被成像在望远镜分划板上,供目视观测,另一方面通过望远镜的分光镜,被成像在光电传感器(又称探测器)上,即线阵 CCD 器件上,供电子读数。目前,采用的条纹编码方式有二进制条码、几何位置测量条码、相位差法条码。

Wild Ni2002 水准仪配用的条码标尺是用膨胀系数小于 10×10^{-6} 的玻璃纤维合成材料制成的,重量轻,坚固耐用。该尺一面采用伪随机条形码(属于二进制码),见图 2-36,供电子测量用;另一面为区格式分划,供光学测量用。尺子由三节 1.35 m 长

图 2-36 条码水准尺

的短尺插接使用,三节全长 4.05 m。使用时仪器至标尺的最短视距为 1.8 m,最远为 100 m,并要注意标尺不被障碍物(如树枝等)遮挡,因为标尺影像的亮度对仪器探测会有较大影响,可能会不显示读数。

第八节 跨河水准测量

当水准路线跨越较宽的河流或深谷时,其宽度往往超过了规定的视线长度(如四等水准不超过200 m),这时可采用跨河水准测量方法。

跨河水准测量最好在河面较窄,两岸高差不大,视线高出水面 2 ~ 3 m 以上的河段进行。观测图形应布设成如图 2-37 所示形状。图中 A、B 分别为两岸的立尺点,I_1、I_2 为两岸安置水准仪的位置。要求跨河视线 I_1B、I_2A 的长度尽量相等,两岸的视线 I_1A、I_2B 的长度不得短于10 m,且应彼此相等。

观测按下述步骤进行:

1. 置水准仪于 I_1,先读本岸 A 点的尺读数,再读对岸 B 点的尺读数;

2. 保持望远镜的调焦不变,将水准仪迅速移至对岸 I_2,先读对岸 A 点的尺读数,然后读本岸 B 点的尺读数;

3. 取两次所得高差的平均值作为一测回值。河面宽度在 200 ~ 400 m 时,应该进行两个测回。两测回之差对于三、四等和图根水准测量的限差,应分别不超过8 mm、

12 mm和24 mm。

　　每当跨河水准须观测两个测回时,如有两台水准仪,则应分别在两岸同时观测,然后分别移至对岸,各自完成一个测回。

　　当跨河视线较长而无法直接读取远尺上的分划时,可在水准尺上安装觇牌(图2-38)。持尺者根据观测者的指挥上下移动觇牌,当觇牌上红、白分界线与水准仪十字丝中横丝重合时,由观测者发出信号,由持尺者记下水准尺读数,然后报告给记录者。

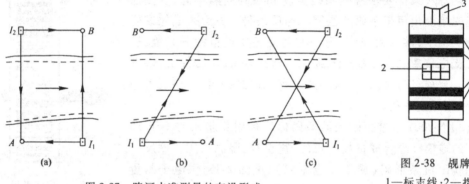

图 2-37　跨河水准测量的布设形式

图 2-38　觇牌
1—标志线;2—指标
线;3—尺身。

思考与练习题

　　2-1　简述水准测量的原理,并绘图加以说明。若将水准仪立于A、B两点之间,在A点的尺上读数$a=1.548$ m,在B点的尺上读数$b=0.485$ m,请计算高差h_{BA},说明B点与A点哪点高。

　　2-2　在水准测量中,什么是高差?如何规定高差的正负号?高差的正负号说明什么问题?

　　2-3　在水准测量中,计算未知点高程有哪两种基本方法?

　　2-4　水准仪的望远镜由哪几个主要部分组成?各有什么作用?

　　2-5　圆水准器和水准管的作用有何不同?符合水准器有什么优点?

　　2-6　什么叫视准轴?什么叫水准管轴?在水准测量中,为什么在瞄准水准尺读数之前必须用微斜螺旋使水准管气泡居中?

　　2-7　什么叫视差?视差产生的原因是什么?如何检查它是否存在?怎样才能消除视差?

　　2-8　什么叫测站?什么叫转点?如何正确使用尺垫?

　　2-9　简述单一水准路线的布设形式及其特点。

　　2-10　何谓高差闭合差及其限差?不同水准路线的高差闭合差计算公式是怎样

的？

2-11 已知水准点 BM_1 的高程为536.079 m，BM_1 到未知点 BM_2 的距离为500 m，在这两点间进行水准测量，往测高差为 -1.607 m，返测过程和前后视读数如图2-39所示，完成返测的记录计算(表2-6)和检核，确定 BM_2 点的高程，并说明这是什么水准路线。

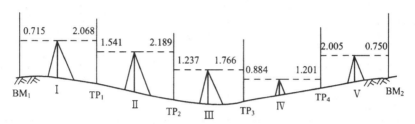

图 2-39 习题 2-11 图

表 2-6 习题 2-11 计算表

测　点	后视读数	前视读数	高差		测得高程(m)	采用高程(m)	成果检核
			+	−			

2-12 简述水准测量的误差来源及减弱或消除其影响的措施。

2-13 在水准测量前，应做哪些检核？其目的是什么？

2-14 水准仪的主要轴线有哪些？各轴线之间应满足哪些条件？

2-15 为修建公路施测了一条附和水准路线，其观测记录如表2-7所示，已知 BM_5 的高程为57.319 m，BM_6 的高程为61.522 m，从起始点 BM_5 到各点的水准路线长度列入备注栏。试完成计算和检核，并用直接改正高程的方法进行闭合差调整。

2-16 根据题2-15的数据,用改正高差的方法自制表格计算各点高程。

2-17 简述水准仪检验校正的步骤和方法。

表2-7 习题2-15计算表

测 点	后视读数	前视读数	高 差		测得高程(m)	采用高程(m)	备 注
			(+)	(−)			
BM$_5$	0.552						
	2.776	1.508					
BM$_{5-1}$	2.036	0.934					0.2 km
	1.973	1.012					
	1.862	0.345					
	2.685	0.577					
BM$_{5-2}$	1.609	0.486					0.5 km
	1.427	2.098					
	0.966	1.855					
	1.653	2.534					
BM$_6$		1.963					1.1 km
Σ							
成果检核							

2-18 某施工区布设一条闭合水准路线,已知水准点为BM$_0$,其高程和各线段观测高差 h_i 和测站数 n_i 列于表2-8中,请计算三个未知水准点1、2、3的高程。

表2-8 习题2-18计算表

测 点	测段测站数	测得高差 (m)	改正数 (mm)	改正后高差 (m)	高程 (m)
BM$_0$					44.313
	10	+1.224			
1					
	8	−0.363			
2					
	10	−0.714			
3					
	9	−0.108			
BM$_0$					
Σ					
成果检核					

2-19 如图2-40,为检验视准轴与水准管轴的平行性,将水准仪安置在 A 点附近时

得到的 A、B 两尺的读数分别是 $a' = 1.134$ m，$b' = 1.156$ m，而当水准仪在 B 点附近时得到的两个尺读数分别是 $a'' = 1.694$ m，和 $b'' = 1.421$ m。

(1)水准仪视准轴与水准管轴是否平行？

(2)如果仪器在 B 点附近不动，应该如何进行校正？

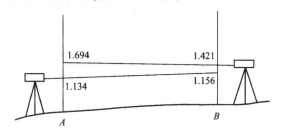

图 2-40 习题 2-19 图

第三章 角度测量

角度测量是确定地面点位的基本测量工作之一,它分为水平角测量和竖直角测量。测量水平角是为了确定地面点的平面位置;测量竖直角是为了确定地面点的高程。常用的测角仪器是经纬仪。

第一节 水平角测量原理

地面点至两个观测目标的方向线垂直投影在水平面上所成的角,称为水平角。

如图 3-1,A、O、B 为地面上任意三点。O 为测站点(观测时安置仪器或接收天线的位置称为测站),A、B 为目标点。OA、OB 方向线在水平面 P 上的铅垂投影为 O_1A_1、O_1B_1,其夹角 β 即为两目标方向线的水平角。因此水平角 β 也就是过 OA、OB 两方向的铅垂面所夹的二面角。该二面角可以在两铅垂面交线任意高度的水平面上进行量度,且角值均等于水平角 β。

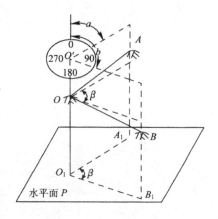

图 3-1 水平角观测原理

为了测定水平角值,可在过 O 点铅垂线上任意位置 O' 水平地安置一个全圆分划的量角器(称为度盘),并使其圆心位于过 O 点的铅垂线上。设两铅垂面与度盘的交线分别指向度盘的 a 刻划线和 b 刻划线,当度盘顺时针刻划时,水平角 β 为

$$\beta = b - a \tag{3-1}$$

光学经纬仪的水平度盘均为顺时针刻划。由图 3-1 可见,当观测者站在角顶外侧,面对角顶时,水平角的观测值应为

$$水平角(\beta) = 右目标读数(b) - 左目标读数(a)$$

水平角的取值范围为 $0° \sim 360°$,若 $b < a$,则 b 应加上 $360°$ 后再减 a。

由以上原理得知,测量水平角的仪器必须具有:能够量测水平角的度盘;能将度盘中心安置在过测站点铅垂线上的对中设备;能将度盘安置成水平的整平设备;能瞄准不同方向目标,既能水平转动又能竖直转动的照准设备;能读取度盘读数的设备。经纬仪便是根据上述条件制造的测角仪器。

第二节　光学经纬仪

一、经纬仪概述

经纬仪按其精度指标编制了系列标准,分为 DJ_{07}、DJ_1、DJ_2、DJ_6、DJ_{15}、DJ_{30} 等级别。其中 D、J 分别为"大地测量"和"经纬仪"的汉语拼音第一个字母,07、1、2、6、15、30 等下标数字,表示该仪器所能达到的精度。如 DJ_6 级表示一测回水平方向中误差不超过 $\pm 6''$ 的大地测量经纬仪。DJ_6 亦可简称为 J_6。

经纬仪按其读数系统可分为游标经纬仪、光学经纬仪和电子经纬仪等。游标经纬仪系老式仪器,现已被淘汰。光学经纬仪具有精度高、体积小、重量轻、密封性能好和使用方便等优点。目前主要使用电子经纬仪。

二、光学经纬仪的构成

由于生产厂家不同,每个等级的经纬仪的部件及结构不完全相同,但主要部分是共同的,它包括照准部、水平度盘和基座三部分。图 3-2 为 DJ_6 型经纬仪的一种。

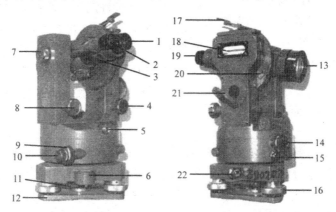

图 3-2　DJ_6 光学经纬仪

1—目镜;2—读数显微镜;3—物镜调焦螺旋;4—竖盘指标水准管微动螺旋;5—光学对中器目镜;6—圆水准器;7—望远镜制动螺旋;8—望远镜微动螺旋;9—照准部水平制动螺旋;10—水平微动螺旋;11—压板;12—托板;13—物镜;14—度盘变换手轮;15—保护手柄;16—脚螺旋;17—竖盘指标水准管反光镜;18—竖盘指标水准管;19—目镜调焦螺旋;20—竖直度盘;21—采光镜;22—紧固螺旋。

1. 基座

仪器的下部是基座。基座由压板、脚螺旋、轴座和轴座紧固螺旋组成。基座的作用是:支承照准部;利用三个脚螺旋实现仪器整平,即使水平度盘处于水平状态;借助中心螺旋将仪器固定在三脚架头上,在中心螺旋的下端悬挂垂球,可指示水平度盘的中心位置。因此,借助垂球可将水平度盘的中心安置在欲测水平角的角顶铅垂线上。

2. 照准部

基座上面能绕竖轴在水平方向转动的部分叫照准部。照准部的主要部件有望远镜、读数设备、竖直度盘(简称竖盘)、横轴、支架和水准器等。望远镜与横轴固连,用于照准目标。横轴装在支架上,起着支承望远镜转动的作用,为此在支架上还装有对其转动部分起控制作用的望远镜制动螺旋和望远镜微动螺旋。竖盘固定在横轴的一端,用于测量竖直角。读数显微镜用于读取度盘读数。照准部上装有水准管和圆水准器,它们的作用是整平仪器。整个照准部由竖轴系与基座相连,为了控制其转动,在照准部上装有照准部制动螺旋和照准部微动螺旋。另外,有些经纬仪上还装有光学对中器,它实际上是一个小型外对光望远镜。如图3-3所示,光学垂线1通过保护玻璃2到达转向棱镜3,经过物镜4在分划板5平面上成像,通过目镜6成像在其焦平面上。对中器的刻划圈中心与物镜光心的连线,称为光学对中器的视准轴。当照准部水平时,对中器的视准轴经棱镜转向90°后的光学垂线应与仪器竖轴重合。利用光学对中器可以实现仪器的对中,当地面点标志中心成像于其分划板中心且竖轴处于铅垂位置时即实现了对中。

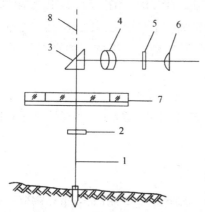

图 3-3　光学对中器光路图

1—光学垂线;2—保护玻璃;3—转向棱镜;
4—物镜;5—分划板;6—目镜;
7—水平度盘;8—竖轴。

3. 水平度盘

水平度盘简称平盘,是度量水平角的部件。它是由光学玻璃制成的圆环,其圆周边缘上刻有间隔相等的分划线,其注记为全圆顺时针形式。相邻两条分划线间的圆心角角值称为度盘分划值。度盘分划中心与竖轴轴线重合,度盘平面与竖轴轴线垂直。

水平度盘套在平盘轴套上,可以在轴套上转动。轴套由紧固螺旋固紧在基座套轴内,仪器的竖轴插入平盘轴套内(图3-4),因此当照准部转动时,水平度盘并不随之转动。由于平盘读数指标与照准部固连在一起,从而在照准不同方向目标时,能得到不同的平盘读数。若需要将水平度盘置于某一读数的位置时,可拨动专门的机构,J_6型仪器变动水平度盘的机构有以下两种形式。

(1)度盘变换手轮:如图3-2所示,按下度盘手轮下的保护手柄15,将度盘变换手轮14推进并转动,就可以将度盘转到需要的读数上。有的仪器装有一个叫位置轮的小轮与水平度盘相连,转动位置轮,度盘也随之转动,但照准部不动。

(2)复测扳手:有的J_6型经纬仪装有复测扳手,如图3-5,将复测扳手扳下(图中的机构 b），则水平度盘与照准部结合在一起，二者一起转动，度盘读数不变。不需要一起转动时，将复测扳手扳上（图中机构 a），度盘就与照准部脱开。

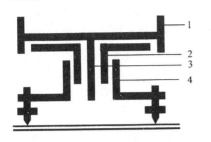

图 3-4 水平度盘与基座示意图
1—照准部；2—平盘轴套；
3—仪器竖轴；4—基座轴套。

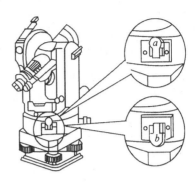

图 3-5 复测扳手

无论是使用度盘变换手轮还是复测扳手，目的是将水平度盘的起始刻划安置在需要的位置，例如在瞄准起始方向时，将水平度盘的读数安置在 0°00′00″。必须注意，一旦起始方向读数安置好以后，应立即使水平度盘和照准部脱开，以防测角过程中平盘随照准部同时转动，导致读数错误。

三、读数设备

读数设备主要包括度盘和指标。最直观简单的方法是用单指标直接在度盘上读取读数，但这种方法过于粗略，难以满足精度要求。为了提高度盘的读数精度，在光学经纬仪的读数设备中都设置了显微、测微装置。显微装置是由仪器支架上的反光镜和内部一系列棱镜与透镜组成的显微物镜，能将度盘刻划照亮、转向、放大，成像在读数窗上，通过显微目镜读取读数窗上的读数。

图 3-6 为 DJ$_6$ 光学经纬仪的读数系统光路图。

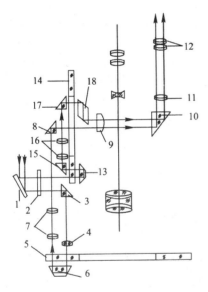

图 3-6 DJ$_6$ 光学经纬仪光路图
1—采光镜；2—进光窗；3—转向棱镜；4—水平度盘聚光透镜；5—水平度盘；6—水平度盘照明棱镜；7—水平度盘显微物镜；8—水平度盘转向棱镜；9—读数窗与场镜；10—转向棱镜；11—透镜；12—读数显微镜目镜；13—竖盘照明棱镜；14—竖直度盘；15—竖盘转向棱镜；16—竖盘显微物镜；17—竖盘转向棱镜；18—菱形棱镜。

经水平度盘的光路：外界光线由采光镜 1 反射通过进光窗 2 射入仪器内部，经过棱镜 3 的转向、透镜 4 的聚光和棱镜 6 的再转向，照亮了水平度盘 5 的分划线，经过物镜组 7 和转向棱镜 8 后，水平度盘分划线在读数窗 9 的平面上成像,再经过棱镜 10 的转向和透镜 11,在目镜 12 的焦平面上成像。

经竖直度盘的光路:外界光线进入仪器内部后,经过棱镜 13 的两次反射,照亮了竖盘 14 的分划线,再经过棱镜 15 的转向,通过物镜组 16 和棱镜 17 的转向后,竖直度盘分划线在读数窗 9 的平面上成像。此后与水平度盘的光路沿同一路线前进。

测微装置是一种能在读数窗上测定小于度盘格值的读数装置。光学经纬仪常用的测微装置有分微尺测微器、单平板测微器、双平板测微器、光楔测微器等几种。

1. 分微尺测微器

分微尺测微器即在读数窗上安装一块带有刻划的分微尺,其总长恰好等于放大后度盘格值的宽度。当度盘影像呈现在读数窗上时,分微尺就可细分度盘相邻刻划的格值。

分微尺测微器具有结构简单,读数方便的优点,广泛应用于 J_6 经纬仪。此类仪器在读数显微镜内可以看到水平度盘和竖直度盘影像,如图 3-7 所示,注有"水平"、"H"或"—"的为水平度盘读数窗,注有"竖直"、"V"或"⊥"的为竖直度盘读数窗。度盘刻划线与分微尺刻划线分别用大小两种数字注记(分微尺刻划线注记为 10′ 的倍数)。度盘格值为 1°,分微尺的长度相当于度盘 1° 间隔的影像宽度,它又分为 60 小格,每个小格为 1′(每 10 小格注以 1、2、…、6),因此可直接读至 1′,一般应估读至 0.1′。读数时,以分微尺上的零分划线为指标,度数由夹在分微尺上的度盘刻划线注记读出,小于 1° 的数值,即分微尺上的零刻划线至度盘刻度线的角值,由度盘刻划线在分微尺上读取。两者之和即为度盘读数。图 3-7 中水平度盘读数为 215°,再加上分微尺零指标至度盘上 215° 分划间隔 07.2′,结果为 215°07.2′。同理,竖直度盘的读数为 78°52.7′。

2. 单平板玻璃测微器

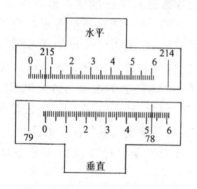

图 3-7　分微尺测微器读数窗

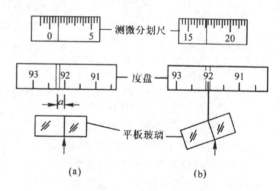

图 3-8　单平板玻璃测微原理

单平板玻璃测微装置主要由平板玻璃、测微轮、测微分划尺和传动装置组成。测微轮、平板玻璃和测微分划尺由传动装置连接在一起。转动测微轮,可使平板玻璃和测微分划尺同轴旋转。图 3-8 为测微装置原理图。当测微分划尺读数为零时,平板玻璃的底面水平,光线垂直通过平板玻璃,度盘分划线的影像不改变原来位置,这时在读数窗上的双指标线读数为92°+ a(图 3-8a)。当转动测微轮时,平板玻璃也随之转动一个角度。如果度盘分划线的影像正好平行移动一个 a 值,使92°刻划线的影像夹在双指标线的中间,这个移动量 a 即可由同轴转动的测微分划尺上读出,为 17′10″(图 3-8b)。取二者之和为 92°17′10″。

图 3-9 是从读数显微镜中同时看到的上、中、下三个读数窗。上为测微尺分划影像,并有指标线,中为竖直度盘影像,下为水平度盘影像,都有双指标线。度盘最小分划值为30′,测微尺共分 30 大格,一大格又分三个小格。转动测微器,测微尺分划由 0′移至 30′,度盘分划也恰好移动一格(30′),故测微尺大格的分划值为 1′,小格为 20″,每 5′注记一数字。测微尺一般估读到 1/4 格(即 5″)。

读数时转动测微轮,使度盘分划线精确地平分双指标线,按双指标线所夹的度盘分划读出度数和 30′的整分数,不足 30′的数从测微器窗中读出,如图 3-9a,水平度盘读数为 59°22′05″,图 3-9b 的竖直度盘读数为 106°31′05″。

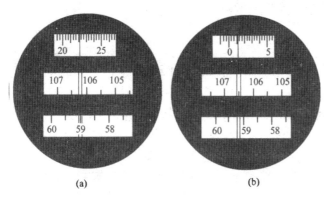

(a)   (b)

图 3-9 单平板玻璃测微器读数

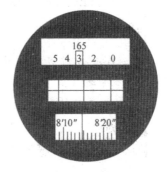

图 3-10 双平板玻璃测微
装置的读数视场

3. 双平板玻璃测微器

在 J_2 光学经纬仪中,一般采用对径分划线影像符合的读数(通常称为双指标读数)设备。它将度盘上相对 180°的分划线,经过一系列的棱镜和透镜的反射和折射,显现于读数显微镜内,采用对径符合的测微显微镜原理进行读数。为了测微时获得度盘分划线的相对移动,广泛采用了双平板玻璃的光学测微器。它的基本原理是转动测微手轮时,一对平板玻璃作等量相反方向的转动,可使度盘分划线影像作相对移动而彼此接合,这个等量的相向移动量可在秒盘相应的转动量上显示出来。图 3-10 中读数为 165°38′14.8″。

4. 光楔测微器

由应用光学的知识可知,当光线通过光楔时,将偏转一个角 ε(图 3-11),此 ε 角的

大小与光楔的楔角 α、玻璃的折射率和光线的入射角有关。当光楔的 α 角很小,玻璃的折射率被选定,并且入射角不大时,偏转角 ε 可以认为是不变的。若反向设置两个大小、形状相同的光楔,当移动光楔与固定光楔重合时,合成一平行平面玻璃板,光线通过后不发生偏转(图 3-11 中的虚线光路)。当移动光楔由位置 1 移动到位置 2 时,光线经固定光楔后发生偏转,经过移

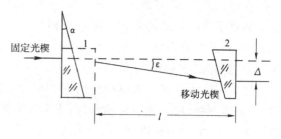

图 3-11 光楔测微器原理

动光楔后光线又反向偏转,由于两次偏转角 ε 相等,使原光线产生一段平行移动量 Δ。

实际读数设备中应用了双移动光楔测微器,它采用对径符合读数,在度盘对径两端分划线的光路中各设置一个移动光楔,并使它们的楔角方向设置成相反位置,而且固定在同一个光楔架上作等量移动,以使度盘分划线影像作等距而相反的移动。这时,对径分划线影像接合,移动量可在测微分划尺上读出。

四、经纬仪使用

用经纬仪测角时,包括安置仪器、照准目标和读数等基本操作。

1. 安置经纬仪

在测站点上安置经纬仪,包括仪器的对中和整平两项内容。

(1)对中

对中的目的是将平盘的分划中心安置在过角顶的铅垂线上。

图 3-12 垂球对中

使用垂球对中时,先打开三脚架,置于测站点上,使其高度适中,目估架头水平,并注意架头中心大致对准测站点标志。然后在连接螺旋下方悬挂垂球,使连接螺旋位于架头中心,进行粗略对中;若偏差较大,可平移脚架使垂球大致对准测站点。踩紧三脚架后,装上仪器。稍松连接螺旋,在架头上移动仪器基座,进行精密对中,直至垂球尖准确地对准测站点标志中心后,再拧紧连接螺旋,如图 3-12 所示。垂球对中的误差一般不超过 3 mm。在有风的天气用垂球对中较困难,可使用光学对中器对中。

用光学对中器进行对中时,应与仪器整平交替进行,这两项工作相互影响,直到对中和整平均满足要求为止。

为此,将三角架安置于测站点上,目估水平、对中,装上仪器整平后,先调节对中器的目镜,使分划板清晰;推进对中器的目镜筒,使测站点标志影像清楚。如果点位值偏离较大,可平移三脚

架。经粗略对中后,踩紧三脚架。再用三脚架腿整平仪器,稍松连接螺旋,在架头上平移基座,使对中器刻划圈中心与测站点标志中心重合,然后拧紧连接螺旋,并检查照准部水准管气泡是否居中。如有偏离,再次整平、对中,反复进行调整。其对中误差一般不超过1 mm。

（2）整平

整平的目的是使仪器的水平度盘置于水平位置。

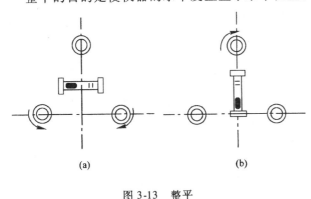

(a)   (b)

图 3-13 整平

经纬仪的整平,是利用基座的三个脚螺旋使照准部水准管在两个正交方向上实现气泡居中。整平时,先转动照准部,使照准部水准管平行于任意两脚螺旋的连线,如图 3-13a,两手以相对方向旋转这两个脚螺旋,使水准管气泡居中。气泡移动方向与左手拇指运动方向一致。然后转动照准部,使照准部水准管垂直于原来两脚螺旋的连线,如图 3-13b,再旋转第三个脚螺旋使气泡居中。如此反复进行,直至在任何位置气泡都居中为止。整平后,气泡偏离零点不得超过一格。

2. 照准目标

经纬仪安置完毕后,将望远镜指向明亮背景,进行目镜调焦,使十字丝成像清晰。照准目标时,首先用望远镜上的瞄准器对准目标,并固定水平制动螺旋和望远镜制动螺旋,进行物镜调焦,使目标影像清晰并注意检查和消除视差。然后转动水平微动螺旋和望远镜的微动螺旋,用望远镜视场中央部位准确地照准目标。

水平角观测时,对于竖直目标,如果其成像比较细。可用双竖丝夹准目标;如果其成像比较粗,可用单竖丝线平分目标。竖直角观测时,应用横丝与目标顶部相切。

3. 读数

将反光镜打开约45°并旋转镜面,使读数窗亮度适中。调节读数显微镜目镜,使度盘和测微尺影像清晰,然后按测微装置类型和前述读数方法进行读数。先读取度盘读数,再读取分微尺或测微尺上的读数,二者之和即为完整读数。

第三节　测回法观测水平角

水平角观测应根据观测目标的多少而采用不同的方法,两个方向采用测回法,多于两个方向时可采用方向观测法。当方向数多于三个并再次瞄准起始方向时,称为全圆方向法。本节只介绍测回法观测水平角。

在水平角观测中,为了消除仪器的某些误差,通常用盘左和盘右两个位置进行观测。所谓盘左,就是观测者面对望远镜的目镜时,竖盘在望远镜的左侧,亦称正镜。反之,若竖盘在望远镜的右侧则称为盘右或称倒镜。

如图 3-14,设 O 为测站点,A、B 为观测目标,$\angle AOB$ 为观测的水平角,具体观测步骤如下:

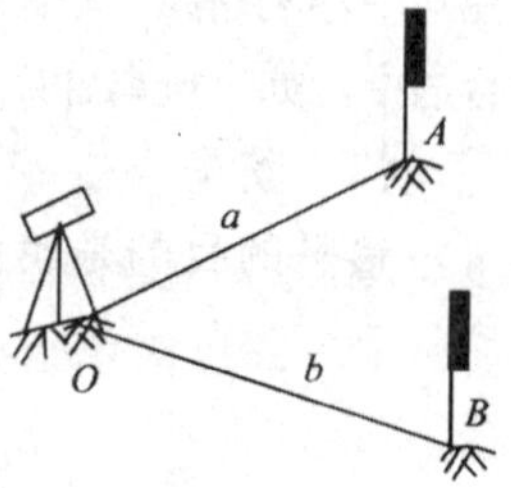

1. 安置仪器

在测站点 O 上安置经纬仪,进行对中、整平。在 A、B 点上设置观测标志。

2. 盘左观测

盘左位置,照准左目标 A,读取水平度盘读数 $a_{左}$(如为

图 3-14　水平角观测

$0°00.4'$),称为方向读数,记入手簿(表 3-1)。松开水平制动螺旋,顺时针方向转动照准部,将望远镜照准右目标 B,读取平盘读数 $b_{左}$(如为 $87°26.8'$),记入手簿。以上称为盘左半测回观测(简称上半测回)。其角值按式(3-1)计算,即

$$\beta_{左} = b_{左} - a_{左} = 87°26.4'$$

表 3-1　水平角观测记录手簿

测点	盘位	目标	水平度盘读数 （ ° 　　 ′ ）	半测回角值 （ ° 　　 ′ ）	一测回角值 （ ° 　　 ′ ）	各测回角值 （ ° 　　 ′ ）
O	左	A	0　　00.4	87　　26.4	87　　26.3	
		B	87　　26.8			
	右	B	267　　26.4	87　　26.2		
		A	180　　00.2			

3. 盘右观测

纵转望远镜,逆时针转动照准部,将竖盘置于盘右位置。先照准右目标 B,读取水平度盘读数 $b_{右}$(如为 $267°26.4'$),记入手簿。松开水平制动螺旋,逆时针方向转动照准部,将望远镜照准左目标 A,读数为 $a_{右}$(如 $180°00.2'$),记入手簿。其角值为

$$\beta_{右} = b_{右} - a_{右} = 87°26.2'$$

以上称为盘右半测回观测(简称下半测回)。

4. 计算测回角值

盘左、盘右两个半测回,合称为一测回。如果两半测回角值互差 $\Delta\beta = \beta_{左} - \beta_{右}$ 不大于其限差(见表 3-2),取上、下半测回角值平均值作为该测回角值 β,即

$$\beta = \frac{1}{2}(\beta_{左} + \beta_{右}) \tag{3-2}$$

表 3-2　测回法观测水平角限差

标　　准	仪器级别	两半测回间角值限差	测回间角值限差
城市测量规范	DJ$_2$		
	DJ$_6$	±40″	±40″
工程测量规范	DJ$_2$	±20″	±15″
	DJ$_6$	±30″	±20″

如果各测回角值互差不大于其限差,则取其算术平均值作为该角的角值。否则应重测不合格的那个测回。

5. 测回间变换度盘读数

为了减弱和消除度盘分划误差的影响,提高水平角观测的精度,需对被测角观测若干个测回,则各测回间要对度盘和测微轮的位置进行变换。

对于 DJ$_6$ 级单指标读数的经纬仪按下式配置水平度盘盘左位置起始方向的读数:

$$a_i = \frac{360°}{n}(i-1) \tag{3-3}$$

式中,a_i 为第 i 个测回起始方向盘左应安置的平盘读数;i 为测回序数;n 为总测回数。

对于对径分划线影像符合读数的经纬仪,按下式进行配置:

$$a_i = \frac{180°}{n}(i-1) + j(i-1) + \frac{\omega}{n}\left(i - \frac{1}{2}\right) \tag{3-4}$$

式中,j 为度盘最小间格分划值;ω 为测微盘分格数(值)(DJ$_1$ 为 60 格,DJ$_2$ 为 600″);a_i、i、n 的含义同式(3-3)。

度盘读数的配置方法,因仪器构造不同可分别采用以下两种方法:

(1)复测经纬仪配置起始方向读数的方法

如图 3-5,装有水平度盘复测扳手的经纬仪,称为复测经纬仪。仪器安置于测站点上,经对中、整平后,在盘左位置,若将起始方向的读数配置为 0°00′30″左右,应先旋转测微轮,将测微尺安置在 00′30″。然后将复测扳手扳上,转动照准部使水平度盘读数在 0°附近,固定水平制动螺旋后,用水平微动螺旋精确对准 0°,并扳下复测器扳手。此时,度盘随照准部同步转动,读数不变。照准起始方向目标后再扳上复测扳手,即可进行水平角观测。

(2)方向经纬仪配置起始方向读数的方法

如图 3-2,装有水平度盘变换手轮的经纬仪,称为方向经纬仪。仪器安置在测站点上,经对中、整平后,于盘左位置照准起始方向的目标。然后打开变换手轮的保护手柄(图 3-2 中 15),转动度盘变换手轮(图 3-2 中 14),将水平度盘的读数配置为 0°00′30″或欲安置的读数。盖上变换手轮保护手柄,便可进行水平角观测。

第四节　竖直角观测

一、竖　直　角

在同一铅垂面内,倾斜视线与水平方向线之间的夹角称为高度角,其值为 0° ~ ±90°,常以 α 表示。如图 3-15 所示,视线向上倾斜,竖直角为正(+),称仰角;视线向下倾斜,竖直角为负(-),称俯角。

测站点铅垂线的天顶方向到观测方向线间的夹角称为天顶距,以 z 表示。天顶距

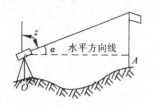 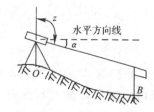

图 3-15　竖直角和天顶距

的取值范围为 0°～180°。同一目标方向线的天顶距和高度角互余,即

$$\alpha + z = 90° \qquad (3-5)$$

高度角和天顶距都是铅垂面内的角,如果不做特别说明,竖直角通常指的是高度角。

经纬仪的竖盘是用于测定竖直角的装置,它和望远镜固连在一起。当仪器整平后,竖盘即为一个铅垂面。竖直角测量与水平角观测一样,均是两个方向读数之差,而竖直角测量中的水平方向线读数在竖直度盘上为一固定值,在正确情况下,它为 90° 或 270°。因此,测定竖直角时,只要用望远镜照准目标,读取倾斜视线在竖盘上的读数,便可确定该目标的竖直角。

二、竖直度盘构造

经纬仪的竖盘装置包括竖直度盘 5、竖盘指标水准管 7 和竖盘指标水准管微动螺旋 4,如图 3-16 所示。竖盘固定在望远镜横轴的一端,随望远镜在竖直面内转动。竖盘指标水准管、转像棱镜 10 和物镜组 11 连在一个微动架 9 上。当转动竖盘指标水准管微动螺旋 4 时,不仅能调节指标水准管,同时也带动物镜组 11 和转像棱镜 10 一起作微小转动,以调节光轴 OO。此光轴 OO 就是竖盘的读数指标线。

竖盘读数指标的正确位置是用竖盘指标水准管 7 来确定的。转动水准管微动螺旋 4 将竖盘指标水准管气泡居中,使指标线处于正确位置。

当望远镜转动时,竖盘随之转动,而读数指标不动,因此照准不同方向的目标可读出不同的竖盘读数。这与水平角测量不同。

理想的情况是:当望远镜视线水平,指标水准管气泡居中时,竖盘读数应该是 90° 的整倍数。

三、竖直角的计算

竖直角等于水平视线的竖盘读数与倾斜视线的竖盘读数之差。在经纬仪上,水平视线理想的竖盘读数通常为 90° 的整倍数,观测时无需读

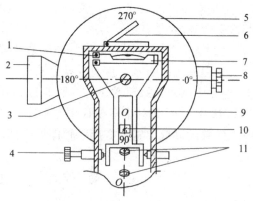

图 3-16　竖直度盘的构造

1—竖盘指标水准管校正螺丝;2—物镜;3—横轴;4—竖盘指标水准管微动螺旋;5—竖盘;6—水准管反光镜;7—竖盘指标水准管;8—目镜;9—微动架;10—转像棱镜;11—物镜组。

取。但由于仪器的长期使用以及长途运输,通常这个值会发生变化。要根据这个变化了的值计算竖直角。

盘左位置望远镜视准轴水平时的竖盘读数称为水平始读数,以 MO 表示。因此,水平视线在盘左位置的固定值为 MO,在盘右位置的固定值为 $MO+180°$。

在计算竖直角时,究竟是哪一个读数减哪个读数,应按竖盘的注记形式来确定。竖盘的注记有顺时针和逆时针两种形式,如图 3-17a,顺时针注记的度盘,天顶方向的竖盘读数为 $0°$,而逆时针注记的竖盘,天顶方向的竖盘读数为 $180°$,如图 3-17b。

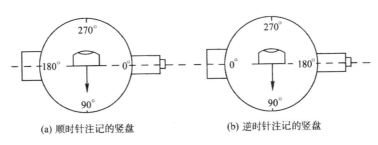

(a) 顺时针注记的竖盘　　　　　　(b) 逆时针注记的竖盘

图 3-17　竖直度盘的两种注记形式

在观测竖直角之前,应判断竖盘的注记形式。为此,在盘左位置将望远镜上倾,如果竖盘读数小于 $90°$,说明竖盘是天顶为 $0°$ 的注记形式,竖直角等于视线水平时的竖盘读数 MO 减去瞄准目标时的竖盘读数;反之,则用瞄准目标时的竖盘读数减去视线水平时的竖盘读数 MO。

根据上述规律,并用 L、R 分别表示盘左、盘右时照准目标的竖盘读数,竖直角计算公式如下:

1. 对于天顶读数为 $0°$ 的仪器,即竖盘为顺时针注记的仪器(图 3-18):

盘左竖直角　　　　　$\left.\begin{aligned} \alpha_左 &= MO - L \\ \alpha_右 &= R - (MO + 180°) \end{aligned}\right\}$ 　　　　(3-6)
盘右竖直角

2. 对于天顶读数为 $180°$ 的仪器,即竖盘为逆时针注记的仪器:

盘左竖直角　　　　　$\left.\begin{aligned} \alpha_左 &= L - MO \\ \alpha_右 &= (MO + 180°) - R \end{aligned}\right\}$ 　　　　(3-7)
盘右竖直角

理论上,$\alpha_左 = \alpha_右$,由此得

$$MO = \frac{1}{2}(L + R - 180°) \qquad (3-8)$$

因为观测误差的影响,通常 $\alpha_左$ 与 $\alpha_右$ 不相等,取其平均值作为竖直角的结果,即

$$\alpha = \frac{1}{2}(\alpha_左 + \alpha_右) \qquad (3-9)$$

上述公式是以仰角为例的,计算结果为正值;同样也适用于俯角,但计算结果为负值。

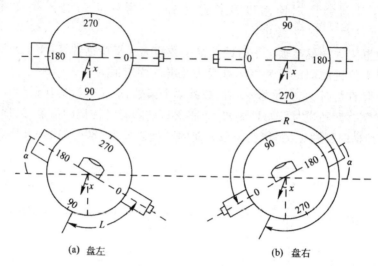

(a) 盘左　　　　　　　　　　(b) 盘右

图 3-18　竖盘指标差

四、竖盘指标差的计算

水平始读数的理论值应为 90°,实际上,此条件常不满足。当望远镜视线水平,竖盘指标水准管气泡居中时,指标偏离其正确位置的角值,称为竖盘指标差,用 x 表示。竖盘指标差 x 即为 MO 与其理论值之差,如图 3-18 所示,用公式表示为

$$x = MO - 90° \qquad (3-10)$$

x 偏离的方向与竖盘注记方向一致时,取正号;反之取负号。

将 MO 的计算公式代入式(3-10),得

$$x = \frac{1}{2}(L + R - 180°) - 90° = \frac{1}{2}(L + R - 360°) \qquad (3-11)$$

竖直角观测中,利用指标差 x 的互差可对观测质量进行检核。指标差互差的限差见表 3-3。

表 3-3　指标差互差的限差表

标　　准	城 市 测 量 规 范		铁 路 测 量 规 范	
仪器级别	DJ_2	DJ_6	DJ_2	DJ_6
指标差互差	±15″	±25″	±15″	±25″

五、竖直角的观测步骤

1. 在测站上安置经纬仪。

2. 观测前,判断天顶的竖盘读数,确定竖盘的注记形式。

3. 测算水平始读数 MO。选一个距离适中、成像清晰的目标,分别用盘左、盘右照准该目标的同一位置,当竖盘指标水准管气泡居中时,读取竖盘读数 L 和 R,然后按式

(3-8)求出水平始读数 MO。

4. 盘左照准目标,当竖盘指标水准管气泡居中时,读取竖盘读数并记入观测手簿。

5. 盘右照准目标,当竖盘指标水准管气泡居中时,读取竖盘读数并记入观测手簿。

6. 根据所使用仪器的竖盘注记形式,按照式(3-6)或式(3-7)进行竖直角的计算。

表3-4 为观测 3 个目标竖直角的记录手簿,其中 B 目标用盘左进行了观测,而 C 目标只用盘右进行了观测。B、C 两目标的竖直角只能依据观测 A 目标时测定的水平始读数 MO 进行计算。

表3-4 竖直角观测手簿

日期:2002.4.15   仪器型号:DJ₆   观测者:李明

天气:多云   仪器编号:No. 135   记录者:王伟   组号:8

测站	目标	竖 盘 读 数		水平始读数 $MO(° ′ ″)$	竖盘指标差 $x(″)$	竖直角 α $(° ′ ″)$	备 注
		$L(° ′ ″)$	$R(° ′ ″)$				
O	A	92 37 20	267 22 30	89 59 55	− 5	− 2 37 25	天顶为0°
	B	87 15 30				+ 2 44 25	
	C		276 43 30			+ 6 43 35	

六、竖盘指标自动归零装置

由于仪器整平不够完善,致使仪器的竖轴有残余的倾斜,为克服由此而产生的竖盘读数误差,必须使竖盘指标水准管气泡居中。因为当指标水准管气泡居中时,竖盘指标处于正确位置。然而在每次读数时都调节指标水准管的微动螺旋使气泡严格居中,是一件十分费事的事情,因此光学经纬仪采用了竖盘自动归零装置来代替指标水准管。所谓自动归零装置,即当经纬仪有微小倾斜时,这种装置会自动地调整光路使读数为指标水准管气泡居中时的正确读数,也即恒为 90° 的整倍数。正常情况下,此时的指标差为零。这与自动安平水准仪的补偿原理是相同的。

我国在 J₂ 型光学经纬仪的设计中,以光学补偿器取代竖盘指标水准管,使得在竖轴有残余倾斜时,竖盘读数得到自动补偿。这样不仅减小了观测时的操作步骤,也可避免某些系统误差的影响。

应当指出的是,竖盘指标自动归零装置使用日久也会变动,也应检验有无指标差存在。若指标差超过规范规定则必须加以校正。在使用中也应注意,对不能自动锁定的归零装置,补偿器在不用时应关闭。

第五节 经纬仪检验与校正

由测角原理得知,要准确地观测水平角和竖直角,经纬仪的水平度盘必须水平,竖盘必须竖直,望远镜上下转动时,视准轴应形成一个铅垂面。

为了达到上述要求,经纬仪的几条主要轴线(如图3-19)应满足:

1. 照准部水准管轴 LL 垂直于仪器的竖轴 VV，以保证当照准部水准管气泡居中时，竖轴处于铅垂位置，从而使水平度盘处于水平位置。

2. 横轴 HH 垂直于竖轴 VV，以保证竖轴处于铅垂位置时，横轴处于水平位置。

3. 视准轴 CC 垂直于横轴 HH，以保证横轴水平时，视准轴绕横轴旋转而成的是一个铅垂面。

4. 十字丝竖丝 JJ 垂直于横轴 HH，以保证横轴水平时，平盘读数不会因为同一目标在竖丝上的位置不同而不同。

5. 竖盘指标处于正确位置。

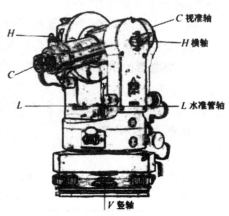

图 3-19　经纬仪主要轴线

经纬仪在使用和搬运过程中，轴线之间的几何关系可能会发生变化。因此，在测量作业前，应对仪器进行检验和校正，其步骤、原理如下。

一、照准部水准管轴的检验校正

此项检验校正的目的是，使照准部水准管轴 LL 垂直于仪器的竖轴 VV，当仪器整平后，应使竖轴铅垂，水平度盘处于水平位置。

1. 检验

将仪器大致整平，转动照准部使水准管与两个脚螺旋连线平行，调整脚螺旋使水准管气泡居中，然后旋转照准部 $180°$。若水准管气泡仍然居中，则水准管轴 LL 垂直于仪器的竖轴 VV。否则，水准管轴不垂直于仪器竖轴，两轴不垂直的误差为 α，应进行校正。如图 3-20a，水准管气泡居中时，水准管轴处于水平状态，而竖轴处于倾斜位置且与铅垂方向的夹角为 α。当仪器绕竖轴旋转 $180°$ 时，竖轴方向不变，而水准管固定座的两端却相互交换了空间位置（图 3-20b），使水准管轴与水平线的夹角变为 2α，它的大小可由气泡偏离零点的格数反映出来。

2. 校正

用校正针拨动水准管校正螺旋，使气泡向零点移动偏离值的一半，如图 3-20c，此时满足条件 $LL \perp VV$，而水准管轴仍倾斜 α 角。然后转动与水准管平行的两个脚螺旋，使气泡居中，则竖轴处于铅直位置，如图 3-20d。此项检验校正，需反复进行，直至照准部旋转 $180°$ 时，气泡偏离零点达到规范要求为止。

二、十字丝竖丝的检验校正

此项检验校正的目的是，使十字丝竖丝 JJ 垂直于仪器的横轴 HH，当横轴水平时，使竖丝竖直。这便于在水平角测量中，用十字丝的不同位置瞄准目标时，水平度盘的读

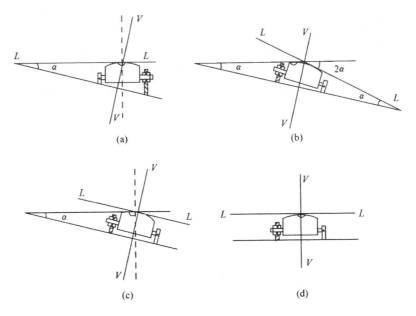

(a) (b)

(c) (d)

图 3-20 水准管检校原理

数保持一致。

1. 检验

用十字丝交点精确瞄准一目标点,然后固定照准部和望远镜的制动螺旋,用望远镜微动螺旋使望远镜上下转动。若该点不偏离竖丝,表示十字丝竖丝 JJ 垂直于仪器横轴 HH,否则需进行校正。

2. 校正

卸下目镜处的十字丝护盖,如图3-21,松开4个固定螺丝,轻微转动十字丝环,使竖丝与瞄准点重合,直至望远镜上

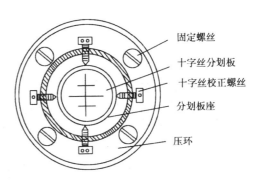

固定螺丝

十字丝分划板

十字丝校正螺丝

分划板座

压环

图 3-21 十字丝分划板

下微动时,该点始终在竖丝上为止,然后拧紧4个固定螺丝,装上十字丝护盖。

三、视准轴的检验校正

此项检验校正的目的是,使视准轴 CC 垂直于仪器的横轴 HH,当望远镜绕横轴旋转时,其视准面为一个与横轴正交的平面。如果视准轴不垂直于横轴,当望远镜绕横轴旋转时,视准轴的轨迹则是一个圆锥面。若用该仪器观测同一铅垂面内不同高度的目标时,水平度盘上的读数就不相同,从而产生测角误差。

1. 检验

在平坦地区,选择相距约80 m的 A、B 两点,在中点 O 安置经纬仪,A 点设一标志,在 B 点上与仪器大致同高处,水平地横置一支有毫米刻划的直尺。先用盘左照准 A 点,再纵转望远镜,在直尺上读取读数为 m,如图3-22a。然后转动照准部,用盘右照准 A 点,再纵转望远镜在直尺上读数为 n,如图3-22b。若 m、n 两点重合,表示视准轴 CC 垂直于仪器的横轴 HH。否则,需进行校正。视准轴不垂直于横轴的误差 c,称为视准轴误差。这时 mB 反映了盘左的 $2c$ 误差,nB 反映了盘右的 $2c$ 误差,则 mn 为 $4c$ 误差的影响。

2. 校正

如图3-22b,由 n 点向 m 点方向量取 $mn/4$ 的长度定出 n' 点。用校正针拨动图3-21中左右两个十字丝校正螺丝,使十字丝交点与 n' 点重合。此项检验校正需反复进行,直到满足规范要求为止。

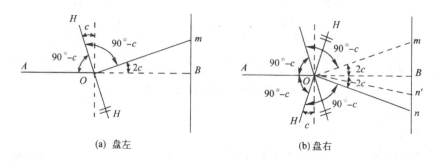

(a) 盘左　　　　　　　　　　　　(b) 盘右

图 3-22　视准轴检验

四、横轴的检验校正

此项检验校正的目的是,使仪器的横轴 HH 垂直于竖轴 VV,当竖轴铅垂时,望远镜绕横轴旋转的视准面为一铅垂面。否则,视准轴绕横轴旋转的轨迹为一倾斜面。因此,在瞄准同一铅垂面内不同高度的目标时,水平度盘读数也不相同,影响测角精度。

1. 检验

如图3-23,在距墙 20 ~ 30 m处安置仪器,盘左照准墙上高处一点 P(仰角大于30°),然后将望远镜大致放置水平,在墙上标出十字丝交点所对的位置 P_1;再用盘右照准 P 点,将望远镜放平,在墙上标出十字丝交点所对的位置 P_2。若 P_1、P_2 重合,表示仪器横轴 HH 垂直于竖轴 VV。否则,需进行校正。

2. 校正

取 P_1、P_2 直线的中点 P_m,用望远镜照准 P_m,然后抬高望远镜至 P 点附近,此时,十字丝交点不在 P 点而在 P' 点(图3-23)。放松支架内的校正螺丝(图3-24),转动偏心轴承,使横轴一端升高或降低,将十字丝交点对准 P 点。此项检验校正亦应反复进行,直到横轴误差满足规范要求为止。光学经纬仪的横轴是密封的,测量人员只进行检验,校正由仪器检修人员在室内进行。

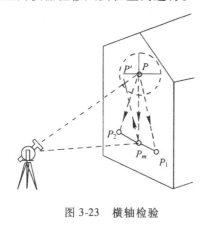

图 3-23 横轴检验

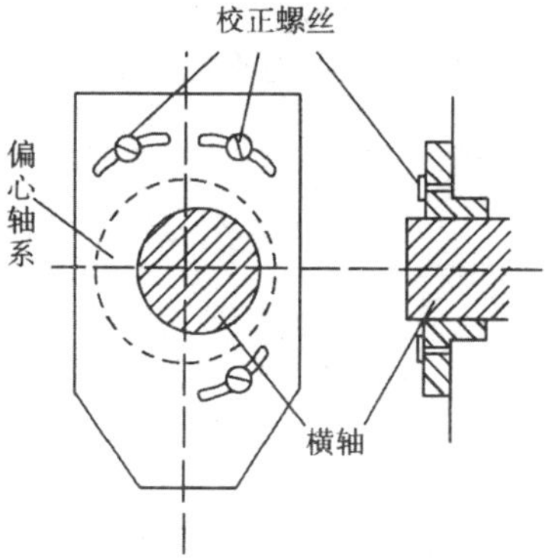

图 3-24 横轴校正

五、竖盘指标差的检验校正

此项检验校正的目的是,使竖盘指标差 x 接近于零,当竖盘指标水准管气泡居中时,使竖盘读数指标处于正确位置。

1. 检验

将经纬仪整平,用盘左、盘右照准同一目标,在竖盘指标水准管气泡居中时,分别读取盘左和盘右读数 L 和 R 来计算指标差 x。若 x 接近于零,表示条件满足;当 x 较大时,需要进行校正。

2. 校正

经纬仪位置不动,仍用盘右照准原目标。转动竖盘指标水准管微动螺旋,使竖盘读数为正确值 $R-x$,这时竖盘水准管气泡不再居中。然后用校正针拨动水准管气泡校正螺丝使气泡居中。此项检验校正需反复进行,直至 x 在限差范围之内为止。

六、光学对中器的检验校正

此项检验校正的目的是,使光学对中器的光学垂线与仪器竖轴中心重合。

1. 检验

经纬仪整平后,在脚架中心的地面上固定一张白纸。将光学对中器的十字丝交点(或刻划圈中心)投影到白纸上,标定为 A 点。然后将照准部旋转 $180°$,如果地面点 A 的影像仍与十字丝交点重合,表示光学对中器的光学垂线与仪器竖轴中心重合。如果偏离十字丝交点(图 3-25a),则需进行校正。

2. 校正

校正工作是在两支架间光学对中器的转向棱镜座上进行的。如图 3-26,先松开校正螺丝3,拧紧校正螺丝2,使 A 点影像向横丝方向移动一半距离至 A' 位置,如图3-25b。再松开校正螺丝1,同时等量拧紧校正螺丝2、3,使 A 点向竖丝方向再移动一半距离至 A"。此项检验校正需反复进行,直至照准部旋转180°时,地面点影像距十字丝交点的距离满足规范要求时为止。

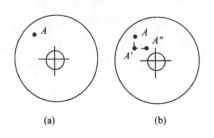

(a)　　　　　　(b)

图 3-25　光学对中器检验

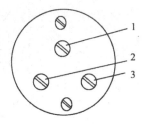

图3-26　光学对中器的转向棱镜座

第六节　水平角观测的误差来源

观测水平角不可避免地产生误差。其中通过检校仪器,应用合理的观测方法,对成果施加改正等方法可减少系统误差的影响;用精心作业和采用多次观测可减弱偶然误差的影响。

一、仪器误差

经纬仪在使用一段时间或经长途运输后,仪器的轴线会发生变化,或虽经检校,但其几何轴系仍可能不完全满足条件,存在一些残留的误差。

1. 视准轴误差

视准轴 CC 不垂直于横轴 HH 的误差 c 称为视准轴误差。在图 3-27 中,假设 $CC \perp HH$,视准轴照准 M 点。当有视准轴误差存在时,盘左时视准轴位置为 OM_2,盘右时为 OM_1,其在水平度盘上的投影分别为 Om, Om_2, Om_1。设视准轴误差 c 对度盘读数的影响为 ε。由 $\triangle OMM_2$ 和 $\triangle Omm_2$,可以得出:

$$\tan c = \frac{MM_2}{OM}, \quad \tan \varepsilon = \frac{mm_2}{Om}$$

因为 $MM_2 = mm_2$,又因 c 与 ε 很小,以弧度表示,则

$$\frac{c}{\varepsilon} = \frac{Om}{OM}$$

由 $\triangle OMm$ 可知:

$$\cos \alpha = \frac{Om}{OM}$$

此处 α 为视线竖直角,则

$$\varepsilon = \frac{c}{\cos \alpha} \tag{3-12}$$

这说明视准轴误差 c 对一个方向的影响与竖直角 α 的余弦成反比。如果竖直角为零,则 ε 等于视准轴误差 c。

若规定视准轴向左偏斜的 c 值为正,向右偏斜为负,则视准轴误差对同一方向的方向观测值的影响是:盘左、盘右的 ε 绝对值相等而符号相反(测角时应尽量使两个方向的边长相等,以避免望远镜调焦,这样可保持 c 为常数)。因此,盘左、盘右方向观测值取平均即可消除视准轴误差的影响。

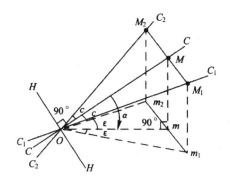

图 3-27　视准轴误差

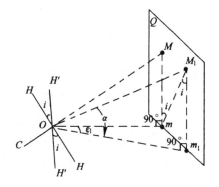

图 3-28　横轴误差

2. 横轴误差

横轴不垂直于竖轴的误差 i 称为横轴误差,且规定竖盘一侧高时 i 为正,反之,i 为负。

在图 3-28 中,HH 为横轴水平时的情况,OM 为视准轴,若横轴倾斜 i 角,则视线偏向 OM_1,Om、Om_1 为它们在水平度盘上的投影。M_1m 为视准轴绕竖轴旋转时在铅垂面 Q 上的投影,它与垂线的夹角为 i。设由横轴倾斜给水平度盘读数带来的误差为 ε_1。由 $\triangle Omm_1$ 和 $\triangle M_1mm_1$ 得:

$$\sin \varepsilon_1 = \frac{mm_1}{Om_1}, \quad \tan i = \frac{mm_1}{M_1m_1}$$

由此

$$\frac{\sin \varepsilon_1}{\tan i} = \frac{M_1m_1}{Om_1} \tag{3-13}$$

由 $\triangle OM_1m_1$ 可得 $\tan \alpha = \dfrac{M_1m_1}{Om_1}$,代入式(3-13),由于 ε_1 与 i 很小,故可得下式:

$$\varepsilon_1 = i \cdot \tan \alpha \tag{3-14}$$

式(3-14)表明,横轴误差对度盘读数的影响与竖直角 α 的正切成正比,α 愈大,ε_1 愈大;$\alpha = 0$ 时,$\varepsilon_1 = 0$,即横轴误差对水平位置的目标没有影响。

若规定横轴的竖盘一端高于另一端时的 i 为正,低于另一端时为负,则对于同一目标,在竖轴是铅垂的情况下,因横轴不水平所引起的横轴误差对方向观测值的影响是:盘左、盘右的 ε_1 绝对值相等而符号相反,取两者的平均值即可消除 ε_1。

3. 竖轴倾斜误差

若视准轴与横轴正交,横轴垂直于竖轴,而竖轴与照准部水准管轴已垂直,仅由于仪器未严格整平而使竖轴不在竖直位置,竖轴偏离铅垂线一微小角度,这就是竖轴倾斜误差。

若存在竖轴误差,安置仪器时尽管照准部水准管轴水平,竖轴却不处于铅垂位置。如图 3-29 所示,OT 为处于铅垂位置的竖轴,此时横轴必在水平面 P 上。OT' 为倾斜了 V 角的竖轴位置,此时横轴必在倾斜平面 P' 上。由几何学知,P、P' 两平面的交线 O_1O_2 与平面 TOT' 垂直,若横轴位于此处,则无论 V 有多大,它也始终保持水平。除此之外,横轴在平面 P' 上的任何位置均将产生不同大小的倾斜,其中以垂直于 O_1O_2 的 ON' 位置的倾斜角最大,并等于竖轴的倾斜角 V。

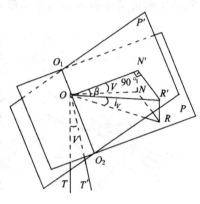

图 3-29 竖轴倾斜误差

任取一横轴位置 OR',其倾斜角为 i_v,作 $R'N' \perp ON'$,将 N'、R' 两点投影在平面 P 上得 N、R,令 $\angle N'OR' = \beta$,由 $\triangle ROR'$ 得:

$$\sin i_v = \frac{R'R}{OR'} \tag{3-15}$$

由 $\triangle NON'$ 得 $N'N = ON' \cdot \sin V$,由 $\triangle OR'N'$ 得 $OR' = \dfrac{ON'}{\cos \beta}$,且 $R'R = N'N$。将前面三个公式代入式(3-15),并顾及 V 和 i_v 均为小值,得

$$i_v = V \cdot \cos \beta \tag{3-16}$$

注意到式(3-14),竖轴倾斜对目标水平度盘读数的影响 ε_2 为

$$\varepsilon_2 = V \cdot \cos \beta \cdot \tan \alpha \tag{3-17}$$

必须指出,横轴不水平的误差实际上由两个因素组成:一为竖轴虽已铅垂而横轴不垂直于竖轴,即横轴误差;一为横轴虽已垂直于竖轴,但竖轴并不铅垂,即竖轴误差。由上述讨论可知,无论盘左还是盘右,照准同一目标时,式(3-17)中的 β 相同,即 ε_2 的符号不变,故盘左盘右的平均值不能消除竖轴误差对方向读数的影响。

值得注意的是,仪器竖轴倾斜的误差不是由于仪器方面的原因,它是由于经纬仪安置不正确所致。要消除这项误差必须仔细安置仪器。在山区作业时更应注意仪器的整平。对于精密的测量,当竖直角较大时,水平度盘读数应按式(3-17)进行改正。

4. 度盘刻划误差和照准部偏心差

光学经纬仪的度盘虽是用精密的刻度机来刻划的,但经实验证明,度盘分划线仍具有偶然误差和系统误差。系统误差具有周期性质,在精度较高的仪器上系统误差在 $2'' \sim 3''$ 的范围内变动,而偶然误差则在十分之几秒内变化。对于此项误差常采用各测回间变动度盘的位置来加以限制。

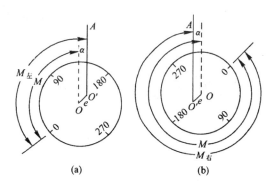

图 3-30 照准部偏心差

由于经纬仪照准部旋转中心与水平度盘分划中心不重合,因而产生照准部偏心差。如图 3-30 所示,O 为度盘中心,O' 为照准部旋转中心。当它们重合时偏心距 e 为零,对水平方向的影响也为零。当它们不重合,若盘左时瞄准目标 A,度盘读数 $M_左$ 比正确读数 M 大 α,$M = M_左 - \alpha$,而盘右同样瞄准目标 A,读数 $M_右$ 比 M 小 α,即 $M = M_右 + \alpha$。对于不同方向,α 的数值呈正弦曲线形式变化,而盘左、盘右读数的平均值可消除这项误差的影响。

二、观测误差

1. 仪器对中误差

在图 3-31 中,设 O 为测站标志中心,O' 为仪器中心,β 为正确角度值,β' 为实测角度值,由于对中误差 e 产生的误差 $\Delta\beta = \beta' - \beta$,由图 3-31 可知

$$\Delta\beta = \delta_1 + \delta_2 \tag{3-18}$$

式中 $\Delta\beta$ 当 O' 在图示位置时取 " $-$ " 号,当 O' 在图中 O 点另一侧时取 " $+$ "。设对中误差 e 与观测起始方向 $O'A$ 间的夹角为 θ,则

$$\sin \delta_1 = \frac{e}{D_1} \sin \theta$$

$$\sin \delta_2 = \frac{e}{D_2} \sin (\beta' - \theta) \tag{3-19}$$

因 δ_1、δ_2 均为小值,故

$$\Delta\beta = \delta_1 + \delta_2 = e\left(\frac{\sin \theta}{D_1} + \frac{\sin(\beta' - \theta)}{D_2}\right)\rho \tag{3-20}$$

此项影响除与对中误差 e 成正比外,与测站至目标的距离成反比。当 $e = 1$ mm,$D_1 = D_2 = 100$ m,$\beta' = 180°$,$\theta = 90°$ 时,$\Delta\beta = 40''$。所以在短边上测角更应注意仪器的对中。

2. 目标对点误差

测角时目标偏斜或没有准确照准目标而产生目标偏心误差。由图 3-32 所示,目标

由 A 偏斜至 A'，投影距离为 d，θ 为 d 的方向与边长 D 间的夹角，这时目标偏心误差对测角产生的影响 $\Delta\beta$ 为

$$\Delta\beta = \frac{d\sin\theta}{D}\rho'' \tag{3-21}$$

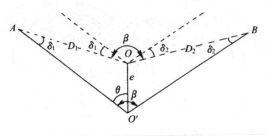

图 3-31　仪器对中误差

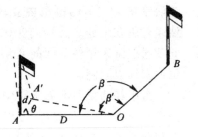

图 3-32　目标对点误差

由上式可知，目标偏心对测角的影响也与距离成反比，距离愈短影响也愈大，当 d = 1 cm，D = 100 m，θ = 90°时，$\Delta\beta$ = 20″，所以目标标杆应尽量竖直，照准时也应尽可能瞄准目标底部。边长较短时，可采用垂球对点，照准垂球线代替标杆。此时，应尽可能照准垂球线上段，以防垂球摆动对角度观测的影响。

3. 照准误差

视准轴偏离目标与理想照准线的夹角，称为照准误差。影响照准精度的因素很多，如望远镜的放大率、十字丝的粗细、目标的形状和大小、目标影像的亮度和清晰度以及人眼的判别能力等。如果只考虑望远镜的放大率 v 这一因素，则通过望远镜的照准误差应为

$$m_\tau = \pm 60''/v \tag{3-22}$$

当望远镜的放大率 v = 30 倍，则该仪器的照准误差为 $\pm 2''$。

4. 读数误差

读数误差与读数设备、照明情况和观测者的技术熟练程度有关。一般来说，读数误差主要取决于仪器的读数设备。

对于用分微尺测微器读数的仪器，一般人眼可估读的极限误差为测微尺格值 t 的 1/10，故读数误差应为

$$m_r = \pm 0.1t \tag{3-23}$$

对于 DJ_6 经纬仪，t = 1′，故其读数误差为 $\pm 6''$。

三、外界环境的影响

外界条件的影响很多，也比较复杂。如地面土质松软和大风会影响仪器、标杆和垂球线的稳定；温度变化可改变视准轴位置；大气折光可导致光线改变方向；雾气会使目

标成像模糊;烈日曝晒会使仪器变形;地面辐射热会影响大气的稳定等等,都会对测量角度带来误差。要完全避免这些影响是不可能的,但如果选择有利的观测时间和设法避开不利的条件,可使这些外界条件的影响降低到较小的程度。例如,选择在雨后多云的微风天气观测最为适宜。在晴天观测时,要打伞遮住阳光,防止曝晒仪器。观测视线应避免从建筑物旁、冒烟的烟囱上面和近水面的空间通过,这些地方都会因局部气温变化而使光线产生不规则的折射,视线离物体愈近,旁折光影响愈大,从而使观测效果受到影响。

第七节　电子经纬仪

随着电子技术的发展,传统的光学度盘已不能适应测角自动化的需要,以光电信号识别为基础的电子经纬仪便应运而生,如图3-33。电子经纬仪也采用度盘测角,但不是在度盘上进行角度单位的刻线,而是从度盘上取得电信号,再转换成数字。并可将结果储存在微处理器内,根据需要进行显示和换算以实现记录的自动化。电子经纬仪按取得电信号的方式不同可分为编码度盘测角和光栅度盘测角两种。现将其基本原理介绍如下。

图 3-33　电子经纬仪 ET-02

一、编码度盘测角

图3-34为一个二进制编码度盘图。整个度盘圆周被均匀地分成16个区间,从里到外有四道环(称为码道),黑色部分为透光区(或称导电区),白色部分为不透光区(或非导电区)。设透光(或导电)为1,不透光(或不导电)为0,则根据各区间的状态可列出表3-5。根据两区间的不同状态,便可测出该两区间的夹角。

表 3-5　四码道编码度盘编码表

区间	编码	区间	编码	区间	编码	区间	编码
0	0000	4	0100	8	1000	12	1100
1	0001	5	0101	9	1001	13	1101
2	0010	6	0110	10	1010	14	1110
3	0011	7	0111	11	1011	15	1111

识别望远镜照准方向落在那一个区间是编码度盘测角的关键设备。现以图3-35来说明这一设备的原理。

图3-35为度盘半径的某一方向。在半径方向的直线上,对每一码道设置两个接触

片,一个为电源,另一个为输出。测角时设接触片为固定的,当度盘随照准部旋转到某目标不动之后,接触片就和某一区间相接触,由于黑、白区的导电或不导电,于是在输出端就得到该区间的电信号状态。图 3-35 的状态为 1001,它代表图 3-34 的第 9 区间。如果照准部转到第二个目标,输出端的状态为 1110,即表示第 14 区间的状态。那么两目标间的角值就由 1001 与 1110 反映出为第 9 至 14 区间的角度。

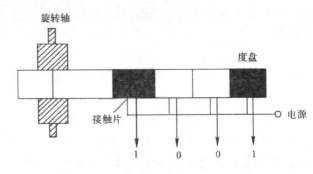

图 3-34　编码度盘　　　　　　　图 3-35　编码度盘光电读数原理

实际上在电子经纬仪中,是通过度盘的光信号来代替上述接触片的。在度盘的上部为发光二极管,度盘下面的相应位置是光电二极管。对于码道的透光区,发光二极管的光信号能够通过而使光电二极管接收到这个信号,使输出为 1。对于码道的不透光区,光电二极管接收不到信号,则输出为 0。

编码度盘所得角度的分辨率 δ 与区间数 s 有关,即 $\delta = 360°/s$,而 s 与码道数 n 的关系为 $S = 2^n$。于是,如图 3-34 码盘的角分辨率为 22.5°。如果码道数增至 9,角度分辨率也只有 42.19′。如果要求分辨率为 20″,则码道数为 16。在度盘半径为 80 mm,码道宽度为 1 mm 的条件下,最里面一圈的码道在一个区间的弧长将是 0.006 mm。要制作这样小的接收元件是很困难的,因此,直接利用编码度盘不容易达到较高的测角精度。

上述二进制编码度盘还有一个缺点,当光电二极管位置紧靠码区边缘时,可能会误读为邻区的代码,使读数发生大错,后来发明了一种循环码(又称葛莱码),使相邻码区间只有一个码不同,减少了误码的可能性,美国 HP 公司生产的 HP3820A 型电子经纬仪即为 8 位码道数的循环码,将圆周分为 $2^8 = 256$ 格,每分格为 1.4°。为了精确测角,必须设置角度的细分装置,该仪器是采用了两个独立的电子测角内插系统,分辨率分别为 10″ 和 0.3″,这样,就构成了电子测角的三级控制,三者综合给出所测角度。

二、光栅度盘与 T 2000 测角系统

在光学玻璃盘上均匀地刻出许多径向刻线,就形成了光栅度盘。如图 3-36a。如果光栅度盘与密度相同的指示光栅(相当于度盘的零指标线)叠置,将产生莫尔条纹。图中光栅度盘下面是一个发光管,上面为与度盘形成莫尔条纹的指示光栅,指示光栅上面为接收(光电)管,只要两光栅间的夹角较小,很小的光栅移动量就会产生很大的条纹

移动量(图3-36b)。

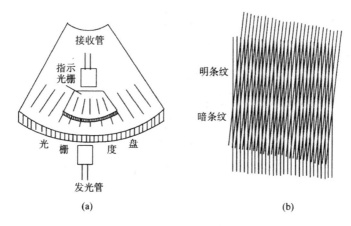

图 3-36 光栅度盘

威特 T2000 电子经纬仪的发光管、指示光栅(又称 L_S 光闸)和接收管的位置固定,此外,还有一个与度盘一起旋转的转动光栅(又称 L_R 光闸,相当于度盘读数指标线)(图3-37)。测量时,度盘被微型马达驱动而绕竖轴旋转,每旋转一周,整盘光栅被两光闸所扫描。两光闸分别给出正弦脉冲,其强度得到调制,并形成图中右侧的矩形脉冲信号。

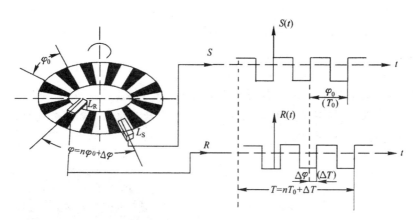

图 3-37 T2000 电子经纬仪测角原理

对角度 φ 的测量是通过测定 L_S 和 L_R 给出的脉冲计数(nT_0)和相位测量(ΔT)获得的,也即角度 φ 包括 n 个整间隔 $n\varphi_0$ 和不足整间隔的相位差 $\Delta\varphi$,用公式表示为 $\varphi = n\varphi_0 + \Delta\varphi$。事实上,$n\varphi_0 + \Delta\varphi$ 两项是由仪器的粗测和精测两个电路分别同时取得的。如果 L_S 与 L_R 在同一位置或相隔若干整间隔,则信号 S 和 R 的相位相同,此时 $\Delta\varphi = 0$,n 值是由粗测电路测定的。如 $\Delta\varphi \neq 0$,则由精测电路测定,通过测量 L_S 和 L_R 的相位

ΔT,而由下式计算 $\Delta\varphi$：

$$\Delta\varphi = \frac{\Delta T}{T_0}\varphi_0 \tag{3-24}$$

最后获得完整的 φ。

光栅度盘共有 1024 根刻划线,度盘旋转一周,通过 L_S 和 L_R 的间隔可构成 512 个 ΔT,经过处理可自动获得 512 次重复测量结果的总平均值,其内部精度较一次观测的精度提高了 $\sqrt{512}$ 倍,约为 $\pm 0.03''$,所需时间为0.6 s。

为了消除度盘偏心误差,度盘上的光闸实际上是成对地安装的,有两个 L_S 和 L_R 分别于各自的对径位置。此种仪器测定水平角和竖直角时,野外一测回方向中误差为 $\pm 0.5''$。

思考与练习题

3-1 什么是水平角?绘图说明用经纬仪测量水平角的原理。

3-2 用经纬仪瞄准同一竖直面内不同高度的两点,水平度盘上的读数是否相同?测站点与不同高度的两点相连,两连线所夹角度是不是水平角?为什么?

3-3 DJ$_6$ 光学经纬仪主要由哪几个部分组成?各部分的作用是什么?

3-4 经纬仪上有几对制动螺旋和微动螺旋?各起什么作用?如何正确使用它们?

3-5 欲使瞄准目标时水平度盘的读数为某一定值,如何使用度盘变换手轮和复测扳手进行操作?

3-6 水平角观测中,对中和整平的目的何在?

3-7 简述测回法观测水平角的操作步骤及限差要求。

3-8 图 3-38 是两种 DJ$_6$ 光学经纬仪的水平度盘读数窗,请分别说明它们的读数方法,并写出图中的读数值。

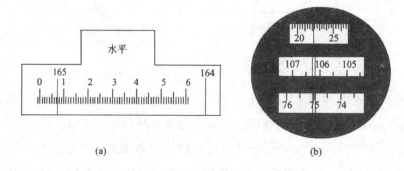

图 3-38 习题 3-8 图

3-9 用 DJ₆ 光学经纬仪按测回法观测水平角 β，测得水平度盘的盘左和盘右读数如图 3-39 所示，按表 3-1 进行记录和计算，并说明角值是否在允许误差范围内？若在允许误差范围内，一测回角值是多少？如超限，该如何处理？

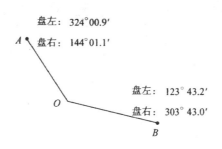

盘左：324°00.9′
盘右：144°01.1′

盘左：123°43.2′
盘右：303°43.0′

图 3-39 习题 3-9 图

3-10 观测水平角时，什么情况下采用测回法？什么情况下采用方向观测法？

3-11 测竖直角时竖盘与指标的转动关系，跟测水平角时水平度盘与指标的转动关系之间有什么区别？

3-12 何谓水平始读数？如何测算？

3-13 竖盘指标水准管起什么作用？何谓竖盘指标差？如何测算？竖直角观测成果用什么来衡量？

3-14 经纬仪各轴线满足条件时，照准同一目标，水平度盘和竖直度盘的盘左、盘右读数分别有怎样的数学关系？

3-15 请分别导出两种不同的竖盘注记形式计算竖直角的公式。

3-16 竖直角观测数据列于表 3-6 中，请完成其记录和计算。

表 3-6 习题 3-16 表

DJ₆		No. 94356		天顶为 0°		
测站	目标	盘左读数 L ° ′	盘右读数 R ° ′	水平始读数 MO ° ′	竖直角 α ° ′	天顶距 z ° ′
O	A	98 41.3	261 18.8			
	B	86 16.4				
	C		250 35.7			
	D	97 26.5				

3-17 简述经纬仪的主要轴线及其应满足的关系。

3-18 简述水平角观测的误差来源及消除或减弱其影响的方法。

3-19 电子经纬仪与光学经纬仪的主要区别是什么？

第四章　距离测量和直线定向

第一节　距离测量概述

距离测量是测量的基本工作之一。测量中的距离是指两点间的水平距离,如果是倾斜距离,则需改化成水平距离。

一、水平距离

地面上两点间的距离是指这两点沿铅垂线方向在大地水准面上投影点间的弧长。在测区面积不大的情况下(半径小于10 km的范围),可以不考虑地球曲率的影响,用水平面代替水准面。两点间连线垂直投影在水平面上的长度称为水平距离。

二、距离测量方法

根据不同的目的和精度要求,可选用不同的方法进行距离测量。

1. 直接量距

直接量距就是用刻划了长度标准的量距尺直接与被测距离比较,从而获得被测距离的长度。依据制造材料不同,量距尺主要有皮尺、普通钢尺和钢瓦基线尺等几种。

皮尺量距精度较低(1/300 ~ 1/100),一般用于小面积的丈量工作。普通钢尺量距精度为1/5 000 ~ 1/1 000,可用于一般精度的工程测量。钢瓦基线尺的量距精度最高,可达1/100 万以上,主要用于精密控制测量。

钢尺量距时,当待测距离大于钢尺的整尺长时,必须在直线上分段测量。为保证各分段点均位于待测直线上,先要进行目估定线或经纬仪定线,定线后即可进行丈量工作。丈量时应将钢尺拉平,一般先用整尺丈量若干个整尺段,仅末段丈量出零尺段。如图 4-1,设钢尺的尺长为 l,整尺段数为 n,零尺段数为 q,则地面两点间的水平距离为

$$D_{AB} = nl + q \qquad (4-1)$$

为了防止错误和提高丈量结果的精度,需进行往、返丈量。丈量结果的精度用相对误差 K 来表示。计算相对误差时,往返测差数取绝对值为分子,分母取往返测的平均值,并化为分子为 1 的分数形式。例如 AB 往测结果为 327.483 m,返测结果为 327.429 m,则相对误差为

$$K = \frac{|D_{往} - D_{返}|}{D} = \frac{0.054}{327.456} = \frac{1}{6\ 000}$$

普通钢尺用一般方法量距时,不同的观测项目和不同的规范对相对误差的容许值 $K_{允}$ 要求也不同,一般 $K_{允}$ 在 $1/3\ 000 \sim 1/1\ 000$ 之间。当量距相对误差没有超过规范要求时,取往、返测结果的平均值作为两点间的水平距离。若量距相对误差超过容许值,则应重新丈量。

若地形起伏较大,也可沿斜坡丈量斜距,根据两端点间的高差或竖直角,改算成水平距离。

2. 间接测距

间接测距的方法很多,如视距测量、视差法测距、电磁波测距等方法。

视距测量是一种根据几何光学原理间接测定地面上两点间距离的方法。视距测量以其不受地形条件限制、效率高等特点广泛应用于精度要求不高,但作业速度要求较快的工作中,曾广泛应用于地形碎部测量中。

视差法测距是依据已知长度的横基尺和实测的水平角,间接推算出待测水平距离的方法。测距原理如图 4-2 所示,设待测水平距离为 D,则

$$D = \frac{b}{2}\cot\frac{\alpha}{2} \tag{4-2}$$

式中 b 为横基尺长度,α 为实测水平角。

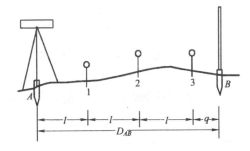

图 4-1　钢尺量距

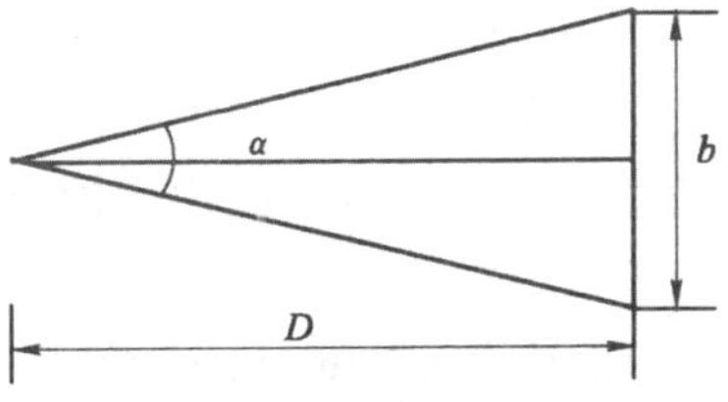

图 4-2　视差法测距

电磁波测距是以电磁波在待测距离上往返传播的时间确定两点间距离的测量方法。用它测距测程远,不受地形限制,劳动强度低,精度高,操作简便,作业速度快,目前被广泛使用。

第二节　电磁波测距

一、电磁波测距的分类

以电磁波为载波传输测距信号的测距仪器统称为电磁波测距仪。按测距时所采用

的载波类型,电磁波测距仪分为采用微波段的无线电波作为载波的微波测距仪和采用光波作为载波的光电测距仪。其中,光电测距仪按光源又分为用激光作为载波的激光测距仪和用红外光作为载波的红外测距仪两类。

微波测距仪和激光测距仪测程可达数十公里,一般用于大地测量。

红外测距仪用于中、短程测距,一般在小面积控制测量、地形测量和各种工程测量中使用。

光电测距是利用光在空气中的传播速度为已知这一特性,测定光波在被测距离上往返传播的时间来间接求得距离值,因此测定时间的精度直接影响推算距离的精度。按测定时间方式的不同,光电测距仪又分为脉冲式和相位式测距两种测距方式。

脉冲式测距是通过直接测定光脉冲在待测距离上往返传播的时间来求得距离。测距精度较低。相位式测距是利用测相电路测定调制光在待测距离上往返传播所产生的相位差,间接测得时间,从而求出距离,测距精度较高。

按测程光电测距仪可分为短程、中程和长程三种。短程测距仪的测程一般小于3 km,用于普通工程测量和城市测量;中程测距仪的测程为 3～15 km,通常用于一般等级的控制测量;长程测距仪的测程可大于15 km,通常用于国家三角网及特级导线。

短程红外光电测距仪属于相位式测距仪,它以砷化镓(GaAs)发光二极管作为光源,仪器灵巧轻便,测距精度较高。

另外,还可按仪器的标称精度指标分级。仪器的标称精度表达式为

$$m_D = (A + B \cdot D) \tag{4-3}$$

式中,m_D 为测距中误差,以 mm 为单位;A 为仪器标称精度中的固定误差,以 mm 为单位;B 为仪器标称精度中的比例误差系数,以 mm/km 为单位;D 为测距长度,以 km 为单位。

当测距长度为1 km时,m_D 为1 km的测距中误差。按此指标,在工程测量规范中,将测距仪划分为三级,即

I 级: $|m_D| \leqslant 5 \text{ mm}$

II 级: $5 < |m_D| \leqslant 10 \text{ mm}$

III 级: $10 < |m_D| \leqslant 20 \text{ mm}$

由于电磁波测距仪型号甚多,为了研究和使用仪器的方便,除了采用上述分类法外,还有其他分类方法,如按载波数可分为单载波和多载波测距仪;按反射目标可分为漫反射目标(非合作目标)、合作目标(平面反射镜、角反射镜等)和有源反射器(同频载波应答机、非同频载波应答机等)。

二、光电测距仪测距的基本原理

如图4-3,若欲测定 AB 两点间的距离 D,把测距仪安置在 A 点,反射镜安置在 B

点,由仪器发出的光束经距离 D 到达反射镜,经反射回到仪器,由于光在大气中的传播速度 c 已知,如能测量出光在待测距离两端点往返传播的时间 t,则可按下式算出距离 D:

$$D = \frac{1}{2}ct \tag{4-4}$$

式中,$c = c_0/n$,c_0 为真空中的光速值,1975 年国际大地测量学与地球物理学联合会根据各国的实验,建议采用 $c_0 = (299\ 792\ 456 \pm 1.2)\,\text{m/s}$,相对误差为 $1/2.5 \times 10^8$。n 为大气折射率,它与测距仪所采用的光源波长 λ、待测距离上大气平均温度 t、气压 P 和湿度 e 等有关。

求式(4-4)中 t 的方法有两种:一是直接测定,另一种是间接测定。

直接测定 t 的方法是测出由测距仪所发射出的发射脉冲和接收脉冲的时间间隔,再按式(4-4)计算出待测距离的距离。采用这种方法测距的测距仪就是脉冲式测距仪。

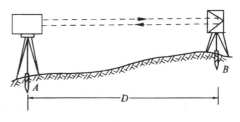

图 4-3　光电测距仪基本原理

对式(4-4)微分得

$$dD = \frac{1}{2}c \cdot dt \tag{4-5}$$

如果要求测距误差 $dD \leqslant 1\,\text{cm}$,并取 $c = 3 \times 10^8\,\text{m/s}$,则测定时间间隔 t 的精度应达到

$$dt \leqslant \frac{2}{c}dD = \frac{2}{3 \times 10^{10}} \quad (\text{s}) \tag{4-6}$$

目前用脉冲法直接测定光波传播时间的精度只有 $10^{-8}\,\text{s}$,相应的测距误差约为 $\pm 1.5\,\text{m}$。

为了提高测距精度,必须采用其他的测时手段。目前是通过测定测距仪所发出的连续调制光波在待测距离上往返传播所产生的相位移,间接测定时间 t,这种测距仪又称相位式测距。高精度的光电测距仪一般都采用"相位法"间接测定时间。

三、相位式光电测距仪

目前的测距仪中大都采用测定"调制光波"往返于被测距离上的相位差,间接测定距离的方法。

1. 相位法测距的基本原理

目前,红外测距仪发射的红外光波,其频率约为 $3 \times 10^{11} \sim 4 \times 10^{14}\,\text{Hz}$,要精确测定这样高频率的相位,目前是不可能的。因此,现代的相位法测距仪器中,是对光波加一个调制信号,使光波的强度随所的调制信号变化。这种光强随所加调制信号变化的光称为调制光。设调制信号为正弦信号（$E\sin\omega t$），则光强经过调制后，成为相应的按正弦变化的调制光，如图 4-4。调制光幅度的大小表示光强弱的变化，其变化频率称为调制频率。调制信号是加在光波上传输出去的，即光波是调制信号的载体，因此称这时的光波为载波。

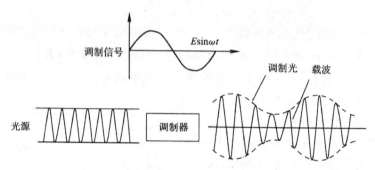

图 4-4　调制光

图 4-5 为相位法测距基本工作原理框图。由光源发出的光通过调制器后，成为光强随调制信号变化的调制光，经发射器发射出去沿待测距离传播至反射器后返回，由接收器接收得到测距信号。测距信号经放大、整形后，送到相位计，与发射时刻送到相位计的起始信号（基准信号或参考信号）进行相位比较，得出发射时刻与接收时刻调制光波的相位差，然后由计数显示单元计算并显示相位的距离值。

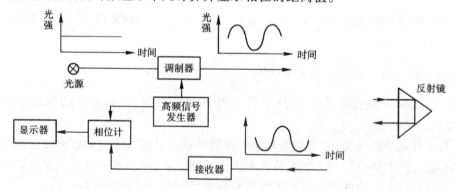

图 4-5　相位法测距的基本工作原理框图

设频率为 f 的调制光波，在待测距离上往返传播的时间为 t，其相位移为 φ。如果将调制波的往程和返程摊平，则有如图 4-6 所示的波形。

设在起始时刻 t_1 发射的调制光波光强为

$$I_1 = A\sin(\omega \cdot t_1 + \varphi_0)$$

接收时刻 t 调制光波光强为

$$I_2 = A\sin(\omega \cdot t_1 + \varphi \cdot t + \varphi_0)$$

则接收与发射时刻的相位差为

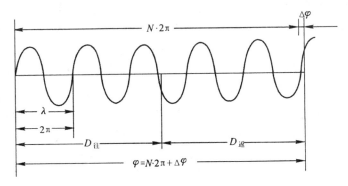

图 4-6　相位法测距的原理

$$\varphi = (\omega \cdot t_1 + \omega \cdot t + \varphi_0) - (\omega \cdot t_1 + \varphi_0) = \omega \cdot t$$

$$t = \frac{\varphi}{\omega} = \frac{\varphi}{2\pi \cdot f}$$

代入式(4-4)得

$$D = \frac{c \cdot \varphi}{2f \cdot 2\pi} \tag{4-7}$$

由图 4-6 可以看出

$$\varphi = N \cdot 2\pi + \Delta\varphi = 2\pi(N + \Delta N) \tag{4-8}$$

式中,N 为零或正整数,表示 φ 的整周期数;$\Delta\varphi$ 为不足整周期的相位移尾数 $\Delta\varphi < 2\pi$;ΔN 为不足整周期的比例数,$\Delta N = \dfrac{\Delta\varphi}{2\pi} < 1$。

将式(4-8)代入式(4-7),得

$$D = \frac{c}{2f}\left(N + \frac{\Delta\varphi}{2\pi}\right) = \frac{c}{2f}(N + \Delta N) = \frac{\lambda}{2}(N + \Delta N) \tag{4-9}$$

这就是相位式测距的基本公式。

令 $\dfrac{\lambda}{2} = L_D$,则式(4-9)为

$$D = L_D(N + \Delta N) \tag{4-10}$$

式中,L_D 称为光尺长度。于是,距离 D 可以看成是光尺长度乘以光尺整尺段数和余尺段数之和。由于光速 c 和调制频率 f 是已知的,所以光尺的长度 L_D 是已知的。显然,要测定距离 D,就必须确定整尺段数 N 和余长比例数 ΔN。

在相位式测距仪中,相位计只能分辨 $0° \sim 360°$ 的相位值,也就是测不出整相位 2π 的个数,而只能测出相位变化的尾数 $\Delta\varphi$(或 $\Delta N = \dfrac{\Delta\varphi}{2\pi}$),因此使式(4-10)产生多值解,距离 D 仍无法确定。

2. 确定 N 值的方法

如一台仪器的调制频率为15 MHz,则其光尺长度 $L_D = c/2f = 10$ m。这把光尺只能给出小于10 m的尾数。为了能测出大于10 m的距离,还必须设置第二个调制频率,譬如150 kHz,它的光尺长度为1 000 m。调制频率愈低,光尺长度愈长,但测相误差(一般可达 10^{-3})对测距误差的影响也愈大,如表4-1。为解决这一矛盾,可采用一组光尺共同测距,以短测尺(又称精测尺)保证精度,用长测尺(又称粗测尺)保证测程,从而解决了多值解的问题。这正如钟表上用时针、分针、秒针相互配合来确定准确的时间一样。根据仪器的测程与精度要求,即可选定测尺数和测尺精度。

表4-1 测尺频率与测距误差的关系

调制频率	15 MHz	1. 5 MHz	150 kHz	15 kHz	1. 5 kHz
光尺长度	10 m	100 m	1 km	10 km	100 km
精 度	1 cm	10 cm	1 m	10 m	100 m

例如某仪器选用 $f_精 = 15$ MHz, $f_粗 = 150$ kHz,使用 $f_精$ 的精测尺测10 m以内的分米、厘米、毫米位,用 $f_粗$ 的粗测尺测十米、百米位。这两把尺组合起来,就显示1 km内的数值。如精测值为 $\Delta N_精 = 0.685$,即以10 m为单位的0.685,实际为6.85;由粗测值测得 $\Delta N_粗 = 0.387$,即以1 000 m为单位的0.387,实际为387 m。由表4-1可知,粗测值的精度为1 m,故最后一位已不可靠,该距离值应为386.85 m。若待测距离再大,还需加第三把测尺。每台测距仪都是根据仪器的测程范围来设置调制频率个数的。

四、距离测量的步骤

测距时,将测距仪和反射镜分别安置于待测距离的两端,仔细地对中、整平。测距仪接通电源后照准反射镜,检查经反射镜反回的光强信号,合乎要求后即可开始测距。为避免错误和减少照准误差的影响,可进行若干个测回的观测。每次照准反射镜后可读取 2~4 次读数,取这 2~4 次读数的平均值称为一测回。如需要多个测回时,最好在不同的时间段进行往返测量。精度要求不高时也可只作单向观测。

测距读数值记入手簿中,接着观测竖直角并记入手簿的相应栏内,同时用温度计和气压计读取大气温度和气压值。观测完毕后可按气温和气压进行气象改正,按测线的竖直角进行倾斜改正,最后求得测线的水平距离。

观测时应注意电源的电压是否正常;最好在成像清晰和气象条件稳定时进行测距;避开发热体(烟囱、散热塔、散热池等)的上空及附近;测线上不应有树枝、电线等障碍物;测线应避开高压线等强电磁场的干扰;严禁将测距头对准太阳,以免损坏接收管;测距时视线背景部分不应有反光物体,当反光镜背景方向有反射物时,应在反光镜后方遮上黑布。

五、测距成果的整理

电磁波测距是在地球自然表面上进行的,所得长度是距离的初步值。出于建立控制网等目的,长度值应化算为两点间的水平距离。因而要进行一系列改正计算。这些改正计算大致可分为三类:其一是仪器系统误差改正;其二是大气折射率变化所引起的改正;其三是归算改正。

仪器系统误差的改正包括加常数改正、乘常数改正和周期误差的改正。

电磁波在大气中传输时受气象条件的影响很大,因而要进行气象改正。

归算改正主要有倾斜改正、归算至参考椭球面的改正和投影到高斯平面上的改正等。

下面对短程光电测距仪的距离测定值进行改正计算。

1. 加常数改正

由于测距仪的距离起算中心与仪器的安置中心不一致,以及反射镜反射面与反射镜安置中心不一致,使仪器测得的距离 D_0 与所要测定的实际距离 D 不相等,其差数与所测距离无关,称为测距仪的加常数,用 K 表示,即

$$K = D - D_0$$

由上述可知,测距仪的加常数包含仪器加常数和反射镜常数,当测距仪和反射镜构成固定的一套设备后,其加常数可测出。由于加常数为一固定值,可预置在仪器中,使之测距时自动加以改正。但是仪器在使用一段时间后,此加常数可能会有变化,应进行检验,测出加常数的变化值(称为剩余加常数),必要时可对观测成果加以改正。

2. 乘常数改正

测距仪在使用过程中,实际的调制光频率与设计的标准频率之间有偏差时,将会影响测距成果的精度,其影响与距离的长度成正比。

设 f 为标准频率,f' 为实际工作频率,频率偏差为

$$\Delta f = f' - f$$

乘常数为

$$R = \frac{\Delta f}{f'} \qquad (4-11)$$

乘常数改正值为

$$\Delta D_R = - RD' \qquad (4-12)$$

式中,D' 为实测距离值,以 km 为单位;R 单位为 mm/km。

由此可见,所谓乘常数,就是当频率偏离其标准值而引起的一个计算改正数的乘系数,也称为比例因子。乘常数可通过一定检测方法求得,必要时可对观测成果进行改正。如果有小型频率计,直接测定实际工作频率,就可方便地求得乘常数改正值。

3. 气象改正

光的传播速度受大气状态(温度 t、气压 P、湿度 e 等)的影响。仪器制造时只能选取某个大气状态(参考大气状态)来定出调制光的波长,而实际测距时的大气状态一般不会与假定大气状态相同,因而使光尺长度产生变化,使得测距成果中含有系统误差,所以必须加气象改正。气象改正的计算公式为

$$\Delta D_{tP} = (n_r - n)D' \tag{4-13}$$

式中，ΔD_{tP} 为气象改正数；n_r 为参考气象条件下的大气折射率；n 为实测气象条件下的大气折射率；D' 为斜距观测值。

一般气象条件下，大气折射率 n 可按下式计算：

$$n = 1 + \frac{n_0 - 1}{1 + \alpha t} \cdot \frac{P}{760} - \frac{5.5 \times 10^{-8}}{1 + \alpha} \cdot e \tag{4-14}$$

式中，t 为温度（℃）；P 为气压（kPa）；e 为湿度（%）；α 为空气膨胀系数，$\alpha = \dfrac{1}{273.16} = 0.003\,661$；$n_0$ 为标准大气条件（温度 $t = 0$ ℃，气压 $P = 1\,031$ kPa，湿度 $e = 0\%$，CO_2 含量为 0.03%）下的折射率。n_0 可按下式计算：

$$n_0 = 1 + \left(2\,876.04 + \frac{48.864}{\lambda^2} + \frac{0.680}{\lambda^4}\right) \times 10^{-7} \tag{4-15}$$

式中 λ 为光的波长。

将选定的温度，气压和湿度代入式（4-14），并考虑式（4-15），可得仪器参考气象条件下的折射率 n_r。

4. 倾斜改正

由测距仪测得的距离值经加常数、乘常数和气象改正后，得到改正后的倾斜距离为

$$D_a = D' + K + \Delta D_R + \Delta D_{tP}$$

D_a 必须加倾斜改正后才能得到水平距离。

当已知测距仪与镜站之间的高差为 h 时，可按下式计算倾斜改正数：

$$\Delta D_h = -\frac{h^2}{2D_a} - \frac{h^4}{8D_a^3} \tag{4-16}$$

水平距离
$$D = D_a + \Delta D_a \tag{4-17}$$

若测得反射棱镜的竖直角，可用下式直接计算水平距离：

$$D = D_a \cdot \cos\alpha \tag{4-18}$$

5. 归算到大地水准面的改正

将水平距离归算到大地水准面的改正为

$$\Delta D = -D\frac{H}{R}$$

式中的 H，当用式（4-18）计算 D 时为反射棱镜的高程；当用式（4-17）计算 D 时为镜站与测站的平均高程。

第三节 全站仪概述

全站仪，即全站型电子速测仪（Electronic Total Station），它是由电子测角、电子测

距、电子计算和数据存储单元等组成的三维坐标测量系统,测量结果能自动显示,并能与外围设备交换信息。全站仪能在仪器照准目标后,通过微处理器的控制,自动完成距离测量、水平方向读数、天顶距测量、水平距离计算、观测数据显示、数据存储等过程,较好地实现了野外测量和处理过程的电子化和一体化,因此得到了广泛的应用。图4-7为SET2110全站仪。

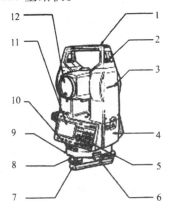
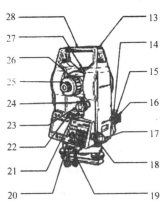

图4-7　SET2110全站仪

1—提柄;2—提柄固定螺丝;3—仪器高标志;4—电池;5—键盘;6—三角基座制动控制杆;7—底板;8—脚螺旋;9—圆水准器校正螺丝;10—圆水准器;11—显示器;12—物镜;13—管式罗盘插口;14—光学对中器调焦环;15—光学对中器分划板;16—光学对中器目镜;17—水平制动钮;18—水平微动手轮;19—数据输出插口;20—外接电源插口;21—照准部水准器;22—照准部水准器校正螺丝;23—垂直制动钮;24—垂直微动手轮;25—望远镜目镜;26—望远镜调焦环;27—粗照准器;28—仪器中心标志。

一、全站仪的望远镜

目前的全站仪基本上采用望远镜光轴(视准轴)和测距光轴同轴的光学系统,如图4-8所示,一次照准能同时测出距离和角度。望远镜能作360°自由纵转,其操作如同一般经纬仪。

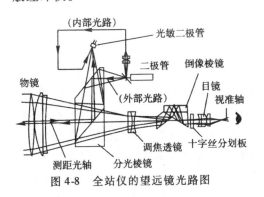

图4-8　全站仪的望远镜光路图

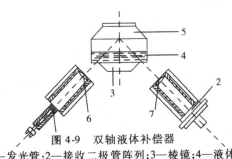

图4-9　双轴液体补偿器

1—发光管;2—接收二极管阵列;3—棱镜;4—液体油;5—补偿器液体盒;6—发射物镜;7—接收物镜。

二、竖轴自动补偿装置

经纬仪照准部的整平可使竖轴铅直，但受气泡灵敏度和作业的限制，仪器的精确整平有一定困难。这种竖轴不竖直的误差称为竖轴误差。竖轴误差对水平方向和竖直角的影响无法通过盘左、盘右读数取中数来消除。因此，在一些较高精度的电子经纬仪和全站仪中安置了竖轴倾斜自动补偿器，以自动改正竖轴倾斜对水平度盘和竖直角的影响。精确的竖轴补偿器，当仪器整平到 3′ 范围内时，其自动补偿精度可达 0.1″。

OPTON 公司的双轴液体补偿器如图 4-9 所示，图中由发光管 1 发出的光，经物镜组 6 发射到液体 4 上，经全反射后，又经物镜组 7 聚焦至光电接收器 2 上。光电接收器为一光电二极管阵列，一方面将光信号转变为电信号；另一方面，还可以探测出光落点的位置。光电二极管阵列可分为 4 个象限，其原点为竖轴竖直时光落点的位置。当竖轴倾斜时（在补偿范围内），光电接收器接收到的光落点位置就发生了变化，其变化量反映了竖轴在纵向（沿视准轴方向）上的倾斜分量 L 和横向（沿横轴方向）上的倾斜分量 T。位置变化信息传输到内部的微处理器处理，对所测的水平角和竖直角自动加以改正（补偿）。

若竖轴纵向倾斜分量为 L，横向倾斜分量为 T，则补偿器对竖直角 α（或天顶距 z）和水平角的改正公式为

$$z = z_L + L \quad \text{或} \quad \alpha = \alpha_L + L \tag{4-19}$$

$$H = H_L + T\cot z = H_L + T\tan \alpha \tag{4-20}$$

式中　z——显示（改正后）的天顶距；

　　　z_L——观测（未改正）的天顶距（下标 L，意为盘左观测）；

　　　α_L——观测（未改正）的竖直角；

　　　α——显示（改正后）的竖直角；

　　　H——显示（改正后）的水平方向值；

　　　H_L——观测（未改正）的水平方向值。

三、数据记录

全站仪观测数据的记录，随仪器的结构不同有三种方式：一种是通过电缆，将仪器的数据传输接口和外接的记录器连接起来，数据直接存储在外接的记录器中；另一种是利用仪器内部的大容量内存，记录数据；第三种是采用插入式数据记录卡。外接的记录器又称为电子手簿，实际生产中常利用掌上电脑作为电子手簿。全站仪和电子手簿的数据通信，通过专用电缆以及设定数据传送条件来实现。现介绍徕卡公司生产的 TC1600 和索佳公司生产的 SET 系列全站仪和电子手簿的数据通信。

1. TC1600 全站仪的数据通信

TC1600 全站仪数据通信的接口插头为五芯式,如图 4-10 所示,数据传送条件如下:

波特率　　　　　　2 400 bit/s
字长　　　　　　　7 位二进制数
奇偶校验　　　　　偶校验
停止位　　　　　　1 位二进制

如由电子手簿控制全站仪读数,在不测距的情况下,电子手簿发送命令(t　CR/LF),全站仪即输出水平方向和天顶距读数,斜距读数为零;在测距的情况下,电子手簿发送命令(u　CR/LF),全站仪即自动测距,输出水平方向、天顶距和斜距读数。电子手簿接收了一组完整的数据后,数据以(CR/LF)结尾,此时发送命令(?　CR/LF),全站仪即停止输出。

2. 全站仪 SET 系列的数据通信

全站仪 SET0 数据通信的接口插头为六芯式,如图 4-11 所示,数据传送条件如下:

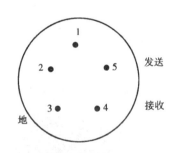

图 4-10　TC1600 数据通信接口插头

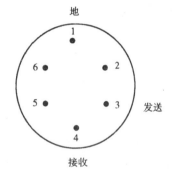

图4-11　SET 系列数据通信接口插头

波特率　　　　　　1 200 bit/s
字长　　　　　　　8 位二进制数
奇偶校验　　　　　无校验
停止位　　　　　　1 位二进制

如由电子手簿控制全站仪读数,在不测距的情况下,电子手簿发送命令(O　CR/LF),全站仪即输出水平方向和天顶距读数,斜距读数为零;在测距的情况下,电子手簿发送命令(17　CR/LF),全站仪即自动测距输出水平方向、天顶距和斜距读数。全站仪接收了一组完整的数据后,发送命令(18　CR/LF),全站仪即停止输出。

四、全站仪的程序功能

全站仪除基本功能外,还有其他一些功能,但不同型号的仪器差别很大。有些全站仪可进行自由设站,计算测站点的坐标;进行支导线测量和计算;测站定向和极坐标测量及坐标点的放样;还可进行对边测量、悬高测量以及面积测量及计算等。这里仅讲述对边测量和悬高测量的计算公式。

1. 对边测量

如图 4-12 所示,在测站点上依次测量各反射棱镜的距离 S_1、S_2 和水平角 θ,以及高差 h_{A1}、h_{A2},则可求得 P_1 至 P_2 间的距离 D 和高差 h_{12}:

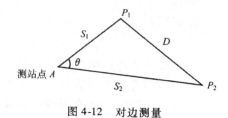

图 4-12　对边测量

$$D = \sqrt{S_1^2 + S_2^2 - 2S_1 S_2 \cos \theta}$$
$$h_{12} = h_{A2} - h_{A1} \qquad (4\text{-}21)$$

2. 悬高测量

架空的电线和管道等因远离地面无法设置反射棱镜,而采用悬高测量,就能测量其高度。如图 4-13 所示,把反射棱镜设在欲测调试目标之下,输入反射棱镜高,然后照准反射棱镜进行距离测量,再转动望远镜照准目标,便能显示地面至目标物的高度。目标的高度由下式计算:

$$H_1 = h_1 + h_2$$
$$h_2 = S \cdot \sin z_1 \cdot \cot z_2 - S \cdot \cos z_1 \qquad (4\text{-}22)$$

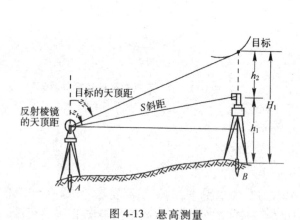

图 4-13　悬高测量

图 4-14　TCA2003 自动全站仪

五、自动全站仪

自动全站仪是一种能自动识别、照准和跟踪目标的全站仪,又称测量机器人。图 4-14 是徕卡(Leica)公司生产的 TCA2003 全自动全站仪,该仪器的测角精度为 0.5″,测

距精度为 $\pm(1\text{ mm}+D\times10^{-6})$，式中 D 为所测距离。

　　自动全站仪由伺服马达驱动照准部和望远镜的转动和定位，在望远镜中有同轴自动目标识别装置，能自动照准棱镜进行测量。它的基本原理是：仪器向目标发射激光束，经反射棱镜返回，并被仪器中的 CCD 相机接受，从而计算出反射光点中心的位置，得到水平度盘和天顶距的改正数，最后启动马达，驱动全站仪转向棱镜，自动精确照准目标。

六、TC307 型全站仪

　　全站仪一般是由照准装置、光栅度盘系统、微处理器、显示与操作面板、数据交换接口、电源和应用软件等部分组成。图 4-15 是瑞士徕卡公司设计的一款工程型全站仪——徕卡 TC307 型全站仪的操作面板。该仪器的测角精度为 7′，测距精度为 $\pm(2\text{ mm}+2D\times10^{-6})$。

　　TC307 型全站仪的安置步骤如下：

　　(1)打开脚架置于测站点上，并使脚架头大致水平，将仪器安置在脚架上并旋紧连接螺旋；

　　(2)打开电源，打开激光对中开关，移动脚架使激光束对准地面点，踩紧脚架；

　　图4-15　TC307 全站仪

　　(3)旋转脚螺旋使激光束精确对准地面点；

　　(4)上下抽动脚架，使圆水准器气泡居中；

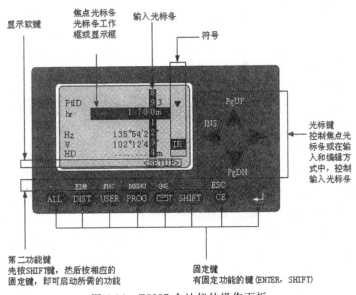

图 4-16　TC307 全站仪的操作面板

（5）旋转脚螺旋使电子水准器居中；

（6）检查激光对中是否偏离，若有偏离，松开连接螺旋，平移仪器使之对中并重新整平；

（7）关闭激光对中开关。

TC307 的操作面板见图 4-16，在操作面板上，有显示屏、光标键、固定键、功能键和软键。

1. 固定键

ALL——同时完成测距、测角、记录。

DIST——测角、测距并显示观测值。其中测距观测值中已经作了气象改正。

USER——用户自定义键，可在 FNC 菜单中设置该键功能。

PROG——调出应用程序。

▭T——电子水准器和激光对中器开关。

SHIFT——字母/数字转换和第二功能转换

CE——清除字符；跟踪测距时停止测距。

↵——回车键，确认输入。

2. 组合键

FNC（SHIFT + USER）——快速测距。

MENU（SHIFT + PROG）——调用数据管理，仪器设置和校正。

∝（SHIFT + ▭T）——显示器照明。

ESC（SHIFT + CE）——退出对话框，返回上一级对话框。

PgUP（SHIFT + ▲）——向前翻页。

PgDN（SHIFT + ▼）——向后翻页。

3. 软键

SET——设置显示值后退出对话框。

OK——设置显示值，或退出对话框。

EXIT——退出相应的功能、应用程序或不设置菜单项中已改变的值。

PREV——返回上一级已启动的对话框。

NEXT——继续执行下一个对话框。

除了以上操作键以外，屏幕中的符号框内还有一些提示符号：

◀▶表示有可选项，选择所需参数后回车或用上、下行键（▲、▼）推出列表栏。

▲、▼可用 SHIFT + ▼在几个页面中选择。

Ⅰ、Ⅱ表示望远镜盘位。

IR 表示红外光测距。

4. 测量显示界面

测量显示界面各个符号所代表的意义如下：

PtID——测点编号。

　hr——棱镜高度。

　Hz——水平度盘。

　　V——竖直度盘。

　HD——水平距离。

利用 SHIFT + 光标键还可以显示：

　dH——高差。

　SD——斜距。

　　E——东坐标(Y)。

　　N——北坐标(X)。

　　H——高程。

七、全站仪使用注意事项

(1)仪器应由专人使用、保管。

(2)迁站、装箱时只能握住仪器的支架，而不能握住镜筒，以免损害仪器精度。

(3)不要将望远镜正对太阳，否则会损坏内部电子元件。

(4)旋转照准部时应匀速旋转，切忌急速转动。

(5)高温天气时仪器必须撑伞作业，否则仪器内部温度容易升到60~70℃，从而缩短使用寿命。高精度测量时，都要给仪器和脚架遮挡直射的阳光。

(6)任何温度的突变都会缩短仪器测程或可使仪器受潮，注意使仪器有一个适应环境温度的缓变过程。

(7)运输仪器时应有防震垫，以防震动和冲撞。

(8)长期不用仪器时应定期通电，依季节每1~3月通电一次，约1 h。电池应定期充电(按说明书规定)。

(9)清洁镜头时先用毛刷刷去尘土，然后用洁净的浸有无水酒精(乙醚)的棉布擦拭。

(10)清除箱中尘土时不要使用汽油或稀释剂，应用浸有中性洗涤剂的清洁剂清洗。

(11)其他使用注意事项同光学经纬仪。

第四节　直线定向

　　地面点位置的测定是测量学研究的基本课题。通过水准测量，可以确定地面点的高程位置，通过角度测量和距离测量，可以确定连接这些地面点所构成的几何图形的形状和大小，即地面点之间的相对平面位置。但是，要确定该图形的绝对位置，则至少要确定图形中一条直线的方向。测量工作中，直线方向是用直线与基本方向间的角度关系描述的。确定地面上一条直线与基本方向间水平角的工作称为直线定向。

一、基本方向

用于直线定向的基本方向有三种。

1. 真北方向

通过地面一点和地球南北两极所作的平面称为该地面点的真子午面,真子午面与地球表面之交线称为该点的真子午线。地面某点真子午线切线方向的北端,称为该点的真北方向。

2. 磁北方向

通过地面一点和地球磁南北两极所作的平面称为该地面点的磁子午面。磁子午面与地球表面之交线称为该点的磁子午线。地面某点磁子午线切线方向的北端,称为该点的磁北方向。

3. 坐标北方向

当测区范围较小时,将地球表面视为平面,构成平面直角坐标系,坐标纵轴的北端即为坐标北方向。当测区范围较大时,以高斯投影带中央子午线北端作为坐标北方向。

显然,除赤道外,不同地面点的真北方向或磁北方向彼此不平行,而坐标北方向则彼此平行。

真北方向、磁北方向和坐标北方向统称为三北方向。同一点的三北方向,一般情况下不重合,其间的关系如图 4-17 所示。磁北与真北间的夹角称为磁偏角,以 δ 表示。磁偏角是由于地球的地理南北两极与磁南北两极不重合而产生的。如果以真北为准判断磁北的位置,若磁北位于真北以东,称为东偏,磁偏角 δ 为正;反之,则称为西偏,磁偏角 δ 为负。坐标北与真北间的夹角称为子午线收敛角 γ。以真北为准判断坐标北的位置,若坐标北位于真北以东,子午线收敛角 γ 为正;反之,子午线收敛角 γ 为负。

在高斯坐标系下,某点的子午线收敛角 γ 值,可用该点的高斯平面直角坐标 y 与该点的纬度 φ 算得,其近似公式为

$$\gamma = 0.54' y \cdot \tan \varphi \qquad (4\text{-}23)$$

式中的横坐标 y 值应减去 500 km,算得的 γ 以分为单位。

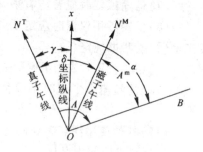

图 4-17　三北方向间的关系

二、直线方向的表示方法

1. 方位角

直线的方向通常用方位角来表示。所谓方位角是指从直线某端点的基本方向起,

顺时针旋转至该直线的水平角。方位角的变化范围为 $0° \sim 360°$。由于基本方向的不同,方位角可分为:真方位角 A,由真子午线北端起算的方位角,它用天文观测方法或用陀螺经纬仪测定;磁方位角 A^m,由磁子午线北端起算的方位角,它是用罗盘仪测定的;坐标方位角 α,由坐标纵轴北端起算的方位角,它不能直接测定,通常是利用直线两端点的坐标反算而求得,或将待测直线与已知坐标方位角的直线进行联测而推算出来。

地面上某直线的三种方位角之间的关系本质上是三种基本方向间的关系。由图 4-17 可以看出:

$$A = A^m + \delta \tag{4-24}$$

$$A = \alpha + \gamma \tag{4-25}$$

由上两式可得

$$\alpha = A^m + \delta - \gamma \tag{4-26}$$

2. 正、反坐标方位角

如图 4-18 所示,α_{OB}、α_{BO} 分别为过直线 O、B 的坐标方位角,由于各点坐标北方向相互平行,则

$$\alpha_{BO} = \alpha_{OB} \pm 180° \tag{4-27}$$

如果将 α_{OB} 作为正坐标方位角,则 α_{BO} 为反坐标方位角;反之亦然。可见同一直线的正、反坐标方位角之间相差 $180°$。

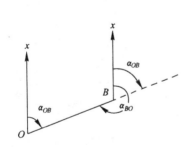

图 4-18　同一直线正、反坐标方位角

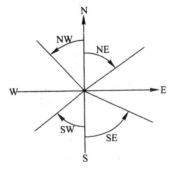

图 4-19　象限角

3. 象限角

直线的方向除用方位角表示外,也可用象限角表示。

地面直线与子午线南端或北端构成的小于 $90°$ 的水平角,并冠以所在象限的名称,称为该直线的象限角,以 R 表示。象限的名称用两个汉字或其英文缩写字母表示,其中第一个字表示起量方向,即北或南(N 或 S);第二个字表示量度方向,即东或西(E 或 W),如图 4-19 所示。

与方位角相似,象限角也相应地分为真象限角、磁象限角及坐标象限角。一般如不做特别说明,象限角习惯上指的是坐标象限角。

4. 方位角与象限角之间的关系

由于方位角与象限角所依据的基本方向是一致的,故两者之间有一定的换算关系。表 4-2 为坐标方位角与坐标象限角之间的换算关系。

表 4-2　坐标方位角与坐标象限角的关系

直线方向	由方位角 α 求象限角 R	由象限角 R 求方位角 α
北东(NE),即第 I 象限	$R = \mathrm{NE}\alpha$	$\alpha = R$
南东(SE),即第 II 象限	$R = \mathrm{SE}(180° - \alpha)$	$\alpha = 180° - R$
南西(SW),即第 III 象限	$R = \mathrm{SW}(\alpha - 180°)$	$\alpha = 180° + R$
北西(NW),即第 IV 象限	$R = \mathrm{NW}(360° - \alpha)$	$\alpha = 360° - R$

三、用罗盘仪测定磁方位角

1. 罗盘仪的构造

罗盘仪是测定直线磁方位角的常用仪器,主要由望远镜、罗盘和基座组成,如图 4-20。

图 4-20　罗盘仪

1—望远镜;2—支架;3—度盘;
4—磁针;5—磁针制动螺旋。

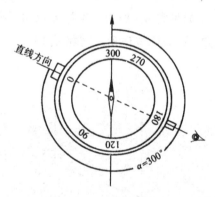

图 4-21　方位罗盘仪

望远镜是仪器的照准设备,它由罗盘上的单侧支架支承。当罗盘仪整平时,望远镜可绕其旋转轴在铅垂面内转动。与望远镜固连的竖盘是供竖直角测量用的。另外,望远镜还可随罗盘盒一起在水平面内转动。

罗盘由磁针、水平刻度盘和水准器等组成。磁针是测定磁方位角的读数指标,磁针中部通常嵌有较硬的玻璃或玛瑙,下表面磨成球面,使其在顶针上可以灵活转动。磁针自由静止时指向地球的磁北极或磁南极。在北半球,磁针受磁北极的吸引而导致其指北端下倾,因此通常在磁针指南端增加适当重物以保持其平衡。水平刻度盘是度量磁方位角的标准,它固定在罗盘上。观测磁方位角时,水平刻度盘随望远镜在水平面内转动,而作为读数指标的磁针则不动。水平盘的分划值一般为 1° 或 30′,每 10° 有一注字。

其注字方式有两种:一种是全圆逆时针方向注字;另一种是以南北两端为0°,分别向两个方向注记至90°。前者称为方位罗盘仪,供测磁方位角之用,如图4-21所示;后者称为象限罗盘仪,用于测定磁象限角。罗盘上的水准器是用于整平罗盘的。

基座主要由球臼和连接螺母组成。通过连接螺母可将罗盘仪固定在三脚架上,再用垂球实现对中。松开球臼固定螺旋,调整罗盘使其水准器气泡居中,实现整平。

2. 用罗盘仪测定磁方位角

欲测定直线的磁方位角,应使用方位罗盘仪。观测步骤如下:

(1) 安置罗盘仪于测站,对中整平。

(2) 释放磁针,使其能在顶针上自由转动。

(3) 用望远镜照准目标点,待磁针静止后,以其指北端为指标读取水平刻度盘读数,该读数即为被测直线的磁方位角。

观测时,罗盘仪近旁不应有铁磁物质,以免影响磁针的正确指向。此外,测站点应远离高压线、变电站及电台和电视台等。观测结束后应将磁针固定。

第五节　陀螺经纬仪

陀螺经纬仪是由陀螺仪和经纬仪组合而成的一种定向用仪器。陀螺是一个悬挂着的能做高速旋转的转子。当转子高速旋转时,陀螺仪有两个重要的特性:一是陀螺仪的定轴性,即在无外力作用下,陀螺轴的方向保持不变;另一是陀螺仪的进动性,即在陀螺轴受外力作用时,陀螺轴将按一定的规律产生进动。因此在转子高速旋转和地球自转的共同作用下,陀螺轴可以在测站的真北方向两侧作有规律的往复转动,从而可以得出测站的真北方向。

一、陀螺经纬仪的构造

陀螺经纬仪由经纬仪、陀螺仪和电源箱三大部分组成。图4-22是国产 JT-15 型陀螺经纬仪,其陀螺方位角的测定精度为 ±15″,经纬仪属 DJ$_6$ 级。

陀螺经纬仪的构造由以下几部分组成(图4-23)。

1. 灵敏部

陀螺经纬仪的核心部分是陀螺马达 1,它的转速为21 500 r/min,安装在密封充氢的陀螺房 2 中,通过悬挂柱 3 由悬挂带 4 悬挂在仪器的顶部,有两根导流丝 5 和悬挂带 4 及旁路结构为马达供电,悬挂柱上装有反光镜 6,它们共同组成陀螺仪的灵敏部。

2. 光学观测系统

与支架固连的光标线 7,经过反射棱镜和反光镜反射后,通过透镜成像在分划板 8上。在目镜内可见到图4-24所示的影像。光标像在视场内的摆动反映了陀螺灵敏部的摆动。

3. 锁紧和限幅装置

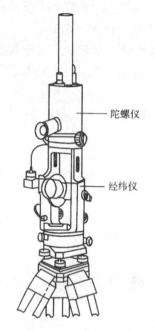

图 4-22 陀螺经纬仪

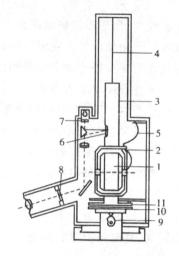

图 4-23 陀螺经纬仪的构造

1—陀螺马达;2—陀螺房;3—悬挂柱;
4—悬挂带;5—导流丝;6—反光镜;
7—光标线;8—分划板;9—凸轮;10—锁
紧限幅装置;11—灵敏部底座。

锁紧限幅装置用于固定灵敏部或限制它的摆动。转动仪器的外部手轮,通过凸轮 9 带动锁紧限幅装置 10 的升降,使陀螺仪灵敏部被托起(锁紧)或放下(摆动)。

仪器外壳的内壁有磁屏蔽罩,用于防止外界磁场的干扰,陀螺仪的底部与经纬仪的桥形支架相连。

电源箱是一个直流变交流的晶体管电子设备。箱内底部为一蓄电池组,由 20 节镉镍电池串联而成,输出24 V直流电。箱的上半部为把直流变交流的逆变器和充电器。电源箱的面板如图 4-25 所示。

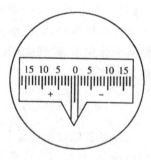

图 4-24 陀螺仪读数视场

二、陀螺北方向值的测定

1. 准备工作

安置陀螺经纬仪于测线的一端,对中、整平,利用罗盘使望远镜指向近似北方,陀螺仪的观测目镜和望远镜的目镜应安置在同一侧。打开电源箱,接好电缆,把操作钮旋到"照明"位置,检查电池电压,电表指针应在红区内,如此即可开始工作。

2. 粗略定向

粗略定向可用罗盘进行,使视线大致指向北方。也可以用陀螺经纬仪按下列方法进行:

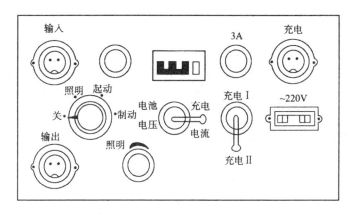

图 4-25　陀螺仪电源箱面板

操作钮旋向"起动",陀螺马达起动,指示灯亮。当马达达到额定转速时,指示灯灭。再稍等约1 min即可缓慢地放下陀螺灵敏部,在观测目镜中可看到光标像在摆动。旋转经纬仪照准部进行跟踪,使摆动的光标保持与分划板零线重合。当出现光标短暂的停顿时,表示已到达逆转点,使光标与分划板零线精确重合后,读经纬仪水平度盘读数 μ'_1。此后光标将作反方向移动,继续跟踪,到另一逆转点时,读出水平度盘读数 μ'_2。此时观测完毕,可托起灵敏部,制动陀螺。取两次读数 μ'_1、μ'_2 的平均值,将照准部旋转到读数为平均值的位置上,视线即指向近似北方。此法精度可达3′左右。

3. 精密定向

经纬仪望远镜指向粗略定向得出的近似北方,固定照准部,起动陀螺马达,达到额定转速后缓慢地放下灵敏部,并进行限幅。然后用微动螺旋跟踪,使分划板零线紧跟光标移动。跟踪时要平稳连续,不能忽快忽慢,避免使悬挂带产生扭力。当到达逆转点时,光标会停留片刻,此时使零线准确地与光标线重合,读出第一个逆转点的水平度盘读数 μ'_1。当光标作反向移动时继续跟踪,连续得出 5 个逆转点的读数后观测完毕,即可锁紧灵敏部,制动陀螺马达。

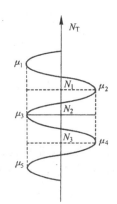

图 4-26　正弦波形 N

陀螺在子午面的左右摆动,呈略有衰减的正弦波形(图 4-26)。所以取 5 个逆转点读数的平均值,就可以得出陀螺轴摆动的中心位置,也就是陀螺北的方向值 N_T,平均值 N_T 按下式计算:

$$N_1 = \frac{1}{2}\left(\frac{\mu_1 + \mu_2}{2} + \mu_2\right), \quad N_2 = \frac{1}{2}\left(\frac{\mu_1 + \mu_4}{2} + \mu_3\right)$$

$$N_3 = \frac{1}{2}\left(\frac{\mu_3 + \mu_1}{2} + \mu_4\right), \quad N_T = \frac{1}{3}(N_1 + N_2 + N_3)$$

(4-28)

用这种方法测定陀螺北的方向值称为"逆转点法",是最常用的方法。

三、陀螺经纬仪的检验和校正

1. 灵敏部零位的检验和校正

在陀螺马达没有起动的情况下放下灵敏部,灵敏部在受悬挂带和导流丝的弹性作用下,也会产生摆动,其平衡位置称悬带零位。该零位应与分划板上"0"线重合,否则就存在零位偏差,使所测陀螺北方向值带有误差。

零位检验方法如下:陀螺经纬仪整平后,固定照准部,在不启动陀螺马达时放下灵敏部。观测目镜中光标的摆动,连续取 5 次光标摆动到左右端点时在分划板上的读数,设为 a_1、a_2、a_3、a_4、a_5,读数估读至 0.1 格。按下式计算零位偏差:

$$a_0 = \frac{1}{12}(a_1 + 3a_2 + 4a_3 + 3a_4 + a_5)$$ （4-29）

零位偏差小于 ±0.5 格时可不予考虑,否则就应对仪器进行校正。校正时可旋下仪器上部的外罩,拨动顶端的校正螺旋,使之满足要求。

一般要求在精密定向之前和之后都要进行灵敏部零位的检验。

2. 仪器常数的测定

如果测线的方向值为 X,陀螺北的方向值为 N_T,则两方向之差就是测线的陀螺方位角 A_T,即

$$A_T = X - N_T$$ （4-30）

在理想的条件下,测线的陀螺方位角应该和它的真方位角一致,但由于仪器制造时,陀螺转子的轴线和分划板零线所代表的光轴与经纬仪的视准轴不可能在同一铅垂面内,因此,所测的陀螺方位角 A_T 与真方位角 A 存在一定的差值,这个差值称为仪器常数 Δ。仪器常数可通过在已知真方位角的直线上,测量它的陀螺方位角,两者互相比较得出,即

$$\Delta = A - A_T$$ （4-31）

如果已知仪器常数 Δ,即可根据陀螺方位角求算直线的真方位角。一般要求在测量之前和之后,在同一条已知真方位角的直线上测定仪器常数,并取其平均值对测得的陀螺方位角进行改正。

四、用陀螺经纬仪测量直线真方位角的程序

（1）在直线起点安置经纬仪,对中整平后,用盘左、盘右一测回测量直线的方向值 X_1。

（2）安装陀螺仪,用陀螺经纬仪（或罗盘仪）进行粗略定向,使视线大致指北。

（3）进行测前零位检验。

（4）用逆转点法进行精密定向,得出陀螺北的方向值 N_T。

（5）进行测后零位检验。

（6）再以盘左、盘右一测回测量直线的方向值 X_2，在定向的前后两次所得直线方向值之差不超过 $±20''$ 时，最后取直线的平均方向值，$X = (X_1 + X_2)/2$。

（7）计算直线的陀螺方位角 A_T，$A_T = X - N_T$。

（8）计算直线的真方位角 A_T，$A = A_T + \Delta$。

方位角测量一般应不少于 3 次，最后取其平均值。如果仪器常数为未知，则应在测前和测后测定仪器常数 Δ。

五、记录和计算

用陀螺经纬仪按逆转点法测量直线真方位角时，其观测记录和计算实例见表4-3。

表4-3 陀螺经纬仪定向记录

测 线：C17-C18　　　　　　观测者：李清泉　　　　　　记录者：朱琳
仪器号：987678　　　　　　　　　　　　　　　　　　　日 期：2002.10.18

项目	左方读数	中 值	右方读数	周期	测线方向	
					测 前	测 后
测前零位			−8.4	36 s	盘左 184°42.6′	盘左 184°42.5′
	+8.8	+0.30	(−8.2)		盘右 42.5′	盘右 42.5′
	(+8.7)	+0.35	−8.0		平均 184°42.55′	平均 184°42.5′
	+0.86	+0.25	(−8.1)		平均值 184°42.52′	
			−8.2			
	平　均	+0.30				
逆转点读数	358°36.7′			8 m 45 s	方位角计算	
	(358°38.0′)	359°59.50′	1°21.0′		测线方向值 184°42.52′	
	358°39.3′	359°59.52′	(1°19.75′)		陀螺北方向值 359°59.48′	
	(358°40.35′)	359°59.42′	1°18.5′		陀螺方位角 184°43.04′	
	358°41.4′				仪器常数 +1.82′	
	平　均	358°59.48′			测线真方位角 184°44.86′	
测后零位			−8.2			
	+8.5	+0.25	(−8.0)			
	(+8.45)	+0.325	−7.8			
	+8.4	+0.25	(−7.9)			
			−8.0			
	平　均	+0.28				

思考与练习题

4-1　什么叫水平距离？

4-2　距离测量有哪些方法？各有什么优缺点？

4-3　丈量 AB、CD 两段水平距离。AB 往测为126.780 m,返测为126.735 m;CD 往测为357.235 m,返测为357.190 m。问哪一段丈量精确?为什么?两段距离的丈量结果各为多少?

4-4　简述电磁波测距的基本原理,写出相位式测距仪测距的基本公式,说明其中符号的意义。

4-5　电磁波测距需加哪些改正?

4-6　光电测距仪为什么需要"精测"和"粗测"两个"测尺"?

4-7　用光电测距仪测距时,有哪些注意事项?

4-8　什么是全站仪?

4-9　简述全站仪使用的注意事项。

4-10　何谓直线定向?直线定向中有哪几条基本方向?它们之间存在什么关系?

4-11　磁偏角和子午线收敛角的定义是什么?其正负号如何规定?

4-12　已知 A 点的磁偏角为 $-5°15'$,过 A 点的真子午线与中央子午线的收敛角 $\gamma = 2'$,直线 AC 的坐标方位角 $\alpha_{AC} = 130°10'$,求 AC 的真方位角和磁方位角,并绘图加以说明。

4-13　简述方位角的定义及其分类。同一条边的各方位角之间有何关系?

4-14　简述象限角的定义及其分类。

4-15　同一条边的正、反坐标方位角有何关系?同一条边的正、反坐标象限角有何关系?

4-16　何谓直线的正、反坐标方位角?若按图 4-27 所示传递坐标方位角,已知 $\alpha_{AB} = 15°36'27''$,测得 $\beta_1 = 49°54'56''$,$\beta_2 = 203°27'36''$,$\beta_3 = 82°38'14''$,$\beta_4 = 62°47'52''$,$\beta_5 = 114°48'25''$,求 DC 边的坐标方位角 α_{DC}。

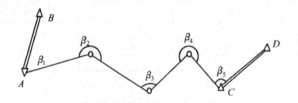

图 4-27　习题 4-16 图

4-17　简述用罗盘仪测定磁方位角的方法和注意事项。

第五章　小地区控制测量

第一节　概　　述

在测量工作中,为限制测量误差的累积,保证必要的测量精度,必须遵循"从整体到局部,先控制后碎部"的原则。为此,必须首先进行控制测量,然后以控制测量为基础展开碎部测量或测设工作。选定测区内具有控制意义的点位,并使用一定的标志固定下来,精确地测定其位置,作为下一级测量的依据,这样的点称为控制点。为确定控制点位置而进行的测量工作称为控制测量。根据测量目的的不同,控制测量可分为平面控制测量和高程控制测量两类。确定控制点平面位置(x,y)的测量工作,称为平面控制测量;确定控制点高程(H)的测量工作,称为高程控制测量。由控制点构成的几何图形,称为控制网。控制网分为平面控制网和高程控制网两种。

一、平面控制测量

平面控制网的布设,应因地制宜,既要从当前需要出发,又要适当考虑发展。在大面积的测量中,平面控制网主要采用三角网、三边网和导线网的方法建立。三角网是把控制点按三角形的形式连接起来,构成网状图形,如图 5-1 所示。外业观测时,测定三角形的所有内角以及少量边,通过计算确定控制点间的相对平面位置。三边网的网形结构和三角网相同,只

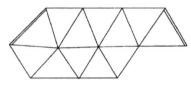

图 5-1　三角网

是测定三角形的所有边长、各内角通过计算求得。导线网是把控制点连成一系列折线构成的网状图形,外业工作中测定各边的边长和相邻边的夹角,以此来计算它们的相对平面位置。

在全国范围内建立的平面控制网,称为国家平面控制网。由于国土幅员广阔,采取分等逐级加密布网的原则布设,既满足精度要求又合乎经济原则。国家平面控制网按其精度的不同分为四个等级,精度逐级降低,如图 5-2 所示。一等三角锁精度最高,沿经纬线布设成纵横交叉的三

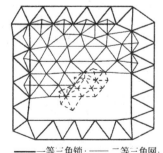

—— 一等三角锁;—— 二等三角网;
---- 三、四等三角网。

图 5-2　国家平面控制网

角锁,边长为25 km左右。一等锁不仅作为国家平面控制网的骨架,还为研究地球的形状、大小和地壳形变提供科学资料。二等三角网布设于一等三角锁环内,构成国家平面控制网的全面基础,平均边长为13 km。三、四等三角网可采用插网和插点的方法建立,作为二等三角网的进一步加密,它是工程测量和地形测量的基础。三等三角网平均边长为8 km,四等三角网平均边长为2~6 km。

在城市地区,为满足1:500~1:2 000比例尺地形测图和城市建设施工放样的需要,布设城市平面控制网。城市平面控制网在国家控制网的控制下布设,可采用全球定位系统(GPS定位)、三角测量、各种形式的边角组合测量和导线测量的方法,按城市范围大小布设不同等级的平面控制网。GPS网、三角网和边角组合网分为二、三、四等和一、二级;导线网则分为三、四等和一、二、三级。《工程测量规范》(GB 50026—93)中,三角测量和光电测距导线测量的主要技术要求如表5-1、表5-2所示。

表 5-1　三角测量的主要技术要求

等　级	平均边长 (km)	测角中误差 (″)	起始边边长 相对中误差	最弱边边长 相对中误差	测回数			三角形最 大闭合差 (″)
					DJ$_1$	DJ$_2$	DJ$_6$	
二等	9	±1.0	≤1/250 000	≤1/120 000	12			±3.5
三等	4.5	±1.8	≤1/150 000(首级) ≤1/120 000(加密)	≤1/70 000	6	9	—	±7
四等	2	±2.5	≤1/100 000(首级) ≤1/70 000(加密)	≤1/40 000	4	6	—	±9
一级 小三角	1	±5.0	≤1/40 000	≤1/20 000	—	2	4	±15
二级 小三角	0.5	±10.0	≤1/20 000	≤1/10 000	—	1	2	±30

注:当测区测图的最大比例尺为1:1 000时,一、二级小三角的边长可适当放长,但最大长度不应大于表中规定的2倍。

表 5-2　光电测距导线测量的主要技术要求

等级	附合导 线长度 (km)	平均边长 (km)	测角中误差 (″)	测距中误差 (mm)	测距相对中误差	测回数			方位角闭合差 (″)	导线全长 相对闭合差
						DJ$_1$	DJ$_2$	DJ$_6$		
三等	14	3	±1.8	±20	≤1/150 000	6	10	—	±3.6$\sqrt{n}$	1/55 000
四等	9	1.5	±2.5	±18	≤1/80 000	4	6	—	±5$\sqrt{n}$	1/35 000
一级	4	0.5	±5	±15	≤1/30 000	—	2	4	±10$\sqrt{n}$	1/15 000
二级	2.4	0.25	±8	±15	≤1/14 000	—	1	3	±16$\sqrt{n}$	1/10 000
三级	1.2	0.1	±12	±15	≤1/7 000	—	1	2	±24$\sqrt{n}$	1/5 000

注:n为测站数。

在小于10 km²的范围内建立的控制网,称为小地区控制网。在这个范围内,水准面可视为水平面,一般不需要将测量成果归算到高斯平面上,而采用测区直角坐标系统。在建立小地区平面控制网时,应尽可能与国家或城市控制网进行联测,将国家或城市高等控制点的平面直角坐标作为小地区控制网的起算和校核数据,保持控制系统的公用性。如果测区内及附近无国家或城市控制点,或为工程建设的专用目的,以及一些重要工程出于某种特殊需要,可以建立独立的平面控制网。

小地区平面控制网,应视测区面积的大小分级建立测区首级控制和图根控制,其规定见表5-3。

表 5-3　小地区首级控制和图根控制

测区面积(km²)	首级控制	图根控制
1～15	一级小三角或一级导线	两级图根
0.5～2	二级小三角或二级导线	两级图根
0.5以下	图根控制	

表 5-4　图根点的密度

测图比例尺	1:500	1:1 000	1:2 000	1:5 000
图幅尺寸(cm)	50×50	50×50	50×50	40×40
每幅图所需图根点数	9	12	15	30

当测区首级控制点的密度不能满足测图工作需要时,可采用不同的方法在首级控制点间进行控制点的加密,直到满足测图的需要为止。这种为测图而加密的控制点称为图根控制点,简称图根点。测定图根点位置的测量工作,称为图根控制测量。

图根平面控制点可采用三角网或图根导线的方法布设,亦可采用GPS和交会定点等方法布设。图根点的密度(包括高级控制点)取决于测图比例尺和地物、地貌的复杂程度。平地开阔地区图根点的密度应不低于表5-4中的规定。对于地形复杂、隐蔽的地区,以及建筑物密集的地区,表中规定的图根点数还应适当增加。

20 世纪 80 年代末,卫星定位系统(GPS)开始在我国用于建立平面控制网,目前已成为建立平面控制网的主要方法。应用 GPS 卫星定位技术建立的控制网称为 GPS 控制网,按其精度分为 A、B、C、D、E 五级。目前,在全国范围内,已建立了由 33 个点组成的国家(GPS)A 级网和由 818 个点组成的国家(GPS)B 级网。国家(GPS)A 级网的分布如图 5-3 所示。

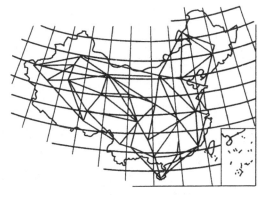

图 5-3　　国家(GPS)A 级网

二、高程控制测量

测区的高程系统,宜采用 1985 年国家高程基准。在已有高程控制网的地区进行测量时,可沿用原高程系统;当小测区联测有困难时,亦可采用假定高程系统。建立高程控制网常用的方法是水准测量。在山区或丘陵地区低精度的高程控制测量以及图根高程控制测量中,可以采用三角高程测量方法。

在全国范围内采用水准测量方法建立的高程控制网,称为国家水准网。国家水准网有四个等级,逐级控制,逐级加密。各等级水准路线,一般都要求自身构成闭合环线,或闭合于高一级水准路线上构成环形。一、二等水准网采用精密水准测量方法建立,是研究地球形状和大小的重要资料,同时根据重复测量的结果,可以研究地壳的垂直形变,是地震预报的重要数据。一等水准网是国家高程控制网的骨干;二等水准网布设于一等水准网内,是国家高程控制网的全面基础;三、四等水准网为二等水准网的进一步加密,直接为地形测图和工程建设提供高程控制点。

在国家水准测量的基础上,城市高程控制测量分为二、三、四等,根据城市范围的大小,城市首级高程控制网可布设为二等或三等水准网,三等或四等水准网作进一步加密,在四等以下再布设直接为测绘大比例尺地形图用的图根水准。城市各等级水准测量的主要技术要求如表5-5所示。

表 5-5　水准测量的主要技术要求

等　级	每公里高差全中误差（mm）	路线长度（km）	水准仪的型号	水准尺	观 测 次 数		往返较差、附合或环线闭合差（mm）	
					与已知点联测	附合或环线	平原丘陵	山地
二等	±2	—	DS$_1$	铟瓦	往返各一次	往返各一次	±4$\sqrt{L}$	—
三等	±6	≤50	DS$_1$	铟瓦	往返各一次	往一次	±12$\sqrt{L}$	±4$\sqrt{n}$
			DS$_3$	双面		往返各一次		
四等	±10	≤16	DS$_3$	双面	往返各一次	往一次	±20$\sqrt{L}$	±6$\sqrt{n}$
五等	±15	—	DS$_3$	单面	往返各一次	往一次	±30$\sqrt{L}$	—

注:①L 为往返测段附合或环线的水准路线长度,以 km 计;n 为测站数。
　　②结点之间或结点与高级点之间的路线长度不应大于表中规定的 0.7 倍。

小地区高程控制网也应根据测区面积大小和工程要求采用分级的方法建立。一般以国家或城市等级水准点为基础,在全区用三、四等水准测量方法建立单一水准路线或水准网,然后再以三、四等水准点为基础,测定图根点的高程。水准点间的距离,一般地区为 1~3 km,建筑物密集的工业区及重点工程地段宜小于 1 km。一个测区及其周围至少应有 3 个水准点,以便检查其稳定性。

第二节　导　线　测　量

一、导线测量概述

由相邻控制点连接而构成的折线图形,称为导线。组成导线的控制点,称为导线点。两相邻导线点的连线叫导线边,相邻两边之间的水平角叫导线转折角,简称转折角。转折角和边长可分别用经纬仪、测距仪来测定,也可直接用全站仪同时测定。有了转折角的角值和导线边的边长之后,即可根据起始数据(起始边的坐标方位角和起始点的坐标)推算各边的坐标方位角,从而求出各导线点的坐标。

导线是沿着线形延伸布设控制点的一种形式,在地物分布较密集的建筑区、通视困难的隐蔽地区或带状地区是一种常用的建网方法。

根据测区的不同情况和要求,导线一般可布设成以下几种形式:

1. 附合导线

布设在两个已知点之间的导线,称为附合导线。如图 5-4a 所示,导线起始于一个已知高级控制点 A,经过导线点 1、2、3、4,终止于另一个已知高级控制点 E。将导线两端附合到高级控制点上,可以检核观测成果。

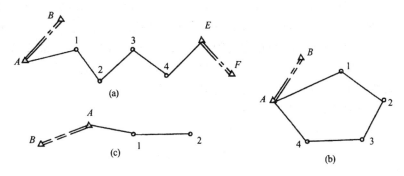

图 5-4　导线的布设形式

2. 闭合导线

起讫于同一已知点的导线,称为闭合导线。如图 5-4b 所示,导线从已知高级控制点 A 出发,经过导线点 1、2、3、4,又终止于起始点 A,形成一闭合多边形。闭合导线本身存在着严密的几何条件,具有检核作用。

3. 支导线

由一已知点出发,既不附合到另一已知点上,又不回到原起始点的导线,称为支导线,如图 5-4c 所示。因支导线无检核条件,一般不宜采用。个别情况用于测站点的加密,其点数一般不超过两个。施测时必须加强校核,防止出现错误。

4. 导线网

图 5-5a 为单结点导线网,即从三个或更多的已知控制点开始,几条导线汇合于一个结点。图 5-5b 为多结点导线网,即导线网中有两个以上(含两个)结点或有两个以上的闭合环。导线网由于计算复杂,工程中较少使用。

二、导线测量的外业工作

导线测量的外业工作包括踏勘选点及建立标志,量边和测角,联系测量等内容。

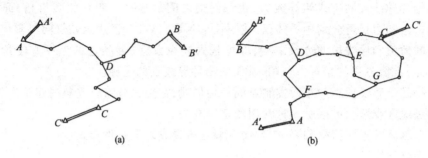

图 5-5　导线网

1. 踏勘选点及建立标志

选点前,应调查和搜集测区已有的地形图和控制点的成果资料,尽可能根据测区现有的最大比例尺地图进行导线布设方案的设计。在地形图上标出测区范围和已有的控制点,再根据地形条件和测量技术要求在图上设计导线点的位置,然后到实地踏勘,现场核对、修改并确定点位。实地修改过的点位,应在设计图上注明。如果测区没有地形图资料或测区范围较小,可以直接到现场详细踏勘,根据已知控制点的分布情况,实地选择导线测量的路线和确定点位,并画出导线布设草图。

导线点位置的选择,应注意下列几点:

(1)相邻的导线点之间要互相通视,这是进行导线测量的基本条件。

(2)点位应选择在土质坚实处,以便保存标志和安置仪器。

(3)视野开阔,便于碎部测量。

(4)相邻导线的边长应大致相等,以避免望远镜调焦带来的误差影响,因此不宜出现过长与过短边长的交替。各级导线平均边长如表 5-2 所示,除特殊情况外,长短边之比不应超过 1:3。

(5)导线点应有足够的密度,分布较均匀,以便控制整个测区。

导线点位置选定以后,应进行统一编号,并埋设标志。一般临时性标志是在点位上打入一木桩,桩顶中心钉一小钉。需要长期保存的导线点,则应埋设混凝土标桩或石桩,桩顶刻凿十字或埋入刻有十字的钢筋,作为永久性标志。混凝土标桩的规格形状如图 5-6 所示。为了便于日后寻找使用,应量出导线点与附近固定而明显的地物点间的距离,绘制草图,标明尺寸,称为点之记,如图 5-7。

2. 观测转折角和连接角

同一导线中两相邻导线边之间的转折角,用经纬仪按测回法观测。测角时,城市测量中一般观测导线前进方向的左角,铁路测量中一般观测导线前进方向的右角。对于闭合导线则均测内角。对不同等级导线的测角技术要求已列入表 5-2。《新建铁路工程测量规范》(TB 10101—99)中,导线测量的主要技术要求见表 5-6。

3. 联系测量

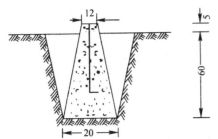

图 5-6 混凝土标桩(单位:cm)

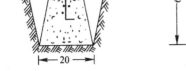

图 5-7 点之记

表 5-6 线路测量中导线测量的主要技术要求

仪器类型	测回数	两半测回角值较差	方位角闭合差	导线边长往返较差		导线全长相对闭合差	
				测距仪和全站仪	其他测距方法	测距仪和全站仪	其他测距方法
DJ_2	1	20″	$25\sqrt{n}$	$2\sqrt{2}m_D$	1/2 000	1/6 000	1/4 000
DJ_6		30″	$30\sqrt{n}$			1/4 000	1/2 000

注:n 为置镜点总数;m_D 为光电测距仪或全站仪的标称精度。

　　测区内有高级控制点时,应将导线与高级控制点进行联系测量,简称联测。这样既可以使导线计算时获得起算方向和坐标,又可使导线和高级控制点连成一整体,检核导线观测成果。最简单的连接是直接联测,只要测定已知方向与导线的起始边或终边之间的连接角,就可以使导线与已知方向相联系。如图 5-8a 中闭合导线的连接角为 β_A,图 5-8 b 附合导线的连接角分别为 β_A 和 β_E。

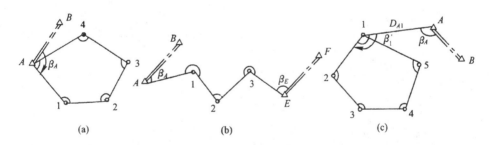

图 5-8 联系测量

　　如果不能直接联测时,可采用间接联测。简单的间接联测方法如图 5-8c 所示,用辅助导线将高级控制点 A 和已知方向 AB 与导线连接起来。这时需要测定连接角 β_A、β_1' 和连接边 D_{A1},作为传递坐标方位角和已知点坐标之用。观测连接角时一般比观测转折角多测一个测回。

　　测区附近无高级控制点时,可用罗盘仪测定导线起始边的磁方位角作为起算方向,并假定起始点的坐标为起算坐标,建立独立控制网系统。

4.边长的测量

测量导线边长可采用全站仪、光电测距仪或钢卷尺等。全站仪、光电测距仪读数可取位至毫米。《新建铁路工程测量规范》(TB 10101—99)中规定,用全站仪、光电测距仪测距时,距离应往返观测一测回。一测回应读数两次,两次读数间较差符合表5-7之规定时取平均值。边长应采用往测平距,返测值仅供校核。

表 5-7 测距限差(mm)

仪器精度等级	测距中误差	同一测回各次读数互差	测回间读数较差	往返测平距较差
Ⅰ	5	5	7	$\dfrac{2\sqrt{2}m_D}{\sqrt{N}}$
Ⅱ	5 ~ 10	10	15	
Ⅲ	10 ~ 20	20	30	

注:N 为单向测回数;m_D 为光电测距仪或全站仪的标称精度。

表 5-8 是导线测量的外业记录。观测记录是测量的原始资料,应字迹端正清晰,不得涂改,并要妥善保存,作为以后计算和检查的依据。

表 5-8 导线测量手簿

日期:2001.5.10　　　　仪器:DJ₆,TC307　　　　观　测:李伟

天气:晴　　　　　　　　　　　　　　　　　记录者:张磊

测站	竖盘位置	目标	水平度盘读数 (° ′ ″)			半测回角值 (° ′ ″)			平均角值 (° ′ ″)			边长(m)	平均边长(m)	略 图
1	L	2	5	25	10	85	18	10	85	18	06	125.830	125.830	
		4	90	43	20									
	R	4	270	43	30	85	18	02				178.792		
		2	185	25	28									
2	L	3	13	23	15	87	25	33	87	25	30	178.791	178.792	
		1	100	48	48									
	R	1	280	48	55	87	25	27				136.866		
		3	193	23	28									
3	L	4	29	09	18	88	36	02	88	36	06	136.865	136.866	
		2	117	45	20									
	R	2	297	45	40	88	36	10				162.928		
		4	209	09	30									
4	L	1	60	04	10	98	39	40	98	39	36	162.926	162.928	
		3	158	43	50									
	R	3	338	43	52	98	39	32				125.830		
		1	240	04	00									

磁方位角
$\alpha_{12} = 65°30'00''$

三、导线测量的内业计算

导线测量的外业工作完成以后,即转入内业计算。导线内业计算的目的是检查外业观测成果的精度,分配各项闭合差之后求出导线点的平面直角坐标,以供碎部测图和

工程测设使用。

　　内业计算的原始资料是外业测量的记录,为保证内业计算能够顺利进行,在计算之前,必须对外业观测记录作全面检查,发现问题及时纠正。然后做好计算准备工作,包括在导线略图上注明起算数据、各观测角度和边长,以便进行计算。

　　导线计算一般都在规定的表格上进行,使用电子计算器计算。内业计算中数字取值的精度要求,对于一级以下的导线,角值取至 $1''$,边长及坐标取至 $1\,mm$ 。

　　1.坐标计算的基本公式
　　(1)坐标方位角的推算

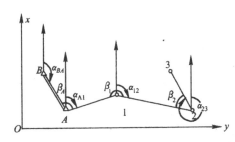

图 5-9　坐标方位角推算

根据导线一端的起算坐标方位角、连接角和各转折角,依次可推算出导线各边的坐标方位角。如图 5-9 中, α_{BA} 为高级控制点 B 至 A 的已知坐标方位角,连接角 β_A 和转折角 β_1 、 β_2 均为推算方向 $B—A—1—2—3$ 的左角。由图可知,根据内错角相等的关系,有

$$\alpha_{A1} = \alpha_{BA} + \beta_A - 180°$$
$$\alpha_{12} = \alpha_{A1} + \beta_1 - 180°$$
$$\alpha_{23} = \alpha_{12} + \beta_2 - 180°$$

　　依此类推,写成一般形式,则为

$$\alpha_{i,i+1} = \alpha_{i-1,i} + \beta_{i左} - 180° \tag{5-1}$$

　　此规律为:导线前一边的正坐标方位角,等于后一边的坐标方位角加左转折角减 $180°$ 。当 $\alpha < 0°$ 时, α 值应加 $360°$ 。

　　当转折角为右角时,将 $\beta_左 = 360° - \beta_右$ 代入式(5-1)得

$$\alpha_{i,i+1} = \alpha_{i-1,i} - \beta_{i右} + 180° \tag{5-2}$$

　　其规律为:导线前一边的正坐标方位角,等于后一边的坐标方位角减右转折角加 $180°$ 。当 $\alpha < 0°$ 时, α 值应加 $360°$ 。

　　(2)坐标正算

　　根据已知点坐标、已知边长和坐标方位角计算未知点的坐标,称为坐标正算问题。如图 5-10 所示,设 A 为已知点,其坐标为 x_A 、 y_A ,且已知边长 D_{AP} 和坐标方位角 α_{AP} 时,则可求得未知点 P 的坐标。由图 5-10 可知

$$\left.\begin{array}{l} x_P = x_A + \Delta x_{AP} \\ y_P = y_A + \Delta y_{AP} \end{array}\right\} \tag{5-3}$$

式中 Δx_{AP} 、 Δy_{AP} 分别为纵坐标增量及横坐标增量,它们分别为

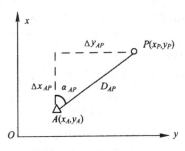

图 5-10　坐标正、反算

$$\left.\begin{array}{l} \Delta x_{AP} = D_{AP} \cos \alpha_{AP} \\ \Delta y_{AP} = D_{AP} \sin \alpha_{AP} \end{array}\right\} \tag{5-4}$$

坐标增量 Δx_{AP}、Δy_{AP} 的符号分别由 $\cos \alpha_{AP}$、$\sin \alpha_{AP}$ 的正负确定。许多电子计算器具有极坐标换算为直角坐标的功能,利用此功能可迅速计算出 Δx_{AP} 和 Δy_{AP} 值(可查阅各自计算器的说明书)。

将式(5-4)代入式(5-3),可得

$$\left.\begin{array}{l} x_P = x_A + D_{AP} \cos \alpha_{AP} \\ y_A = y_A + D_{AP} \sin \alpha_{AP} \end{array}\right\} \tag{5-5}$$

上式即为坐标正算公式。

（3）坐标反算

根据两个已知点的直角坐标计算两点间的坐标方位角和边长，称为坐标反算问题。如图 5-10 所示，设 A、P 两点均为已知点，其坐标 x_A、y_A 和 x_P、y_P 均是已知的，则可得

$$\tan \alpha_{AP} = \frac{\Delta y_{AP}}{\Delta x_{AP}} \tag{5-6}$$

$$D_{AP} = \frac{\Delta y_{AP}}{\sin \alpha_{AP}} = \frac{\Delta x_{AP}}{\cos \alpha_{AP}} \tag{5-7a}$$

$$D_{AP} = \sqrt{\Delta x^2 + \Delta y^2} \tag{5-7b}$$

上两式即为坐标反算公式,其中

$$\left.\begin{array}{l} \Delta x_{AP} = x_P - x_A \\ \Delta y_{AP} = y_P - y_A \end{array}\right\} \tag{5-8}$$

应当注意,由式(5-6)计算直线 AP 的坐标方位角时,应根据 Δx_{AP} 和 Δy_{AP} 的正负号来判断 α_{AP} 所在的象限,从而正确求出方位角 α_{AP}。反算边长 D_{AP} 的三个公式中,任选两式计算作为校核,若仅尾数略有差异,取其平均值。

2. 附合导线的计算

附合导线的两端均有高级控制点和已知方位角的控制,因此在附合导线的计算中,由起算点的坐标、起算方位角和观测值推算到终端时,终端高级控制点的坐标和已知方位角构成了检核观测成果精度和计算是否正确的约束条件。由于观测角度和边长均含有不可避免的误差,那么上述的约束条件通常是不可能满足的,即产生各条件的闭合差。如何对观测值进行改正,消除闭合差,是导线计算的主要内容。

导线计算一般在专门的表格中完成,如表 5-9,其计算步骤如下:

（1）计算数据准备

将校核过的连接角、转折角、边长和起算数据填入表 5-9 中相应的位置。

（2）角度闭合差的计算及其分配

图 5-11 为一附合导线,A 和 E 为已知点,其坐标为 x_A、y_A 和 x_E、y_E,α_{BA} 和 α_{EF} 为已知坐标方位角。β_A、β_E 为连接角,β_i 为转折角。

表 5-9　附合导线坐标计算表

点号	转折角 β（左角）		坐标方位角 (° ′ ″)	边长 (m)	坐标增量计算值		改正后坐标增量		坐 标	
	观测角 (° ′ ″)	改正角 (° ′ ″)			Δx (m)	Δy (m)	Δx (m)	Δy (m)	x (m)	y (m)
1	2	3	4	5	6	7	8	9	10	11
B			<u>137 59 30</u>							
A	−6 123 59 00	128 58 54							507.462	115.085
			81 58 24	225.800	+13 31.529	−41 223.588	31.542	223.547		
1	−6 212 14 24	212 14 18							539.004	338.632
			114 12 42	139.030	+8 −57.017	−25 126.800	−57.009	126.775		
2	−6 136 48 36	136 48 30							481.995	465.407
			71 01 12	172.573	+10 56.127	−31 163.191	56.137	163.160		
3	−6 248 39 24	248 39 18							538.132	628.567
			139 40 30	100.071	+6 −76.293	−18 64.758	−76.287	64.740		
4	−6 101 01 42	101 01 36							461.845	693.307
			60 42 06	102.470	+6 50.144	−19 89.362	−50.1	89.343		
5	−6 255 12 36	255 12 30							511.995	782.650
			135 54 36	298.362	+18 −214.298	−55 207.597	−214.280	207.542		
E	−6 91 32 48	91 32 42							297.715	990.192
F			<u>47 27 18</u>							
Σ	1169 28 30	1169 27 48		1038.306	−209.808	875.296	−209.747	+875.107		
辅助计算	$f_\beta = \alpha_{BA} + \sum\beta_测 - 7\times180° - \alpha_{EF} = +42''$ $f_{β容} = ±30''\sqrt{7} = ±79''$ $f_β < f_{β容}$（合格）			$x_C - x_B = -209.747$　$y_C - y_B = +875.107$ $f_x = -0.061$　$f_y = +0.189$ $f = \sqrt{f_x^2 + f_y^2} = ±0.199$ $K = \dfrac{0.199}{1038} = \dfrac{1}{5226} < K_容 = \dfrac{1}{4000}$（合格）							

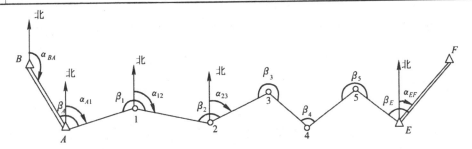

图 5-11　附合导线

若从 α_{BA} 开始依次按左连接角和左转折角推算导线各边的坐标方位角，由式（5-1）得

$$\alpha_{A1} = \alpha_{BA} + \beta_A - 180°$$

$$\alpha_{12} = \alpha_{A1} + \beta_1 - 180°$$

$$\alpha_{23} = \alpha_{12} + \beta_2 - 180°$$

$$\vdots$$

$$\alpha_{5E} = \alpha_{45} + \beta_5 - 180°$$

$$\alpha_{EF} = \alpha_{5E} + \beta_E - 180°$$

$$\alpha'_{EF} = \alpha_{5E} + \beta_E - 180°$$

将上面各式求和,经整理则为

$$\alpha'_{EF} = \alpha_{BA} + \sum\beta - 7 \times 180° \tag{5-9}$$

写成一般形式,导线终端已知方向 EF 的推算坐标方位角 α'_{EF} 为

$$\alpha'_{EF} = \alpha_{BA} + \sum\beta - n \cdot 180° \tag{5-10}$$

式中 $\sum\beta$ 为所有左转折角及左连接角之和,n 为转折角和连接角总数。

理论上 α'_{EF} 应等于 α_{EF},但由于观测误差的影响,根据实测各水平角推算的 α'_{EF} 与 α_{EF} 一般不相等,两者之间的差值称为方位角条件闭合差,或称为附合导线的角度闭合差,即

$$f_\beta = \alpha'_{EF} - \alpha_{EF} \tag{5-11}$$

或

$$f_\beta = \alpha_{BA} + \sum\beta - n \cdot 180° - \alpha_{EF} \tag{5-12}$$

不同等级的导线均对角度闭合差有具体的技术要求,可查相应测量规范。设其容许值为 $f_{\beta容}$,若 $f_\beta > f_{\beta容}$,则认为角度观测成果不符合精度要求,应查找原因。如果计算无误,应去野外检测或重测。

如果 $f_\beta \leqslant f_{\beta容}$,认为角度观测成果符合要求,则可对观测角度加上改正数,以消除闭合差。导线观测中,可以认为各角度是等精度观测值,即认为各角度观测值误差基本相同。因此,应将角度闭合差平均分配给各连接角和转折角。另外,在观测导线左角的情况下,由式(5-12)可知,当 $f_\beta > 0$ 时,应使改正后的左角总和减小,才能满足方位角条件,因而各角度观测值的改正数应与闭合差符号相反。综合以上两点,角度改正数为

$$v_\beta = -\frac{f_\beta}{n} \tag{5-13}$$

由式(5-13)应有

$$\sum v_\beta = -f_\beta \tag{5-14}$$

按式(5-13)计算,若因凑整误差影响,不能满足式(5-14)时,可将舍入误差影响的剩余值调整到短边的邻角上,以满足式(5-14)。

改正角为

$$\left.\begin{array}{l} (\beta_A) = \beta_A + v_\beta \\ \quad\vdots \\ (\beta_E) = \beta_E + v_\beta \\ (\beta_i) = \beta_i + v_\beta \quad (i = 1, 2, \cdots, n - 2) \end{array}\right\} \tag{5-15}$$

上述计算可参阅表5-9中第2、3两列和有关辅助计算部分。用改正后的角度由起始方向推算到导线终端边 EF 的坐标方位角,应该和已知 α_{EF} 的值完全一致,见表5-9中第4列。

值得注意的是,上述公式均采用左角计算。当用右角计算时,附合导线的角度改正数 v_β 应与 f_β 同号。

(3)坐标增量闭合差的计算及其分配

用式(5-4)计算各边的坐标增量 Δx、Δy,分别填写在表5-9中的第6、7两列,然后计算导线坐标增量的 $\sum \Delta x$、$\sum \Delta y$。显然,导线坐标增量的和在理论上应与两已知端点的坐标差相等。由于测量误差的影响,产生了纵坐标增量闭合差 f_x 和横坐标增量闭合差 f_y,即

$$\left. \begin{array}{l} f_x = \sum \Delta x - (x_E - x_A) \\ f_y = \sum \Delta y - (y_E - y_A) \end{array} \right\} \qquad (5\text{-}16)$$

由于坐标增量闭合差的存在,必然引起由导线起点 A 推算到终点时,其点位 E' 与已知点 E 存在位差 EE',此位差称为导线全长闭合差,通常以 f 表示之,如图5-12所示。由图可知:

$$f = \sqrt{f_x^2 + f_y^2} \qquad (5\text{-}17)$$

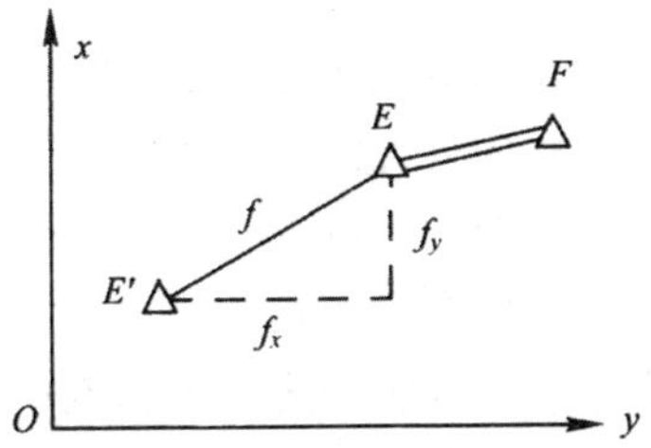

图 5-12 导线全长闭合差

f 值的大小可以表示导线测量的精度,但是导线愈长,其误差可能愈大,仅用闭合差还不能完全说明导线测量的质量,通常用导线全长闭合差 f 与导线全长 $\sum D$ 的比值来衡量导线测量的精度,这个比值称为导线全长相对闭合差。为了便于比较,相对闭合差以分子为1的分数表示,即

$$K = \frac{f}{\sum D} = \frac{1}{\sum D / f} \qquad (5\text{-}18)$$

设相对闭合差的容许值为 $K_容$。若 $K > K_容$,说明观测成果不合格,应对外业记录和计算作全面检查,必要时应到现场检查或重测。如果 $K \leq K_容$,则导线测量成果符合要求。当导线全长相对闭合差在容许范围内时,为了消除观测结果与已知数据不相符的矛盾,对坐标增量闭合差进行分配。由于角度闭合差已经被分配,可以认为坐标增量闭合差主要是测边误差的影响。边长愈长,误差相应地也愈大。因此,导线全长闭合差的分配原则应该是,将 f_x 和 f_y 反符号后按与边长成正比分配到各边的坐标增量中。设 v_{x_i}、v_{y_i} 为第 i 边的纵、横坐标增量的改正数,则

$$\left. \begin{array}{l} v_{x_i} = -\dfrac{f_x}{\sum D} D_i \\[3mm] v_{y_i} = -\dfrac{f_y}{\sum D} D_i \end{array} \right\} \qquad (5\text{-}19)$$

显然,坐标增量的改正数应满足下列关系:

$$\left.\begin{array}{l} \sum v_{xi} = -f_x \\ \sum v_{yi} = -f_y \end{array}\right\} \tag{5-20}$$

上式可作为改正数计算的校核。导线各边坐标增量经改正以后,由起点依次推算到终点的坐标,应和终点已知的坐标完全一致。上述计算可参阅表 5-9 中第 6 至 11 列和有关部分,坐标增量改正数 v_{x_i}、v_{y_i} 分别列于第 6、7 列坐标增量计算值的上方。

现在的测量理论认为,采用光电测距手段后,测距误差已不是导致导线全长闭合差的主要因素,因此坐标增量闭合差的分配不再按与导线边长成比例的原则进行,而应按与坐标增量的绝对值成比例的原则进行分配,这种分配原则更为合理。

(4)坐标计算

根据起始点 B 的坐标和各导线边长改正后的坐标增量值,按式(5-3)依次计算各导线点的纵横坐标,最后推算出 C 点的坐标应等于其已知坐标,作为计算的最后检核。

3. 闭合导线的计算

闭合导线起讫于同一已知点和已知方向,实际上,闭合导线是附合导线的特例。即从其一已知点和已知方向起算,终端仍然又附合到该已知点和该已知方向上。因此,闭合导线的计算原理和方法与附合导线的计算基本相同。因为闭合导线构成封闭的多边形图形,其角度闭合差可以用多边形的内角和来计算,同时其坐标闭合条件也有相应的变化。下面着重介绍不同之处,其余不再重复。

(1)角度闭合差的计算及其分配

如图 5-13 所示,该闭合导线中 A 为已知点,α_{A4} 为已知方向,测量了全部边长和内角。由平面几何学知,n 边形内角和的理论值为 $\sum \beta_{理} = (n-2) \times 180°$。由于在角度观测中不可避免地存在误差,实测的内角和 $\sum \beta_{测}$ 一般不等于其理论值 $\sum \beta_{理}$,它们之间的差值就是角度闭合差,即

$$f_\beta = \sum \beta_{测} - \sum \beta_{理} = \sum \beta_{测} - (n-2) \times 180° \tag{5-21}$$

若角度闭合差 $f_\beta \leqslant f_{\beta容}$,则与附合导线同样计算角度改正数,将 f_β 反符号平均分配给内角(不管是左角还是右角),并根据改正后的内角推算各边方位角。此项计算见表 5-10 第 2、3、4 列和有关部分。

(2)坐标增量闭合差的计算及其分配

如图 5-13 可知,由起算点 A 开始,依次用边长和坐标方位角计算各边的坐标增量后,计算出终点 A 的坐标,从理论上讲应满足下式:

$$\left.\begin{array}{l} \sum \Delta x_{理} = 0 \\ \sum \Delta y_{理} = 0 \end{array}\right\} \tag{5-22}$$

就是说,闭合导线的纵、横坐标增量之代数和的理论值应等于零。

实际上由于量边和测角误差的影响,往往使式(5-22)的计算值不等于零,而产生坐

标增量闭合差,即为

$$\left.\begin{array}{l} f_x = \sum \Delta x \\ f_y = \sum \Delta y \end{array}\right\} \qquad (5\text{-}23)$$

闭合导线全长闭合差的计算、坐标增量闭合差的分配以及最后的坐标推算与附合导线相同,可参阅表5-10中第6列至第11列和有关计算部分。应该注意,最后坐标要一直推算到起点坐标为止,以作校核。

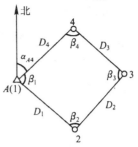

图 5-13 闭合导线

表 5-10 闭合导线坐标计算表

点号	转折角 β(左角)		坐标方位角 (° ′ ″)	边长 (m)	坐标增量计算值		改正后坐标增量		坐 标	
	观测角 (° ′ ″)	改正角 (° ′ ″)			Δx(m)	Δy(m)	Δx(m)	Δy(m)	x(m)	y(m)
1	2	3	4	5	6	7	8	9	10	11
A			168 10 44	109.551	+3 -107.228	-6 22.442	-107.225	22.436	125.000	75.000
B	-14 81 00 42	81 00 28	69 11 12	46.930	+1 16.675	-3 43.867	16.676	43.864	17.775	97.436
C	-13 105 28 06	105 27 53	354 39 05	102.027	+3 101.583	-6 -9.510	101.586	-9.516	34.451	141.300
D	-13 84 21 06	84 20 53	258 59 58	57.844	+1 -11.038	-3 -56.781	-11.037	-56.784	136.037	131.784
A	-14 89 11 00	89 10 46	168 10 44						125.000	75.000
B										
Σ	360 00 54	360 00 00		316.352	-0.008	0.018	0.000	0.000		

辅助计算	$f_\beta = \sum \beta_{测} - 2 \times 180° = +54''$ $f_{\beta容} = 30''\sqrt{4} = 60''$ $f_\beta < f_{\beta容}$(合格)	$f_x = -0.008 \qquad f_y = +0.018$ $f = \sqrt{f_x^2 + f_y^2} = 0.020$ $K = \dfrac{0.020}{316.352} = \dfrac{1}{15\,000} \qquad K < K_容 = \dfrac{1}{4\,000}$(合格)

第三节 交会定点

交会定点是加密控制点常用的方法,它可以采用在数个已知控制点上设站,分别向待定点观测方向或距离,也可以在待定点上设站向数个已知控制点观测方向或距离,然后计算待定点的坐标。常用的交会定点方法有前方交会法、侧方交会法、后方交会法、边长交会法和自由设站法。

一、测角前方交会

在图5-14中,已知数据是 A、B 两点的坐标,分别在 A、B 点观测 α 及 β 角,则可求

得待定点 P 的坐标。

求解思路是：若能求得 D_{AP} 与 α_{AP}，则可求得 AP 两点间的坐标增量，由 A 点的坐标加上该坐标增量，即可得 P 点的坐标：

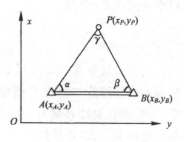

图 5-14　前方交会

$$\left.\begin{array}{l} x_P = x_A + D_{AP}\cos\alpha_{AP} \\ y_P = y_A + D_{AP}\sin\alpha_{AP} \end{array}\right\}$$

由图 5-14 可知，$\alpha_{AP} = \alpha_{AB} - \alpha$，代入上面两式得

$$x_P = x_A + D_{AP} \cdot \cos(\alpha_{AB} - \alpha) = x_A + D_{AP}(\cos\alpha_{AB}\cos\alpha + \sin\alpha_{AB}\sin\alpha)$$

$$y_P = y_A + D_{AP} \cdot \sin(\alpha_{AB} - \alpha) = y_A + D_{AP}(\sin\alpha_{AB}\cos\alpha - \cos\alpha_{AB}\sin\alpha)$$

或

$$\left.\begin{array}{l} x_P = x_A + \dfrac{D_{AP}}{D_{AB}}[(x_B - x_A)\cos\alpha + (y_B - y_A)\sin\alpha] \\[2mm] \quad = x_A + \dfrac{D_{AP} \cdot \sin\alpha}{D_{AB}}[(x_B - x_A)\cot\alpha + (y_B - y_A)] \\[2mm] y_P = y_A + \dfrac{D_{AP}}{D_{AB}}[(y_B - y_A)\cos\alpha - (x_B - x_A)\sin\alpha] \\[2mm] \quad = y_A + \dfrac{D_{AP} \cdot \sin\alpha}{D_{AB}}[(y_B - y_A)\cot\alpha - (x_B - x_A)] \end{array}\right\} \tag{5-24}$$

根据正弦定理可以写出：

$$\frac{D_{AP}}{D_{AB}} = \frac{\sin\beta}{\sin\gamma} = \frac{\sin\beta}{\sin(\alpha + \beta)} = \frac{\sin\beta}{\sin\alpha\cos\beta + \cos\alpha\sin\beta}$$

则

$$\frac{D_{AP} \cdot \sin\alpha}{D_{AB}} = \frac{\sin\alpha\sin\beta}{\sin\alpha\cos\beta + \cos\alpha\sin\beta} = \frac{1}{\cot\alpha + \cot\beta}$$

将上式代入式 (5-24)，经整理得

$$\left.\begin{array}{l} x_P = \dfrac{x_A\cot\beta + x_B\cot\alpha - y_A + y_B}{\cot\alpha + \cot\beta} \\[3mm] y_P = \dfrac{y_A\cot\beta + y_B\cot\alpha + x_A - x_B}{\cot\alpha + \cot\beta} \end{array}\right\} \tag{5-25}$$

上式中除已知点的坐标外，还有观测角的余切，故上式称余切公式。计算出 P 点的坐标后可用下式进行校核：

$$x_B = \frac{x_P \cot\beta + x_A \cot\alpha - y_P + y_A}{\cot\gamma + \cot\alpha}$$

$$y_B = \frac{y_\gamma \cot\alpha + y_A \cot\gamma + x_P - x_A}{\cot\gamma + \cot\alpha} \qquad (5\text{-}26)$$

上式只能作为计算中有无错误的校核。为了避免外业观测发生错误,并提高待定点 P 的精度,在一般测量规范中都要求布设有三个已知点的前方交会,在 A、B、C 三个已知点向 P 点观测,测得两组角值 α_1、β_1 与 α_2、β_2,分两组计算 P 点坐标。当这两组坐标的较差不大于图上0.2 mm,即在允许范围内时,则取它们的平均值作为 P 点的最后坐标。

为了提高交会点的精度,在选定 P 点时,最好使交会角近于90°,而不应大于150° 或小于30°。

如果不便在一个已知点(例如 B 点)安置仪器(如图5-15所示),而观测了一个已知点及未知点上的两个角度,则同样可以计算 P 点的坐标,这就是侧方交会。这时只要计算出 B 点的 β 角,即可应用式(5-25)求解 x_P 与 y_P。

二、测角后方交会

如果已知点距离待定测站点较远,也可在待定点 P 上瞄准三个已知点 A、B 和 C,观测 α 及 β 角(图5-16),这种方法称为后方交会。

用后方交会计算待定点坐标的公式很多,现介绍一种公式如下:

$$\tan\alpha_{CP} = \frac{N_3 - N_1}{N_3 - N_4} \qquad (5\text{-}27)$$

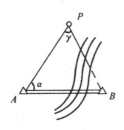

图5-15　侧方交会

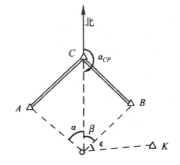

图5-16　后方交会

$$\Delta x_{CP} = \frac{N_1 + N_2 \tan\alpha_{CP}}{1 + \tan^2\alpha_{CP}} = \frac{N_3 + N_4 \tan\alpha_{CP}}{1 + \tan^2\alpha_{CP}}$$

$$\Delta y_{CP} = \Delta x_{CP} \cdot \tan\alpha_{CP} \qquad (5\text{-}28)$$

其中

$$N_1 = (x_A - x_C) + (y_A - y_C) \cot \alpha \\
N_2 = (y_A - y_C) - (x_A - x_C) \cot \alpha \\
N_3 = (x_B - x_C) - (y_B - y_C) \cot \beta \\
N_4 = (y_B - y_C) + (x_B - x_C) \cot \beta \Big\}$$

(5-29)

待定点 P 的坐标为

$$x_P = x_C + \Delta x_{CP} \\
y_P = y_C + \Delta y_{CP} \Big\}$$

(5-30)

选择后方交会点 P 时,若 P 点刚好选在过已知点 A、B、C 的圆周上,无论 P 点位于圆周上任何位置,所测得的角值都是不变的,因此 P 点位置不定,测量上把该圆叫危险圆。P 点若位于危险圆上则无解,因此作业时应使 P 点离危险圆圆周的距离大于该圆半径的 1/5。

为了进行检验,须在 P 点观测第四个方向 K,测得 $\varepsilon_{测}$ 角。同时可由 P 点坐标以及 B、K 点坐标,按坐标反算公式求得 α_{PB} 及 α_{PK}。$\varepsilon_{算} = \alpha_{PK} - \alpha_{PB}$,求较差 $\Delta\varepsilon = \varepsilon_{算} - \varepsilon_{测}$。由此可算出 P 点的横向位移 e 为

$$e = \frac{D_{PK} \cdot \Delta\varepsilon}{\rho}$$

(5-31)

在一般测量规范中,规定最大横向位移 $e_允$ 不大于比例尺精度的 2 倍,即 $e_允 < 2 \times 0.1 M(\mathrm{mm})$。$M$ 为测图比例尺的分母。

三、边长交会

边长交会也是加密控制点的方法之一。特别是利用光电测距仪或全站仪测定距离时,这种方法非常简便。

已知数据为点 A、B 的坐标,观测两已知点至待定点 P 的距离 D_1 及 D_2 (图 5-17),求待定点 P 的坐标。

在三角形 APM 中,$h^2 + q^2 = D_1^2$;在三角形 BPM 中,$h^2 + (D - q)^2 = D_2^2$,后式减前式可得

$$D_2^2 = D^2 + D_1^2 - 2Dq$$

此处 q 为 AP 在 AB 边长上的投影,由此

$$q = \frac{D^2 + D_1^2 - D_2^2}{2D}$$

又
$$h = \pm \sqrt{D_1^2 - q^2}$$

式中根号前的"＋"或"－"号，取决于 A、P、B 点是顺时针方向还是逆时针方向。因

$$\Delta x_{AP} = D_1 \cos \alpha_{AP}$$

而
$$\alpha_{AP} = \alpha_{AB} - \beta$$

由此　$\Delta x_{AP} = D_1 \cos(\alpha_{AB} - \beta) = D_1 \cos \alpha_{AB} \cos \beta + D_1 \sin \alpha_{AB} \sin \beta$

以 $D_1 \cos \beta = q$，$D_1 \sin \beta = h$，$\cos \alpha_{AB} = \dfrac{(x_B - x_A)}{D}$，$\sin \alpha_{AB} = \dfrac{(y_B - y_A)}{D}$ 代入上式，即得

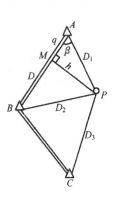

图 5-17　边长交会

$$\Delta x_{AP} = \frac{q(x_B - x_A) + h(y_B - y_A)}{D} \tag{5-32}$$

同理可以导得

$$\Delta y_{AP} = \frac{q(y_B - y_A) - h(x_B - x_A)}{D} \tag{5-33}$$

则待定点 P 的坐标为

$$x_P = x_A + \Delta x_{AP}, \qquad y_P = y_A + \Delta y_{AP}$$

为了进行计算检核，可由坐标反算公式（$D_{2算} = \sqrt{(x_P - x_B)^2 + (y_P - y_B)^2}$）计算，并与观测的 $D_{2测}$ 进行比较。

为了进行观测检核，还应由第三个已知点 C 观测 D_3，分两组计算 P 点坐标。如较差在允许范围内，取平均值作为 P 点的最后坐标。

思考与练习题

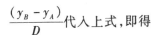

5-1　为什么在测区内首先应进行控制测量？

5-2　简述测量控制网的分类。

5-3　建立平面控制网有哪些方法？

5-4　建立高程控制网有哪些方法？

5-5　何谓图根控制？简述建立图根平面控制的主要方法。

5-6　简述导线测量的原理。

5-7 导线的布设形式有哪几种? 其外业工作包括哪些?

5-8 选定导线点的原则是什么? 在外业工作中如何评定测角和量边的精度?

5-9 若在导线测量时分别观测导线前进方向的左角或右角,则在推算导线边的方位角时所采用的公式有何区别?

5-10 何谓坐标正、反算问题? 请导出计算公式。

5-11 简述导线测量内业计算的步骤,说明闭合导线与附合导线计算的异同点。

5-12 试比较附合导线和闭合导线角度闭合差的异同及其分配原则。

5-13 如图 5-18 所示,已知点 A 的坐标为 $x_A = 500.000$ m,$y_A = 1\,000.000$ m,布设闭合导线 $ABCD$,观测数据标在图中,请按表 5-10 计算 B、C、D 三点的坐标。

5-14 在如图 5-19 所示的附合导线 $B23C$ 中,已标出已知数据和观测数据,请按表 5-9 计算 2、3 两点的坐标。

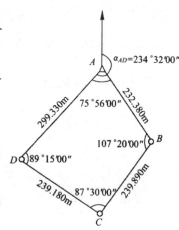

图 5-18 习题 5-13 图

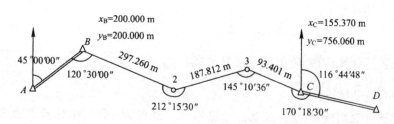

图 5-19 习题 5-14 图

5-15 导线测量中,转折角和连接角的观测误差引起了角度闭合差。试分析产生纵、横坐标增量闭合差的原因。

5-16 导线计算完成后,按坐标反算求得某边的坐标方位角,一般不等于其已推算的值,为什么?

第六章 地 形 图

地形图是土木工程设计中最基本的图件之一,作为土木技术人员,必须掌握地形图测绘和应用的技能。本章介绍地形图的基本知识及地形图应用的有关知识。

第一节 地形图的基本知识

在测绘工作中,将地面上的河流、道路等天然形成的或人工修建的固定物体称为地物,将地球表面的起伏形态称为地貌,地形则是地物、地貌的总称。测绘地形图的目的是测定地面上地物、地貌的平面位置和高程,并将这些地物、地貌在图纸上描绘出来,这是测量工作的主要任务之一。在小区域范围内,将地面上的各种物体沿铅垂线投影到水平面上,再按一定比例尺缩小后,用规定的符号绘制在图纸上,即可得到一张地形图。可见,地形图是按一定比例尺表示地物、地貌平面位置和高程的正射投影图。

地形图客观地反映了地物、地貌的现实情况,有着丰富的信息。在地形图上不仅可以全面了解整个地区的地形情况,而且可以得到方向、距离、角度、高程等数据。因此,在土木工程规划设计中,地形图是不可缺少的重要资料。

在地形图上有比例尺、图幅、编号、坐标格网、图廓、地物符号和地貌符号等内容。

一、地形图的比例尺

地形图上一段直线的长度与地面上相应线段的实际水平距离之比,称为地形图的比例尺。

1. 数字比例尺

数字比例尺通常用分子为 1 的分数表示。例如地形图上某一直线的长度为1 cm,相应实地的水平距离为20 m,则该地形图的比例尺为1/2 000,也可记为1:2 000。比例尺一般写在地形图下方的正中间,如图 6-1。

利用数字比例尺可以很方便地根据图上线段的长度计算出相应的实地水平距离,

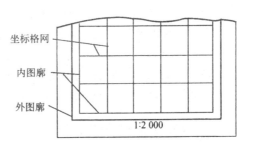

图 6-1 地形图的图廓与坐标格网

也可以将实地水平距离化算为图上线段长度。例如,在1:2 000的地形图上量得某线段长度为53.2 mm,则该线段对应的实地水平距离为0.053 2×2 000 = 106.4 m。

地形图比例尺的大小,取决于比例尺分母。比例尺分母越大,比例尺越小。按比例尺的大小,可以将地形图分为三类:1:500、1:1 000、1:2 000、1:5 000四种比例尺的地形图称为大比例尺地形图;1:1 万、1:2.5 万、1:5 万、1:10 万四种比例尺的地形图称为中比例尺地形图;1:25 万、1:50 万、1:100 万三种比例尺的地形图称为小比例尺地形图。大比例尺地形图一般在现场测绘,主要用作城市规划、市政建设和工程建设的初步设计和施工设计的地形资料;中比例尺地形图一般采用航空摄影测量方法测绘,主要用于各项工程建设的规划设计;小比例尺地形图很少实测,通常是根据各种资料编绘,主要用于大面积地理研究和国家发展规划研究。

2. 图解比例尺

除数字比例尺外,有的地形图上还有图解比例尺。图解比例尺是在图纸上绘制两条平行直线,并按固定长度(一般为1 cm或2 cm)进行分段,将最左边的一段分划成 5 或 10 等分,同时按比例尺标绘各

图 6-2　图解比例尺

分段代表的实地长度,如图6-2所示。图解比例尺使用方便,可以直接量测出线段代表的水平距离而不必进行计算,还可以避免因图纸收缩引起的量测误差。

3. 比例尺精度

一般认为,人用肉眼在图纸上能够分辨的最小长度为0.1 mm,因此将地形图上0.1 mm所代表的水平距离称为比例尺精度。比例尺精度有两个作用:①利用比例尺精度可以确定测图的比例尺。例如需要在地形图上表示出0.2 m的实际长度,则选用的测图比例尺应不小于1:2 000。②根据比例尺精度可以确定测图时距离测量的精度。例如测绘1:500 的地形图,该图的比例尺精度为5 cm。因此,距离测量精度只要达到5 cm即可,更高的测量精度也没有实际意义,因为图上无法表示出来。

二、坐 标 网

地形图坐标网包括直角坐标网和经纬网。在测绘或编制地形图时,坐标网的主要作用是控制绘图精度。在应用地形图时,坐标网提供了量算直线方位角和点位坐标的依据。

直角坐标网是按一定间隔绘制在图纸上的正方形格网,每条格网线都注记了该直线在选定的坐标系中的坐标值,以便确定地形图上点的平面直角坐标。经纬网是按一定的经纬度间隔绘制的,以便确定点的地理坐标(经纬度)。大比例尺地形图上一般只描绘直角坐标网,中小比例尺地形图上一般还有经纬网。

三、高斯坐标系的基本知识

高斯坐标系建立在横圆柱正形投影的基础上。如图 6-3,假设地球是一圆球,投影面是一个横置的圆柱,圆柱面与球面上的某一子午线相切,该子午线称为中央子午线。

按正形投影的原理,将球面上的点位投影到圆柱面上,然后将圆柱面展开成平面,就可以用平面直角坐标表示地面点的位置。

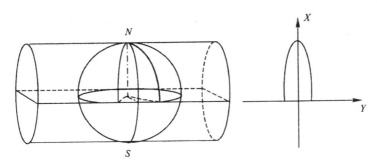

图 6-3　高斯坐标系

显而易见,利用高斯投影可以将球面上的点投影到平面上。但是,除了中央子午线上的点,其他位置的点投影后都会产生变形,离开中央子午线越远,投影后的变形越大。为了使投影后的变形不超过一定限度,可以采用限制投影范围的方法,每次只对中央子午线左右一定经度范围内的点进行投影,这样的投影范围称为投影带,投影带东西经度差称为投影带宽。通常投影带宽为 6°,如果要求投影变形更小,还可采用 3°或 1.5°的投影带宽。

6°带的划分是从 0°子午线起,自西向东每隔 6°分为一带,将地球分为 60 个投影带,东经 0°~6°为第 1 带,6°~12°为第 2 带……相应的中央子午线的经度为 3°、9°等。设 N 为第 N 个 6°带的带号,L 为该投影带中央子午线的经度,则有

$$L = 6N - 3 \tag{6-1}$$

3°带的划分是从东经 1°30″起,每 3°为一带。第 1 带中央子午线的经度为 3°,第 n 带中央子午线的经度为

$$L' = 3n \tag{6-2}$$

在高斯投影的方式下,将赤道面扩大后与圆柱面相交得到一条交线,与中央子午线是垂直的。将圆柱面展开成为平面后,赤道面的交线与中央子午线是两条正交的直线,以这两条直线为坐标系的轴线,纵轴为 X 轴,横轴为 Y 轴,两轴的交点就是坐标原点。在每个投影带中,X 轴以中央子午线的北方向为正,Y 轴指向东为正,这就是高斯平面直角坐标系。我国位于北半球,所有点的 X 坐标都是正值,为了使 Y 坐标也都是正值,将坐标原点向西移 500 km,显然中央子午线的 Y 坐标为 500 km。为了能根据点的坐标确定该点位于哪个投影带中,在横坐标中要冠以带号,例如,某点的坐标为

$$X = 3\ 571\ 245.\ 63\ \mathrm{m}$$

$$Y = 16\ 423\ 117.\ 17\ \mathrm{m}$$

其中,Y 坐标的前两位是投影带号,说明该点是第 16 投影带中的点,其横坐标为

423 117. 17 m,位于中央子午线以西76 882. 83 m(500 000 – 423 117. 17)。

四、地形图的分幅与编号

为了便于管理和使用,需要将地形图进行统一的分幅和编号。地形图分幅的方法有两种:一种是按经纬线分幅的梯形分幅法,另一种是按坐标格网分幅的矩形分幅法。

1. 梯形分幅和编号

梯形分幅以 1:100 万地形图为基础。根据 1913 年在法国巴黎举行的国际 1:100 万地图会议的规定,地形图标准分幅的经度差是 6°,纬度差是 4°。从赤道起,每 4°为一列,至北(南)纬88°各 22 列,依次用英文字母 $A,B,C,\cdots,V$ 表示其相应的列号,列号前冠以 N 或 S 区分北半球和南半球。自180°经线起,由西向东每 6°为一行,将全球分为 60 行,依次用 $1,2,\cdots,60$ 表示行号,如图 6-4,行、列号组成该图幅的编号。例如北京的地理经纬度为东经 116°20′,北纬 39°40′,则其 1:100 万地形图的图号为 J50(我国地处北半球,图号前的 N 全部省略)。

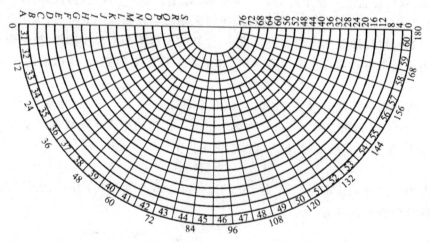

图 6-4   1:100 万地形图的分幅与编号

自 1993 年起,我国新测和更新的 1:50 万 ~ 1:5 000 比例尺的地形图,必须按照国家标准《国家基本比例尺地形图分幅和编号》(GB/T 13989—92)进行分幅和编号。其中规定:

1:100 万比例尺地形图按国际 1:100 万地形图的分幅标准进行分幅和编号。

1:50 万比例尺地形图是将 1:100 万地形图分为 2 行 2 列共 4 幅,每幅图的经差为 3°,纬差为 2°。

1:25 万比例尺地形图是将 1:100 万地形图分为 4 行 4 列共 16 幅,每幅图的经差为 1°30′,纬差为 1°。

1:10 万比例尺地形图是将 1:100 万地形图分为 12 行 12 列共 144 幅,每幅图的经差为 30′，纬差为 20′。

1:5 万比例尺地形图是将 1:100 万地形图分为 24 行 24 列共 576 幅，每幅图的经差为 15′，纬差为 10′。

1:2.5 万比例尺地形图是将 1:100 万地形图分为 48 行 48 列共 2 304 幅，每幅图的经差为 7′30″，纬差为 5′。

1:1 万比例尺地形图是将 1:100 万地形图分为 96 行 96 列共 9 216 幅，每幅图的经差为 3′45″，纬差为 2′30″。

1:5 000 比例尺地形图是将 1:100 万地形图分为 192 行 192 列共 36 864 幅，每幅图的经差为 1′52.5″，纬差为 1′15″。

1:50 万~1:5 000 比例尺地形图的编号以 1:100 万地形图编号为基础，采用行列编号法，从上到下，从左到右按顺序分别用阿拉伯数字编号，行列代码均为 3 位十进制数，按行号在前列号在后的顺序进行标记，加在 1:100 万图幅的图号之后，并用英文字符表示比例尺代码。不同比例尺的英文代码见表 6-1。

表 6-1　1:50 万~1:5 000 地形图的行序编号（纬差 4°）

比例尺	1/50 万	1/25 万	1/10 万	1/5 万	1/2.5 万	1/1 万	1/5 000
比例尺代码	B	C	D	E	F	G	H
行	001	001	001	001	001	001	001
			002	⋮	⋮	⋮	⋮
			003	006	012	024	048
		002	004	007	013	025	049
			005	⋮	⋮	⋮	⋮
			006	012	024	048	096
序	002	003	007	013	025	049	097
			008	⋮	⋮	⋮	⋮
			009	018	036	072	144
		004	010	019	037	073	145
			011	⋮	⋮	⋮	⋮
			012	024	048	096	192

表 6-2　1:50 万~1:5 000 地形图的列序编号（经差 6°）

比例尺	列						序					
1/50 万	001						002					
1/25 万	001			002			003			004		
1/10 万	001	002	003	004	005	006	007	008	009	010	011	012
1/5 万	001…006			007…012			013…018			019…024		
1/2.5 万	001…012			013…024			025…036			037…048		
1/1 万	001…024			025…048			049…072			073…096		
1/5 000	001…048			049…096			097…144			145…192		

2. 矩形分幅和编号

土木工程设计和施工中使用的大比例尺地形图一般采用矩形分幅，常用的图幅尺寸为50 cm×50 cm或50 cm×40 cm,以整公里数或整百米数的纵横坐标线为图幅边界线。

矩形图幅的编号较多,常用的有以下几种:

(1)坐标编号法

坐标编号法以图幅西南角的 X 坐标和 Y 坐标的公里数为该图幅的编号,用 $X—Y$ 表示。例如某图西南角的 X 坐标为24 km, Y 坐标为30 km,则该地形图的图号为24—30。

(2)系统编号法

系统编号法与梯形分幅编号的方法类似,如图6-5,以1:5 000图为基础(图幅尺寸为40 cm×40 cm),按1:2 000,1:1 000,1:500的

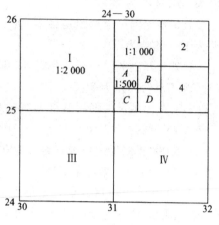

图 6-5 矩形分幅与编号

顺序逐级划分,图号形式为"基础图幅编号—分幅代号"。表6-3列出了系统编号法的分幅代号和编号示例。

表6-3 系统编号法的分幅代号和编号示例

比 例 尺	分 幅 代 号	图幅编号示例
1:5 000		24—30
1:2 000	Ⅰ、Ⅱ、Ⅲ、Ⅳ	24—30—Ⅱ
1:1 000	1、2、3、4	24—30—Ⅱ—3
1:500	A、B、C、D	24—30—Ⅱ—3—C

(3)顺序编号法

在带状或小面积测区,常用顺序编号法对地形图进行统一编号。一般按从左到右、从上到下的顺序用阿拉伯数字进行编号,其形式为"测区—分幅号",例如"机械厂—6"。

(4)行列编号法

行列编号法用英文字母表示横行,用阿拉伯数字表示纵列,按从上到下、从左到右的顺序进行编号,其形式为"横行代号—纵行代号",例如"C—7"。

五、图名、图廓和图外注记

除了图号外,为了方便地形图的管理和使用,在图纸上图框外还有许多注记,如图名、图廓、接图表、三北方向线等。

图名是图幅的名称,以图幅内主要地名或单位名称命名,图名标注在图号上方并与图号一起标在北图廓上方中央。

图廓是图幅四周的范围线,由内图廓和外图廓组成。内图廓是地形图分幅时的坐

标格网线或经纬线,在内图廓的四个角点上注有坐标值。外图廓是在离内图廓12 mm处绘制的粗框,起装饰作用。

在图廓外还有一些资料说明,说明本图的投影方式、坐标系统、高程系统、成图方法、测图单位、成图日期等。

第二节　地物符号和地貌符号

地形图是用规定的符号和注记表示地物、地貌的。为了使地形图具有通用性和易读性,国家测绘管理部门颁布了各种比例尺的地形图图式,它是测绘和使用地形图的重要工具,是在地形图上表示地物和地貌的标准。

一、地物符号

地物符号是地形图上表示地物的符号。自然界的地物种类繁多,主要有以下几种类型:

1. 测量控制点:各种等级的三角点、导线点、水准点、图根点等。

2. 居民地:城镇、机关、企业、学校、医院、村庄、窑洞、毡包等。

3. 道路:铁路、公路、乡村道路、小路、桥梁、涵洞、隧道等。

4. 管线和垣栅:电力线、通讯线、管道、墙垣、栅栏、篱笆等。

5. 境界:国界、省、市、区、县等地区分界线及界碑、土地权属及其标志等。

6. 水系:河流、沟渠、湖泊、池塘、堤坝、水闸等。

7. 土壤植被:森林、灌木丛、果园、菜地、水田、旱地、荒地、沼泽、沙漠等。

8. 独立地物:碑、亭、塔、牌坊、独立树等。

表6-4摘录了《1∶500、1∶1 000、1∶2 000比例尺地形图图式》中的部分内容。

测绘地形图时,有些地物的轮廓较大,例如大部分房屋、道路、桥梁、田地等,其形状和大小可以按测图比例尺缩绘在图上,此类地物符号称为比例符号。比例符号一般用实线或点线表示其外围轮廓。

有些地物轮廓较小,例如测量控制点、烟囱、消火栓等,无法按比例尺在图上表示其大小,或不便于按比例尺表示,这类地物均按规定的符号表示,称为非比例符号。非比例符号只表示地物的中心位置,不表示其形状和大小。

一些线状延伸的地物,如小路、围墙、电力线等,其长度能按比例尺描绘,而宽度不能按比例尺描绘,需要用一定的符号绘制,此类符号称为半比例符号。半比例符号只表示地物的中心线位置和延伸长度,不表示其宽度。

比例符号、半比例符号、非比例符号的界限是相对的。例如铁路、乡村公路等,在大于1∶2 000的地形图上使用比例符号绘制,而在1∶5 000的地形图上则用半比例符号绘制。一般地,测图比例尺越大,用比例符号描绘的地物越多。

除了用各种规定的符号表示地物的位置、形状和大小外,有些地物符号还需要用文字或数字进行注记和说明,统称为地物注记,例如控制点的点号、高程,厂矿、机关、村镇的名称,房屋的层数,河流的名称、流向等。

表 6-4　常用地物符号

编号	符号名称	图例	编号	符号名称	图例
1	坚固房屋 4-房屋层数		11	灌木林	
2	普通房屋 2-房屋层数		12	菜地	
3	窑洞 (1)住人的 (2)不住人的 (3)地面下的		13	高压线	
			14	低压线	
4	台阶		15	电杆	
5	花圃		16	电线架	
6	草地		17	砖、石及混凝土围墙	
7	经济作物地		18	土围墙	
8	水生经济作物地		19	栅栏、栏杆	
9	水稻田		20	篱笆	
			21	活树篱笆	
10	旱地		22	沟渠 (1)有堤岸的 (2)一般的 (3)有沟堑的	

编号	符号名称	图例	编号	符号名称	图例
23	公路	0.3 沥 砾 0.3	39	独立树 (1)阔叶 (2)针叶	1.5 (1) 3.0 (2) 3.0 0.7 0.7
24	简易公路	8.0 2.0			
25	大车路	0.15 0.3 碎石	40	岗亭、岗楼	90° 3.0 1.5
26	小路	4.0 1.0 0.3			
27	三角点 凤凰山—点名 394.468 高程	凤凰山 3.0 394.468	41	等高线 (1)首曲线 (2)计曲线 (3)间曲线	0.15 87 (1) 0.3 85 (2) 0.15 6.0 (3) 1.0
28	图根点 (1)埋石的 (2)不埋石的	(1) 2.0 N16 84.46 (2) 1.5 25 2.5 62.74			
29	水准点	2.0 Ⅱ京石5 32.084	42	示坡线	
30	旗杆	1.5 4.0 1.0	43	高程点及其注记	0.5 · 163.2 75.4
31	水塔	2.0 3.0 1.0 1.2			
32	烟囱	3.5 1.0	44	滑坡	
33	气象站(台)	3.0 4.0 1.2			
34	消火栓	1.5 1.5 2.0	45	陡崖 (1)土质的 (2)石质的	(1) (2)
35	阀门	1.5 1.5 2.0			
36	水龙头	3.5 2.0 1.2			
37	钻孔	30° 1.0	46	冲沟	
38	路灯	1.5 1.0			

二、地貌符号

1. 等高线

地貌在地形图上通常是用等高线表示的。地面上高程相同的相邻点连成的闭合曲线称为等高线。如图6-6,设想用水平面与小山头相截,水平面与山体的交线是一条各处高程相等的闭合曲线,该曲线的形状与山体在此高程处的形状相同,这就是一条等高线。显然,当水平面高程变化时,该闭合曲线的位置和形状也将发生变化。将不同高程的闭合曲线垂直投影到某一水平面上,并按一定比例尺缩绘在图纸上,就可以客观地表示出这个山头的位置、形状和大小。

表 6-5   常用基本等高距

比例尺 \ 地形	平地 0°~2°	丘陵地 2°~6°	山地 6°以上
1:500	0.5	0.5	1.0
1:1 000	0.5	1.0	1.0
1:2 000	1.0	1.0	2.0

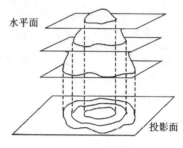

图 6-6   等高线原理

相邻等高线的高差称为等高距,在同一幅地形图上,等高距是一常数,也称基本等高距。等高线的高程应为基本等高距的整倍数。不同地区、不同比例尺的地形图,其基本等高距也不同。表 6-5 列出了 1:500~1:2 000 大比例尺地形图常用的基本等高距。

2. 等高线分类

按基本等高距绘制的等高线是基本等高线,称为首曲线。为了便于阅读和使用地形图,从零米高程的等高线起算,每隔四根等高线应加粗一根等高线,并注记高程,这根加粗的等高线称为计曲线。

在平缓地段、鞍部等地貌变化较小的地方,为了能反映出地面的微小起伏,可以按 1/2 或 1/4 基本等高距绘制等高线,分别称为间曲线和助曲线。间曲线用虚线表示,助曲线用短虚线表示,可以不闭合。

3. 等高线的特性

(1)同一条等高线上各点高程相等。

(2)等高线是闭合曲线,如果不在本图幅内闭合,必定在其他图幅内闭合。除了遇到地物符号和注记时需要断开,以保持图面清晰外,等高线在图幅内不能中断。

(3)除在悬崖、陡壁处,等高线不能重合或相交。悬崖、陡壁应用专门符号表示。

(4)等高线与地性线正交。山脊线与山谷线的形态反映着山体的面貌,因此称为地性线。等高线在经过山脊和山谷时要改变方向。

(5)等高线平距越大,地面坡度越缓,等高线平距越小,地面坡度越陡。相邻一条等高线间的水平距离称为等高线平距,在同一幅地形图上,基本等高距是常数,因此等高线平距的大小反映了地面坡度的陡缓。显然,倾斜平面的等高线是一组平行直线。

4. 典型地貌的表示

地面的起伏形态千变万化,但不外乎是由各种形状的山头、洼地、山脊、山谷、悬崖、峭壁、冲沟、台地等典型地貌组合而成的。这些典型地貌大部分可以用等高线表示,见图 6-7。不能用等高线表示的,则用规定的符号表示。

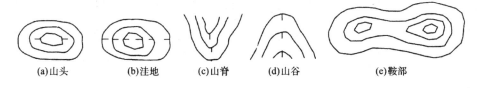

(a)山头　　　(b)洼地　　　(c)山脊　　(d)山谷　　　(e)鞍部

图 6-7　典型地貌的表示

第三节　地形图应用的基本内容

一、确定点的坐标

大比例尺地形图上绘制的坐标格网,其主要作用就是确定图上点的平面直角坐标。如图 6-8,为确定 A 点坐标,首先应确定该点所在方格西南角 O' 点的坐标 x_0 和 y_0,再量算 A 点相对于 O' 点的坐标增量 Δx 和 Δy,则

$$x_A = x_0 + \Delta x$$
$$y_A = y_0 + \Delta y$$

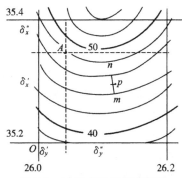

图 6-8　确定点的坐标和高程

为了确定 Δx 和 Δy,量取 $\delta'_x, \delta''_x, \delta'_y, \delta''_y$ 四个线段长度,则

$$\Delta x = \frac{l \cdot M}{\delta'_x + \delta''_x} \delta'_x \qquad (6-3)$$

$$\Delta y = \frac{l \cdot M}{\delta'_y + \delta''_y} \delta'_y \qquad (6-4)$$

式中,l 为方格的理论边长,M 为地形图比例尺分母。计算时注意,Δx 和 Δy 的单位与 l 的单位相同。例如,设在图 6-8 中量得 $\delta'_x = 76.3$ mm,$\delta''_x = 23.4$ mm,$\delta'_y = 21.6$ mm,$\delta''_y = 77.2$ mm,方格理论边长 $l = 10$ cm,则

$$\Delta x = \frac{0.1 \times 2\,000}{76.3 + 23.4} 76.3 = 153.1 \text{ m}$$

$$\Delta y = \frac{0.1 \times 2\,000}{21.6 + 77.2} 21.6 = 43.7 \text{ m}$$

A 点坐标为

$$x_A = 35\,353.1 \text{ m}, \quad y_A = 26\,043.7 \text{ m}$$

二、确定点的高程

点的高程取决于点与等高线的位置关系。如果所求的点恰好在等高线上,则该点

高程等于等高线的高程。如果所求的点不在等高线上，其高程可以采用比例内差的方法求得。如图 6-8，为求 P 点高程，过 P 点作直线与相邻等高线大致垂直，并与其相交于 m、n 点，量取 mn 线段的长度 d，再量取 m 点到 P 点的线段长度 d_1，则 P 点高程为

$$H_P = H_m + \frac{d_1}{d} h_0 \qquad (6-5)$$

式中，H_m 为 m 点所在等高线的高程，h_0 为地形图的基本等高距。

例如，图 6-8 中，m 点高程为 44 m，$d = 16.5$ mm，$d_1 = 7.2$ mm，地形图的基本等高距为 2 m，则

$$H_P = 44 + 7.2 \times 2/16.5 = 44.9 \text{ m}$$

实际上，在地形图上确定点的高程时，可以直接根据点与相邻等高线的距离进行估计。

三、量算线段的长度和方向

在地形图上量算线段的长度和方位角时，根据不同情况可采用直接量取的方法或坐标反算的方法。

1. 直接量取

直接量取法适用于图纸变形很小，且线段较短，或精度要求较低的情况。量取线段长度时，一般用三棱比例尺直接量取，也可以用分规量取线段长度后与图解比例尺比较。线段的坐标方位角则可直接用量角器量取直线与坐标格网纵线的夹角，为了提高量测精度，还可以量取对顶角的数值后取平均。

2. 坐标反算

坐标反算法适用于图纸变形明显，或线段较长，量测精度要求较高的情况。首先量取线段两端点的 x、y 坐标，然后按坐标反算公式计算线段的长度和坐标方位角。

应该指出，利用坐标反算方法计算直线的长度和坐标方位角时，尽管计算结果可以达到毫米和秒的精度，但这并不是实际精度。实际精度的好坏与坐标量测的精度直接相关，如果坐标量测精度不高，根据误差传播定律可以算出，坐标反算得到的距离和方位角的精度可能比直接量取的精度还差。

四、量算线段的坡度和坡度角

地面两点间的坡度是指两点的高差与两点间水平距离之比，在公路、管道和建筑工程中，坡度常用百分数（％）表示，铁路工程中则常用千分数（‰）表示。坡度角是指地面斜坡与水平面的夹角。设地面直线 AB 的长度为 D，两端点的高差为 h，则地面线段的坡度为

$$i = \frac{h}{D} \tag{6-6}$$

该线段的坡度角为

$$\alpha = \arctan i \tag{6-7}$$

五、量算图形的面积

在土木工程设计中,有时需要在地形图上量算一定边界范围内的面积。例如,在桥梁、涵洞、水库等工程设计中就需要确定工程物上游汇水面积的大小。

在地形图上量算面积的方法有解析法、图解法、仪器法等几种。解析法是根据图形轮廓转折点的坐标,用公式进行计算的。图解法是根据图形特点,将图形分成若干便于计算的简单图形,分别量算后再求总和。仪器法则使用求积仪或计算机数字化仪,对图形轮廓进行跟踪,用机械的方法或由计算机计算出图形面积。下面介绍解析法的计算公式和图解法中的几种常用方法。

1. 解析法

如果多边形轮廓转折点的坐标已知,可以用解析公式计算多边形的面积。设有 n 边形图形如图 6-9 所示,各角点依次按逆时针方向编号,其任意一点 i 的坐标为 (x_i, y_i),则多边形的面积计算公式为

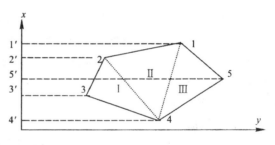

图 6-9　面积量算的解析法和几何法

$$S = \frac{1}{2} \sum (x_{i+1} - x_i)(y_{i+1} + y_i)$$

$$(i = 1,2\cdots,n; 当 i = n 时, i + 1 = 1) \tag{6-8}$$

解析法是求算面积最精确的方法,其精度取决于坐标的精度。

2. 几何法

几何法适用于量算轮廓线比较规则的图形面积。采用几何法量算面积时,先将其分成几个简单的几何图形,如三角形、矩形、梯形等,分别量算各简单图形的面积后求和即可。

为了提高量算的精度,各分块图形的面积应量算两次,符合精度要求后取其平均值为最后结果。面积量算的精度用两次量算的面积之差与平均面积之比(称为面积相对误差)来衡量。一般来讲,量测的图上面积越大,面积相对误差的容许值越小。不同大小的容许相对误差见表 6-6。

【例 6-1】　已知地形图的比例尺为 1:2 000,量算图 6-9 所示图形的面积。

【解】　将该图形分成 3 个三角形,分别量取各三角形的底边长和高,填入计算表(表 6-7)中进行计算。

表6-6   面积量算的允许相对误差

图上面积 S(mm²)	≤ 50	50 ~ 100	100 ~ 400	400 ~ 1 000	1 000 ~ 3 000	3 000 ~ 5 000	> 5 000
允许误差 Δ/S	1/20	1/30	1/50	1/100	1/150	1/200	1/250

表6-7   面积计算表

编号	第一次量测			第二次量测			平均面积	面积差	相对误差
	底边	高	面积	底边	高	面积			
Ⅰ	29.5	15.2	224.2	31.0	14.5	224.8	224.6	0.6	1/374
Ⅱ	31.5	25.1	395.3	29.5	27.0	398.2	396.8	2.9	1/136
Ⅲ	29.0	20.4	295.8	30.5	19.5	297.4	296.6	1.6	1/185
Σ							918.0		

3. 平行线法

平行线法量算面积的原理是:用间距相等的平行线将图形分割成若干个条带,每个条带视为梯形进行量算。显然,平行线的间距越小,量算精度越高。平行线法用于量算不规则图形的面积。如图 6-10,用绘有等间隔平行线的透明纸蒙在图形上,每条线与图形轮廓线的两个交点所决定的线段长度,可视为高为平行线宽度的一个梯形的中位线长度,例如图 6-10 中 l_{12} 为阴影线代表的梯形上底和下底的平均值。设平行线间隔宽度为 d,则图形面积为

$$S = \sum ld = d \sum l \tag{6-9}$$

量测 $\sum l$ 时,通常用纸条或皮尺累计量出,使得量算过程极为简单。

4. 方格法

与平行线法的原理相同,方格法量算图形面积时,用透明方格纸蒙在待量测图形上,如图 6-11 所示。首先计算图形内整方格的数量,再将图形边缘不满一格的面积以格为单位估算出来,总的方格数乘以每个方格代表的面积,即得出整个图形的面积。

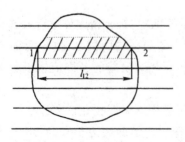

图 6-10   平行线法

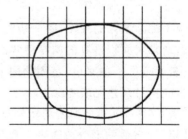

图 6-11   方格法

第四节　地形图在土木工程中的应用

一、绘制断面图

断面图用来反映沿某一直线上地面起伏的情况,在铁路、公路、管道线路、电力或通讯线路等工程设计中有着重要的用途。断面图可以根据现场实测资料绘制,也可以根据地形图绘制。

如图 6-12,根据地形图绘制断面图时,先绘出两条相互垂直的直线作为坐标轴,横轴表示距离,纵轴表示高程。从直线的一个端点 A 开始,沿直线量取从 A 点到直线与各条等高线交点 1、2、3、…、B 的水平距离,并按一定比例尺在横轴上绘出 1、2、3、…、B各点,然后在地形图上量算出各点的高程,用一定的比例尺在纵坐标方向上标出各点位置,连接各相邻点,就绘出了 AB 直线上的断面图。

断面图的纵坐标和横坐标也可以采用不同的比例尺。例如在铁路、公路线路设计中,纵断面图的高程比例尺常采用 1:1 000,而水平距离比例尺常采用 1:10 000,使地面起伏情况在断面图上反映得更清楚。

二、按给定坡度选线

在铁路、公路、管道等线路工程设计中,经常需要在图纸上选择一条不超过一定坡度的线路位置。图 6-13 的比例尺为 1:1 000,基本等高距为 1 m,从 A 到 B 选择一条坡度不大于 8% 的线路,已知 B 点高程为 349.67 m,A 点高程为 343.35 m,定线过程如下:

1. 计算 A 点到邻近第一条等高线(高程为 344 m 的等高线)的最小距离 d'。由于这段距离的高差为 $h = 0.65$ m,根据坡度的定义,在限制坡度的条件下,最小距离为

$$d' = \frac{h}{i_{min}} = 8.1 \text{ m}$$

2. 以 A 点为圆心,以 d' 为半径作圆弧,交 344 m 等高线于 1 点,则 $A \sim 1$ 点之间的坡度恰为 i_{max}。

3. 计算两相邻等高线的最小距离 d。由于两相邻等高线的高差为 $h_0 = 1$ m,根据限制坡度计算的最小距离为

$$d = \frac{h_0}{i_{min}} = 12.5 \text{ m}$$

4. 以 1 点为圆心,以 d 为半径作圆弧,交 345 m 等高线于 2 点,再以 2 点为圆心,以d 为半径作圆弧,交 345 m 等高线于 3 点……,直至 B 点下的一条 349 m 高程的等高线上的 6 点。

5. 根据 6 点和 B 点高程及 6 点到 B 点间的水平距离,计算两点间的坡度。如果两点之间的坡度不大于限制坡度,则可直接连接 6 点和 B 点。这样,从 A 点到 B 点绘出

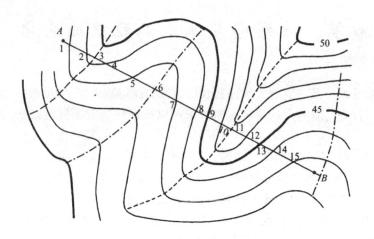

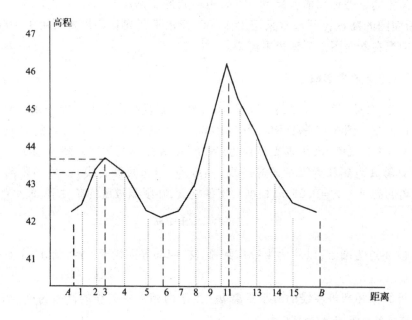

图 6-12　绘制断面图

的折线的坡度均不大于限制坡度 i_{max}。如果坡度大于限制坡度,应考虑设法降低 B 点的标高,或绕行到达 B 点。

三、确定汇水面积

在地面上汇集后通过某一断面的雨水汇集范围称为该断面的汇水面积。例如,修建水库时,应确定水库大坝的汇水面积的范围和大小,以便根据降水量决定库容和大坝高度;在山区修建铁路或公路桥涵时,需要确定上游有多大面积的雨水汇集到地面并流经桥涵所在的断面。

地面雨水沿着地面最大坡度方向流动,山脊线是雨水流向的分界线,称为分水线,因此,汇水面积的边界线必然是由一系列相互联系的山脊线连接而成的。如图6-14,道路通过山谷时,需在 Q 处修建桥涵,则从道路与山脊线相交的 A 点起,依次连接山头和鞍部的 C、D、E、F、G 各点,并沿山脊线延伸到桥涵另一端的 B 点,由道路中心线 AB 和上述相互连接的山脊线围成的闭合图形,就是断面 Q 的汇水面积。量算出汇水面积的大小,结合气象和水文资料可以计算出断面 Q 处的径流量,从而为桥涵设计提供依据。

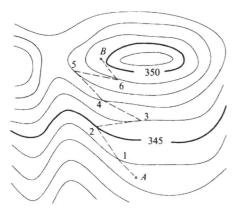

图6-13　按给定坡度定线

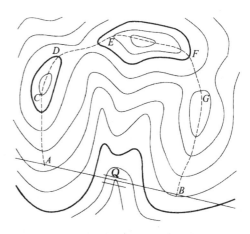

图6-14　确定汇水面积的边界

四、土石方计算

在工程设计中,经常需要在地形图上量算填挖土石方的数量。根据不同的要求,土石方量算的方法有方格网法、等高线法、断面法等几种。

1. 方格网法

方格网法常用于大面积范围内的土石方填挖量计算。图6-15 为1:1 000比例尺的地形图,要求按填挖量大致相等的原则,计算将地面整理成水平面的填挖方数量。其作法如下:

(1)根据地形复杂程度,在地形图上绘制边长为1 cm或2 cm的方格网。

(2)根据等高线高程,内插出所有方格顶点的高程,并标注在顶点的右上方。

(3)绘制设计高程线,如果要求按填挖方量平衡的原则确定设计高程,则应先计算设计高程。设计高程可以根据各方格的平均高程计算,也可以取各方格角点高程的算术平均值,二者相差不大。设计高程线就是填挖边界线,可以根据等高线内插出来。

(4)计算网格的填挖高度。设计高程 H_0 与 i 点地面高程 H_i 之差 h_i 称为填挖高

度，即

$$h_i = H_0 - H_i \tag{6-10}$$

h_i 为正时 i 点处是填方，h_i 为负时是挖方。各点填挖高度标注在该点右下方。

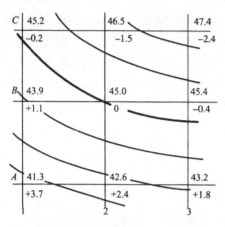

图 6-15　方格法确定填挖方量

（5）计算填挖量。填方量和挖方量应按方格分别计算。设计高程线（填挖边界线）是填方区域和挖方区域的分界线，对于填挖边界线未穿过的方格，每个方格四个角点的平均填挖高度乘以方格面积，即为该方格的填挖数量，而填挖边界线穿过的方格，分别根据填方面积和挖方面积，以及平均填方高度和平均挖方高度计算填挖方数量，最后分别计算出填方量总和及挖方量的总和。

如果要将场地整理成倾斜平面，可以先计算各方格角点的设计高程，再用同样办法计算填挖高度，进而计算填挖方数量。

2. 等高线法

等高线法常用于计算丘状体的体积。由于地形图上不同高程的等高线处于不同的水准面内，设想由这些不同高程的水准面切割丘体，将得到若干个高度相同的不规则台体，用方格法或平行线法求出各台体上下平面的面积，其平均值乘以台体高度即为该台体体积的近似值，各台体体积的和就是丘体的体积。

思考与练习题

6-1　解释下列名词：地形、地形图、地形图比例尺、比例尺精度、等高线、等高距、等高线平距。

6-2　地面某点的经度 $\lambda = 114°10'20''$，试求该地面点所在 6° 带和 3° 带的带号及其中央子午线的经度。

6-3　在 6° 带高斯平面系中，A、B 两点的坐标为：$X_A = 3\ 762\ 453.24$ m，$Y_A = 18\ 495\ 321.67$ m；$X_B = 3\ 768\ 274.53$ m，$Y_B = 18\ 520\ 478.39$ m。试计算 AB 边的坐标方位角 α_{AB} 和边长 S_{AB}。

6-4　地面点 A 的经度和纬度分别为 $\lambda = 103°45'16''$ 和 $\varphi = 36°05'43''$，试求该点所在 1:100 万、1:10 万、1:5 万、1:2.5 万和 1:1 万图幅的图号。

6-5　地面点 P 的平面直角坐标为 $X_P = 25\ 178.64$ m，$Y_P = 31\ 432.16$ m，试画图求算该点所在 1:5 000、1:2 000、1:1 000 和 1:500 图幅的编号。

6-6 表6-8为1:500地形图图幅接合表,试补写所有图号。

表6-8 习题6-6表

	24—30—Ⅱ—3—D	

6-7 何谓地物? 地物在地形图上是如何表示的?

6-8 等高线有哪些特性?

6-9 在图6-16所示的1:2 000比例尺地形图上,完成下列作业:

(1)求算 A、B 两点的平面直角坐标和高程。

(2)解析计算 AB 边的坐标方位角 α_{AB} 和边长 S_{AB},并进行计算检核。

(3)计算 D 点至 B 点间的坡度和坡面倾斜角。

(4)试从 D 点选一条坡度为 +5% 的路线至 B 点附近。

(5)绘出 AD 方向线的断面图。

(6)标出山顶(Δ)、鞍部(X)、山脊线(—·—·—)和山谷线(———)。

(7)欲在公路 CD 的 Q 处修一涵洞,用阴影线绘出其汇水面积。

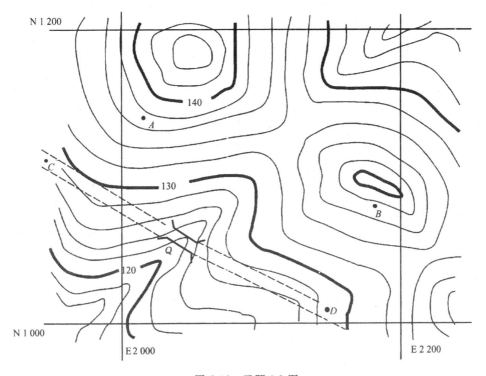

图6-16 习题6-9图

第七章 地形图测绘

经典的测绘地形图方法有平板仪法、经纬仪视距法、摄影测量方法等,现代大比例尺地形图测绘已广泛使用全站仪数字测量的方法。本章介绍经纬仪视距法和全站仪数字测量的方法。

第一节 视 距 测 量

所谓视距测量就是根据几何光学原理,用望远镜内的视距丝装置,同时测定两点间距离和高差的方法。其优点是:操作方便,观测速度快,一般不受地形影响。尽管视距测量的精度较低,相对误差约为1/200到1/300,但能满足一般碎部测图的需要,故在地形测图中常用视距测量的方法测量距离。

一、视距测量原理

1. 视线水平时的视距公式

如图7-1,为了测定 A、B 两点间水平距离和高差,在 A 点安置经纬仪,在 B 点竖立一根视距尺,当经纬仪视线水平时,十字丝中心与视距尺上 O 点重合,视距丝的下丝对准尺上 M 点,上丝对准 N 点,M 到 N 点的间隔 l 称为视距间隔,也称视距读数。设仪器中心

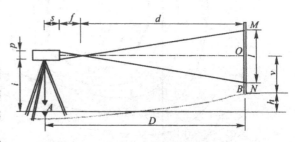

图7-1　视线水平时的视距测量原理

到物镜中心的距离为 s,物镜焦距为 f,物镜交点到 B 点的距离为 d,则 A、B 两点间的水平距离为

$$D = d + f + s$$

设望远镜十字丝上下丝间的距离为 p,根据三角形相似关系有

$$d = \frac{f}{p}l$$

所以

$$D = \frac{f}{p}l + f + s$$

令

$$K = \frac{f}{p}\, l, \quad C = f + s$$

则上式成为

$$D = Kl + C$$

在仪器设计时,适当选择常数 f、p、s,可使 $K = 100$,$C \approx 0$,则视线水平时的水平距离计算公式为

$$D = 100 \times l \qquad\qquad (7\text{-}1)$$

由图示几何关系还可看出,A、B 两点间的高差为

$$h_{AB} = i - v \qquad\qquad (7\text{-}2)$$

式中,i 为地面点 A 到望远镜横轴的垂直距离,称为仪器高。

2. 视线倾斜时的视距公式

在实际进行视距测量时,由于地面的起伏,一般要使视线倾斜一个 α 角才能进行观测。这样使得视线不再与竖立着的尺子垂直,而是相交成 $90° \pm \alpha$ 角,如图 7-2,因此利用上述公式将不能正确计算出两点之间的水平距离和高差。但是,设想将视距尺绕中丝所对准的 O 点转动 α 角,使尺子与视线垂直,视距丝将在这根转动后的尺上截得尺间隔数 $M'N'$,如果能找出 $M'N'$ 和实际视距读数 l 的关系,则可利用公式(7-1)计算斜距 S,进而根据几何关系计算水平距离和高差。

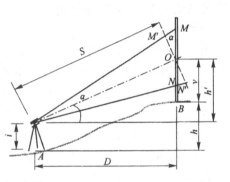

图 7-2　视线倾斜时的视距测量原理

实际上,由于视距丝所张的角很小,约 $34.38'$,故可以认为

$$\angle M\,M'O = \angle N\,N'O = 90°$$

因此有

$$M'O = MO \cos\alpha, \quad N'O = NO \cos\alpha$$
$$M'N' = M'O + N'O = (MO + NO)\cos\alpha$$

即

$$M'N' = l \cos\alpha$$

将此结果代入式(7-1)可得倾斜视线长

$$S = 100\, M'N' = 100l \cos\alpha$$

再根据图示几何关系立即可得水平距离的视距计算公式为

$$D = S \cos\alpha$$

即

$$D = 100 \cdot l \cdot \cos^2 \alpha \qquad\qquad (7\text{-}3)$$

而高差计算公式为

$$h = D \cdot \tan \alpha + i - v \qquad\qquad (7\text{-}4)$$

令

$$h' = D \cdot \tan \alpha \qquad\qquad (7\text{-}5)$$

则

$$h = h' + i - v \qquad\qquad (7\text{-}6)$$

式中 $h' = D \cdot \tan\alpha$ 称为高差主部。如果观测时用中丝对准尺上与仪器同高处，即使 $v = i$，则高差的计算公式更为简单，观测高差即等于高差主部。

二、视距测量的方法

进行视距测量时，如图 7-2，先在测站 A 点安置仪器，对中整平后用盘左照准 B 点的视距尺，分别读取上、下丝和中丝读数 M、N、v，据此计算视距读数 l，然后使竖盘指标水准管气泡居中，读取竖盘读数 L，并计算出竖直角 α。根据式（7-3）和式（7-4），即可算出水平距离和高差。

为了简化操作，可先用中丝对准尺上 $v = i$ 附近，并用上丝对准一个整分米分划，然后数出上下丝间有多少个厘米分划，并直接读出 100 l，然后用中丝准确对准尺上 $v = i$ 处，再读竖盘读数 L 进行计算。例如，设仪器高 $i = 1.42$ m，用上丝对准 1.20 m 后，下丝在 1.675 m 处，上下丝间有 47.5 个 cm 分划，直接读为 47.5 m，然后用中丝对准尺上 1.42 m，使竖盘指标水准管气泡居中后读取竖盘读数 L 进行计算。

目前视距测量的计算工具主要是电子计算器或袖珍计算机，已逐渐替代了过去常用的视距计算表、视距计算盘等工具。使用计算器或计算机进行计算，不仅速度快，精度高，携带方便，而且可针对不同情况灵活地采用不同的计算公式。例如，设某经纬仪竖盘为顺时针刻划（天顶为零），检验校正后其竖盘指标差 $x = 0$，即竖盘始读数为 90°，竖直角 $\alpha = 90° - L$，将此式代入式（7-3）和式（7-4）立即可得

$$D = 100 \cdot l \cdot \sin^2 L \qquad\qquad (7\text{-}7)$$

$$h = D \cdot \cot L + i - v \qquad\qquad (7\text{-}8)$$

利用式（7-7）和式（7-8）进行计算，可减少一次竖直角的计算过程，不仅加快了计算速度，也减少了出错的机会。但在使用这两个公式时应注意：①竖盘指标差为零；②竖盘为顺时针刻划。请读者自己推导竖盘为逆时针刻划时，直接用盘左的竖盘读数 L 计算水平距离和高差的公式。

三、视距测量的误差来源及注意事项

1. 视距测量的误差来源

视距测量的误差来源主要有：

（1）读取视距读数的误差；

（2）观测竖直角的误差；

（3）立尺不直的误差；

（4）仪器视距常数 K 的误差；

（5）视距尺刻划不准的误差；

（6）折光、风力等外界条件的影响。

其中，读取视距读数的误差、立尺不直的误差和外界条件的影响对水平距离的测量精度影响最大，而高差观测不仅与水平距离的测量精度有关，也与竖直角的测定精度有关。理论分析与试验表明，在较好的观测条件下，用视距测量的方法测定水平距离只能达到1/200 ~ 1/300的精度，测量高差的精度与距离的远近和高差的大小均有关系，每100 m距离可有 ±3 cm的高差中误差，每10 m高差也可有 ±3 cm的高差测定中误差。如果观测条件较差，或尺子竖立不直，水平距离的测定精度只有1/100甚至更低。

2. 视距测量注意事项

为了保证水平距离和高差的观测精度，在视距测量时应注意以下几点：

（1）观测时要尽量立直视距尺，在可能的条件下应使用带有水准器的视距尺；

（2）观测时应使视线离地面1 m以上，以减小垂直折光的影响；

（3）仪器的视距乘常数 K 应在100 ±0.1以内，否则应在观测时加以改正；

（4）经纬仪的竖盘指标差应不大于 ±1′；

（5）视距尺最好使用直尺，使用塔尺时应经常检查各节尺的接头是否滑动；

（6）最好在成像稳定时进行观测。

第二节　经纬仪测图

测绘1:500 ~ 1:5 000 的大比例尺地形图，是各类工程勘测设计阶段的一个主要任务。大比例尺地形图的测绘方法，有经纬仪测绘法、平板仪测绘法、全站仪数字测图法和摄影测量方法等。除摄影测量的方法属摄影测量学的范畴外，其他三种方法原理相同，测图过程也相近，是我国目前测绘大比例尺地形的主要方法。本节介绍经纬仪测绘法原理、作业程序和主要工作内容。

一、图根控制测量

根据"从整体到局部"的原则，在测绘地形图之前必须先在测区布设一定数量的控制点，并准确测定这些点的平面位置和高程，以便依据这些点测绘周围的地物和地貌。这些直接用于测绘地形图的控制点称为图根控制点，简称图根点，测定图根点平面位置和高程的工作就称为图根控制测量。

为了保证地形图测绘的质量，图根点应有适当的密度。在铁路、公路等线状工程物的勘测设计中，要求测绘1:2 000的带状地形图，相邻图根点间的距离以 50 ~ 400 m为宜。而在城市建筑区和大型厂矿的规划设计中,需要测绘较宽范围的地形图,一般要求在平坦开阔地区,每平方公里范围内解析图根点的数量,对于1:2 000比例尺测图应不少于15个,1:1 000测图应不少于50个,1:500测图应不少于150个。如果地形复杂、破碎,或在城市建筑区,应根据测图需要并结合具体情况加大图根点的密度。

图根点的平面位置,可以根据测量范围和地形情况,采用小三角测量或导线测量的方法确定。如果测区较大,应采用一、二级小三角或一、二级精密导线作为国家平面控制网的加密,或作为独立地区的首级平面控制,在此基础上进一步加密满足测图需要的图根控制。

图根点的高程可用水准测量或三角高程测量的方法确定。高程控制应以国家水准点为基础,独立地区可用三、四等水准测量建立首级高程控制网,以此为依据进一步测定图根点的高程。

二、测图前的准备工作

测图前的准备工作包括:检验校正仪器,抄录有关测量资料,准备工具附件,准备底图等工作。以下着重介绍经纬仪测图的底图准备工作。

1. 准备图纸

地形测量一般是在野外边测边绘,因此在测图开始之前,应准备好图纸。

野外测图所依据的控制点应展绘在底图上,为了能准确地展绘控制点,必须先在图纸上绘制出10 cm × 10 cm的直角坐标格网,又称方格网。绘制坐标格网的方法很多,如果有坐标仪、格网尺或格网板等专用仪器或工具,可以用这些仪器或工具绘制;如果采用聚酯薄膜,可以将正确的方格网放在聚酯薄膜的下面,用映绘的方法在聚酯薄膜上绘出方格网;还可采用下面介绍的对角线法绘制坐标格网。

对角线法又称杠规法,如图7-3,先在图纸上轻轻地画两条对角线,从交点 O 起在对角线上截取相等的长度 OA、OB、OC 和 OD,连接 A、B、C、D 得到一个矩

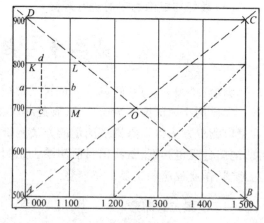

图7-3 绘制格网与展点

形,然后在矩形的各边上每隔10 cm标注一个点,连接相应的点即可得坐标格网。

坐标格网绘制好后,用直尺检查方格网的各交点是否在同一直线上,其误差应不大于0.2 mm,用比例尺检查各方格的边长和对角线长,它们与理论值之差应分别不大于0.2 mm和0.3 mm。

2. 展绘控制点

先根据图幅位置,将坐标格网线的坐标值标注在相应格网线的外侧,再根据控制点的坐标值确定该点所在的方格,然后确定点的位置。例如在图7-3中,某控制点 C5 的坐标为(743.64 m,1 035.79 m),应在 *JKLM* 方格内,分别从 *J*、*M* 点沿坐标纵线按比例尺向上量43.64 m标出 *a*、*b* 两点,再从 *J*、*K* 两点分别向右按比例尺量35.79 m得 *c*、*d* 点,*ab* 连线与 *cd* 连线的交点即为 C5 点的位置。最后,用规定的符号表示点位,并在其右侧画一短线,短线上方注明点号,下方注记高程,如图7-4。

一幅图内各控制点都展绘出后,应检查相邻两点之间的距离,其误差不得大于图上0.3 m,如果超限须重新展绘。

$$\odot \frac{C5}{768.256}$$

图7-4 导线点标注

三、经纬仪测图的方法

1. 经纬仪测图的原理

测绘地形图是测量工作的主要任务之一。把地面的形状描绘成图,是通过投影的方法来实现的。在小区域内,可把地面上的各种物体投影到一个水平面上。例如一幢房屋,只要把它的主要轮廓点在水平面上的投影位置描绘出来,就可以得出该房屋的平面图形。同样,道路、河流、地面起伏的形状等一切天然形成或人工修建的物体,只要测定一些能反映出它们形状的点在水平面上投影的位置,就可以描绘出这一地区的地形图。这些需要测定的点称为地形特征点,如图7-5 的 1 点。测绘地形图的工作实际上就是测量一批地形特征点的工作。

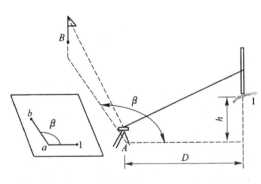

图7-5 测图原理

由解析几何知,空间一点相对于一个选定坐标系的位置,可由三个相互独立的元素确定。在地形测量中,一般采用极坐标法确定地面点的平面位置,用三角高程的方法确定点的高程。如图7-5,*A*、*B* 为图根控制点,1 为碎部点。观测时选一个控制点(例如 *A* 点)为极坐标系的极点,以该点到另一控制点的连线(例如 *AB* 直线)为极轴,测量 *A* 点到 1 点之间的水平距离 *D* 和高差 *h*,以及 *A*1 与 *AB* 之间的夹角 *β*,即可根据极角 *β* 和极径 *D* 确定 1 点的平面位置,再根据测站 *A* 点的高程和 *A*、1 两点间的高差计算出 1 点的高程。将该点按比例尺描绘在图纸上并注记高程,即完成了这个点的测量工作。用同样的方法可测出其余各点的位置。当图幅内所有各点的位置都测出来并按规定的符号表示在图纸上后,就完成了一张地形原图的测绘工作。

2. 经纬仪测图的测站工作

经纬仪测图的测站工作包括准备、跑尺、观测、记录计算、绘图等。

（1）测站上的准备工作

①安置仪器、量取仪高。将经纬仪安置在测站点上,对中整平后用小钢尺或视距尺量出仪器高。量仪高时,可将望远镜置平,从目镜中心量到与测站点桩顶同高的地面上。

②定向。将水平度盘安置为$0°00'00''$,后视另一个控制点,以确定极坐标的极轴方向。

③确定"便利高"。经纬仪测图时,测站点到碎部点的水平距离和高差是用视距测量的方法测定的。在一个测站上,一般会有大量的点需要观测,这些点的高程也应一一计算出来。为了加快计算速度,提高工作效率,可采用下述方法进行观测和计算。

设测站高程为H_A,仪器高为i,在碎部点立尺后,仪器中丝对准尺上v处,测得测站到碎部点的高差主部为$h' = D \tan \alpha$,根据高程测量的原理,该碎部点的高程为

$$H = H_A + h' + i - v \tag{7-9}$$

一般情况下,测站高程和高差主部都不是整数,因此碎部点高程的计算不很方便。为简化计算,将上述公式略加改造。令H_0为测站高程的近似值,Δ为测站高程实际值与近似值的差值,则

$$H_A = H_0 + \Delta \tag{7-10}$$

将此代入(7-9)式得

$$H = H_0 + \Delta + h' + i - v$$

或写成

$$H = H_0 + h' + (i + \Delta) - v \tag{7-11}$$

这就意味着,如果在观测时使中丝对准尺上$v = i + \Delta$处,就可以直接用一个整数H_0与测得的高差主部h'相加,这样显然要方便得多。所谓"便利高"就是指为便于计算而采用的测站高程的近似值H_0和相应的中丝位置$v = i + \Delta$。例如,设$H_A = 37.38$ m,$i = 1.44$ m,取便利高$H_0 = 37.0$ m,则$\Delta = 0.38$ m,相应的$v = 1.44 + 0.38 = 1.82$ m,观测一个碎部点时,用中丝对准尺上1.82 m处,设测得高差为7.93 m,则该点高程为$H = 37 + 7.93 = 44.93$ m。若不用便利高计算,则计算过程为$H = 37.38 + 7.93 + 1.44 - 1.82 = 44.93$ m,虽然计算结果相同,但计算速度相差很多。

④绘图准备。先用胶带纸将绘有坐标格网和测图控制点的图纸固定在图板上,再用铅笔在图上的测站点与后视点间画一条细线作为极轴方向(指标线),然后用细针将分度器的圆心固定在图上相应的图根点上。这些工作实际上模拟了经纬仪在测站上的对中和定向工作。

⑤其他人员的准备。记录员要将测站点、后视点、测站高程、仪器高、便利高等数据和其他信息记录在手簿上;跑尺员应与指挥约定旗语信号,与计算员核对中丝读数,并

用一红布条扎在尺上相应位置上,以提高观测者的照准速度,为了心中有数,还应对测图范围有一个大致的了解,并基本上确定跑尺的路线。

（2）碎部测量

①立尺。跑尺员根据选定的跑尺路线,逐一在地物、地貌的特征点上竖立视距尺。

②观测。观测员转动经纬仪,照准竖立在特征点上的标尺,依次读出视距间隔、水平度盘读数和竖直度盘读数。

有时,在观测过程中视线可能会遇到障碍,此时可将视距尺抬高或移动一段距离,并用尺子量一下这段距离,将其报告给测站供计算或绘图时改正。

③计算。计算员根据视距间隔和竖盘读数按前述公式进行计算,并报出水平距离和高程的计算结果。

④记录。记录员应将所有报出的数据（视距间隔、平盘和竖盘读数、水平距离和测点高程）以及有关测点的信息（如房角、山谷线等特征）记录在手簿中。

⑤上点。当观测员读出平盘读数后,绘图员在复述平盘读数的同时,转动分度器使相应刻划对准事先画好的指标线;当计算员报出测点的水平距离和高程后,绘图员立即按比例尺将该点在图上描绘出来并注记高程。测点高程一般注在点位右侧或下方,但有些单位则常以测点作为高程注记的小数点。

图 7-6 是一种测图中常用的半圆形分度器,有两圈注记。外圈为 $0° \sim 180°$ 的红色注记,内圈为 $180° \sim 360°$ 的黑色注记。上点时,凡水平角在 $0° \sim 180°$ 范围内,用外圈红色注记的分划线对准图上的指标线,并用分度器直径边上以红字注记的长度刻划量取水平距离;若水平角在 $180° \sim 360°$ 范围内,则用内圈的黑色角度注记量角,用直径边的黑色长度刻划量距上点。例如,观测员读出地物特征点 M 的平盘读数 $115°05'$ 后,绘图员将分度器的对应刻划对准图上的指标线 ab,当计算出与 M 的水平距离43.1 m后,在直尺边的相应位置上标出点位 M。

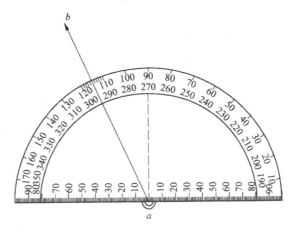

图 7-6　半圆分度器

⑥勾绘地形图。绘图员在上点过程中,要及时根据已绘出的点,参照实际地形勾绘地物、地貌,地貌至少应将计曲线勾绘出来。

（3）检查

当一个测站周围的地形点都测完后,观测员应将仪器重新照准后视点检查定向读数,归零误差不应大于 $4'$。绘图员则应将已勾绘的地形图与实地对照,检查有无遗漏和错误,若有,应及时补测或改正。

3. 测图中的注意事项

(1)地形测图以组为单位进行测量,全组人员应紧密配合,协调一致。观测员读数时应注意记录员、绘图员是否听清,要随时将测点情况报告给绘图员。计算员和绘图员也应及时复述有关数据。

(2)跑尺员跑尺应有计划,测点应分布均匀,尽量使一点多用,为绘图提供方便。必要时可绘制草图供绘图员参考。

(3)绘图员应根据观测数据及时对照实地勾绘图纸,尽可能做到边测、边绘、边勾等高线。应随时对照实地进行检查,核对地物、地貌点的距离、方位和高程。要熟悉地形图图式符号,符号不足时可用文字注记。绘图时应注意图面整洁,所有注记应字头朝北,计曲线的注记尚应使字头朝向上坡一侧。

(4)每个测站观测完毕后,绘图员要检查有无漏测、画错的地物地貌,观测员要重新照准后视方向,检查度盘位置是否有变化,其变化量不应大于4′,如果度盘的变化量超限,要检查该测站所测的所有地物地貌,必要时返工重测。

(5)观测碎部点的精度要适当,一般,竖直角读到1′,水平角读到5′即可。基本等高距为0.5 m时,高程注记应到 cm 位;基本等高距大于0.5 m时,高程注记可到分米。

(6)地物的取舍应合理,一般各类建筑物及其主要附属设施,凡其轮廓凹凸在图上大于0.4 mm时,均应准确测绘其轮廓。

(7)测量时碎部点的密度可参考表7-1,平坦及地形简单地区,测点间距离可放宽至1.5倍,山区和地形复杂地区,则应适当增加点位密度。为保证测图精度,最大视距长度也应符合表7-1 的规定。

表 7-1 最大视距长度和地形点间隔

测图比例尺	地形点间隔 (m)	最大视距长度(m)					
		城市建筑区		一 般 地 区		铁 路 测 量	
		地物点	地形点	地物点	地形点	竖直角 <12°	竖直角 ≥12°
1:500	15	40	70	60	100	100	80
1:1 000	30	80	120	100	150	200	150
1:2 000	50	150	200	180	250	350	300
1:5 000	100			300	350	400	350

四、地形特征点及地形图的勾绘

1. 地形特征点

地球表面是一个复杂的曲面,在这个曲面上,又有各种各样天然的和人工构筑的物体。测绘地形图的目的,就是要用规定的符号,将这些地物和地貌在水平面上的投影,按一定的比例尺缩小后描绘在图纸上。但地面上的点有无穷多个,实际上只能选择有限个点进行测量,然后根据这有限个点的位置绘出地形图。为了准确地反映实地的情况,在保证测图质量的前提下加快测图速度,测量时就应将标尺立在那些最能反映地物、地貌特征的点上,这些点就称为地形特征点。

此外,为了使整幅图内碎部点分布均匀,对地形破碎地带,除应适当加大测点密度外,还要根据测图比例尺进行适当取舍。对大片坡度无明显变化的地带,也应在其中间测取几个点。一般要求图上2 cm左右就要有一个碎部点。因此,碎部点选择的恰当与否,直接影响测图的质量和速度。

（1）地物的特征点

地物的特征点大都是其轮廓线的方向变化处,例如房屋的拐角,道路或河流的转弯处或相交处。

（2）地貌的特征点

地性线以及坡顶、坡脚的位置和走向反映着地形起伏的特点,它们要么是地面坡度变化的地方,要么是山坡朝向改变的地方,因此,地貌的特征点就在山脊线、山谷线、坡顶、坡脚、山头、鞍部这些位置上。

2. 地形图的勾绘

在外业测图中,当碎部点展绘在图上后,应及时对照实地勾绘地物、地貌。勾绘时,应先勾绘地物,再勾绘地貌。

（1）地物描绘

表征地物的几个特征点测出后,应立即用规定的符号绘出其轮廓。房屋的轮廓用直线连接,道路、河流的轮廓用光滑的曲线连接。不能按比例尺描绘的地物,则要用规定的非比例符号表示。

（2）地貌描绘

地貌特征点测出后,首先应绘出地性线。地性线位置与实地是否相似,直接影响着地形描绘的相似程度。因此,地性线应随着碎部点的测定及时连接,不能等所有碎部点测完后再连接地性线,以防止连错特征点,使等高线不能正确反映地貌的实际形态。

等高线必须按基本等高距的整倍数进行勾绘,而实际测定的地貌特征点一般不会恰好在等高线位置上,这就需要用内插的方法确定某一等高线的位置。因为测图时总是在地面坡度变化处,或在地性线上立尺,所以可认为图上相邻两点之间的地面坡度是均匀的,两点之间的高差与平距成正比。如图7-7,在同一坡度上有 A、B 两个碎部点,其高程分别为23.2 m和27.6 m,a、b 是它们在图上的位置。设测图要求的基本等高距为一米,则 A、B 连线上必有 24、25、26、27 这四根等高线通过的点。由于 A、B 两点间坡度没有明显变化,根据同坡度地面的平距和高差成比例的原理,很容易确定 a、b 连线上各等高线通过点 c、d、e、f 的位置。由图可见

$$ac = \frac{24 - 23.2}{27.6 - 23.2}ab$$

$$ad = \frac{25 - 23.2}{27.6 - 23.2}ab$$

由此确定出 c、d、e、f 各点后,依次用平滑的曲线连接高程相等的相邻点,就可以绘出等高线。

在实际作业中,一般根据上述原理用目估法勾绘等高线,而且应先勾绘计曲线再勾绘首曲线。例如在图 7-8 中,先用目估的方法勾绘出高程为 20 m、25 m 的等高线,然后再根据这条等高线和其他碎部点勾绘其余的等高线。

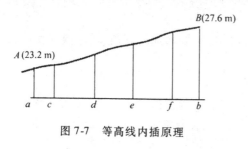

图 7-7　等高线内插原理

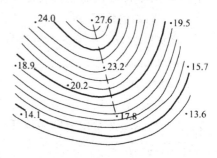

图 7-8　等高线勾绘

勾绘等高线时,要特别注意地性线的走向,要在确认两相邻碎部点间地面坡度没有明显变化后,才能在它们之间内插等高线,否则可能使勾绘的地形图与实地不相似。

五、增设地形转点的方法

在地形复杂或建筑物较多时,根据原来布设的图根点可能无法测绘出测区内的所有地物、地貌。这时应增设若干测站点,在这些新的测站点上安置仪器,测绘其周围的地物、地貌。这些新增的测站点就称为地形转点。根据具体情况,增设测站点可采用视距支导线、角度交会等方法。

1. 视距支导线

根据已有的图根控制点引出一条支导线,其转折角用经纬仪观测一个测回,边长和导线点高程用视距测量的方法测定。每条支导线最多不超过两个点,而且其边长不得大于测图最大视距长度的 2/3,竖直角不应大于 25°。导线的边长和高差往返各观测一个测回,其水平距离往返测相对较差应不大于 1/200,高差的往返测较差应不大于边长的 1/500,正倒镜观测水平角和竖直角的限差均为 2′,在允许范围内时取平均值。

观测合格后,根据测得的高差和起始点高程计算各导线点高程,并根据所测水平和水平距离计算各边的坐标增量,按坐标增量展绘各支导线点。如果从导线点上设置独立的地形转点,不再设置第二个转点时,可直接用图解法点绘地形转点。

2. 交会法

对个别距离较远的地形转点也可以用角度交会(前方交会、侧方交会)的方法测定。根据测得的水平角结算各边的边长和坐标增量,按坐标增量展点。其高程应在两个已知高程的测站上用三角高程测量的方法确定,其较差在平地不大于1/5等高距,山区不大于1/3等高距时取平均。交会时应有多余的方向进行检核,交会角应在 30°~150°之间。

第三节　全站仪数字化测图的外业工作

一、数字测图概述

地形测量是利用测量仪器对地球表面局部区域内各种(统称地形)空间位置和几何形状进行测定,并按一定的比例尺缩小,绘制成地形图的过程。

传统的地形测量是根据已知控制点,用仪器在野外测量地物、地貌的角度、距离、高差,再利用分度器、比例尺等工具模拟观测过程,将测量数据按图式符号展绘到白纸(绘图纸或聚酯薄膜)上,所以又俗称白纸测图或模拟法测图。

数字测图(digital surveying and mapping,简称 DSM)是一种解析、机助的测图方法,它以野外观测数据为基础,通过解析计算,将地物、地貌特征点用数字的形式表达。测量成果是地形特征点的数字集合形态,不仅是绘制在纸上的地形图,更重要的是提交可供传输、处理、共享的数字地形信息,即以计算机磁盘或光盘为载体的数字地形图。

二、数字测图的特点

数字测图是地形测绘发展的趋势。与模拟测图相比,数字测图具有显而易见的优势和广阔的发展前景,其显著优点有:

1. 效率高

传统的测图和用图方式主要是手工作业。外业观测、记录、地形图绘制、在地形图上量算坐标、尺寸和面积等等工作全部由手工完成。数字测图过程则是野外测量自动记录,自动解算处理,自动成图、绘图,并向用图者提供可处理的数字地图软盘。数字测图自动化的效率高,劳动强度小,错误(读错、记错、展错)几率小,绘得的地形图精确、美观、规范。

2. 使用方便

用软盘提供的数字地(形)图,存储了具有特定含义的数字、文字、符号等各类数据信息,可以传输、处理和多用户共享;可以自动提取点位坐标、两点距离、方位以及地块面积等等;通过接口,可以将数字图传输给工程 CAD(计算机辅助设计)使用,有利于工程设计的自动化;可供 GIS(地理信息系统)建库使用;可依软件的性能,方便地进行各种处理(如分层处理),从而可绘出各类专题图(如房屋图、道路图、水系图等);还可进行局部更新,如对改扩建的房屋建筑、变更了的地籍或房产等都可以方便地做到局部修测、局部更新,有利于保持地图整体的现势性。

3. 精度高

模拟测图的比例尺精度决定了地形图的最高精度,无论所采用的测量仪器精度多高,测量方法多精确,都无济于事。例如1:1 000的地形图,比例尺精度以图上0.1 mm计,则最好的精度也只能达到10 cm,图纸经过蓝晒、搁置等过程,用图的误差就更大了,一般可达到图上0.3 mm左右。总体上讲,白纸测图仅能适应过去的仪器和测量水平,如采用视距测量方法测绘1:1 000的地形图,由于视距测量的精度就是20~30 cm,这与比例尺精度是大致匹配的。如果测图比例尺再小,则视距读数的精度还可以放宽。而对1:500的地形图,在精度要求较高的地方,如房屋建筑等,视距的精度就不够,要用钢尺或皮尺量距,用坐标展点。普及红外测距仪以后,测距精度大大提高,达到厘米级精度,而白纸测图的成果——模拟图或称图解地形图,却由于比例尺精度限制,体现不出仪器测量精度的提高。若采用全站仪测量,仍使用白纸测图方式绘图,则是极大的浪费。

数字测图则不然,全站仪测量的数据作为电子信息,可自动传输、记录、存储、处理、成图、绘图。在这全过程中,原始测量数据的精度毫无损失,从而可获得与仪器测量同精度的测量成果。数字地形图无损地体现了外业测量的高精度,也最好地体现了仪器发展更新、精度提高的高科技进步的价值。它不仅适应当今科技发展的需要,也适应了现代社会科学管理的需要,既保证了高精度,又提供了数字化信息,可以满足建立各专业管理信息系统的需要。

4. 促进了学科发展

信息时代的到来,电子测绘仪器和计算机的迅猛发展和广泛应用,突破了传统的测绘技术和方法,数字测图应运而生。数字地形测量的理论和实践不断得到发展,诸如大比例尺数字地面模型的建模理论、等高线的插值和拟合理论、数据结构与计算机图形学、数字地形图内外业一体测绘的理论、数字地图应用的理论、电子测绘仪器的原理、检核与使用方法、测绘软件系统的设计理论与实施等,也产生了一些新的作业方法,如图根控制和碎部测量的一步法、自然地界分组作业法等等。

目前数字测图正处于蓬勃发展的时期,还需不断深入地研究它的理论和方法,使之在实践中得到创新和完善。数字测图必将成为地形测绘的主流,并逐步代替白纸测图,最后形成新的学科体系。可以说,数字测图标志着大比例尺测图的科学技术理论与实践的革命性进步,标志着地形测绘科技发展的新阶段、新里程、新时期。

三、获得数字地图的方法

在实际工作中,大比例尺数字测图(或数字地形测图)一般是指地面数字测图,也称全野外数字测图。传统的地形测量也是指地面测量(野外实地测量),而其他的方法都有它自身的名称,如航测数字测图、数字化仪数字化图或扫描数字化图等。

1. 全野外数字测图

全野外数字测图一般是用全站仪(或半站仪)进行实地测量,将野外采集的数据自动传输到电子手簿、磁卡或便携机内记录,并在现场绘制地形(草)图,在室内将数据传输到计算机,人机交互编辑后,由计算机自动生成数字地图,并控制绘图仪自动绘制地形图。这种方法是从野外实地采集数据,又称地面数字测图。由于测绘仪器测量精度高,而电子记录又如实地记录和处理,所以地面数字测图是几种数字测图方法中精度最高的一种,也是城市地区大比例尺测图(尤其是1:500测图)中最主要的方法。

全野外数字测图系统是以计算机为核心,在输入输出设备硬、软件的支持下,对地形空间数据进行采集、输入、成图、绘图、输出、管理的测绘系统,图7-9表示了数字测图的系统框图。

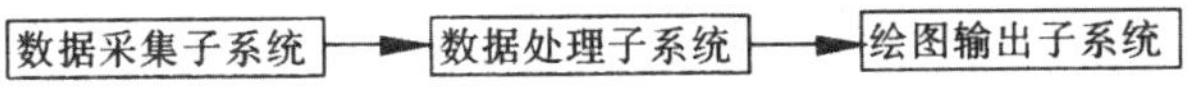

$$\boxed{\text{数据采集子系统}} \rightarrow \boxed{\text{数据处理子系统}} \rightarrow \boxed{\text{绘图输出子系统}}$$

图 7-9　数字测图系统概念框图

2. 旧图(底图)数字化

在已进行过测绘工作的测区,有存档的纸介质(或聚酯薄膜)地形图,即原图,也称底图。为了将地形图输入计算机存档和修测,或为了建立该区的 GIS 或进行工程 CAD,就必须将原图数字化。数字化的方法有两种:

(1)数字化仪数字化

通称的数字化仪实质是图形数字化仪,是一种将图示坐标转换为数字信息的设备。通过用数字化仪对原图的地形特征点逐点进行采集(称手扶数字化)的过程,将数据自动传输到计算机,处理成数字地图。

用数字化仪图采集数据的精度一般低于原图的精度,尤其当作业员疲劳时,精度更易受影响。目前在我国,用数字化仪对旧图进行数字化仍是建立 GIS 的主要数字化方法。

(2)扫描仪数字化

数字化仪采集的数据为矢量数据(图7-10a),以 x,y 坐标来精确地表示点位,能精确地定义位置、长度、大小等,是人们最熟悉的图形表达形式。计算机辅助设计(CAD)等,都是利用矢量数据和矢量算法。数字测图也采用矢量法原理、矢量数据结构和矢量图。矢量数据还具有一些优点,如精确度高,数据结构严密,数据量小,显示、输出的图形精确、美观等。此外,相互连接的线形网络和多边形网络的生成和处理,只有矢量数据结构模式才能进行,这有利于网络(如交通运输网络,上水、下水管网等)的分析等。

扫描数字化的速度较快,但此时获得的仅为栅格数据。栅格数据结构实际是像元阵列结构(图7-10b),每一像元的位置由行号和列号确定,并用灰度表示像元的值。栅格数据结构的精度取决于像元的大小。

栅格数据结构比矢量数据结构简单,其空间数据的叠置和组合十分简便,易于进行某些空间分析,而且图像表现比较真切,易于与遥感数据匹配应用和分析,因此在 GIS 中,它与矢量数据结构并用。但栅格图形数据量大,不便于修改和使用,因此,在数字测图中,对原图扫描获得栅格图形数据后,还必须转换为矢量数据。目前将扫描的栅格数据转换成矢量数据的效率还较低,一些技术问题尚未彻底解决,扫描数据进入计算机后,还要通过屏幕人机交互,做矢量转换及屏幕数字化的工作,又称为扫描屏幕数字化。尽管扫描屏幕数字化目前尚未完全成熟,但它意味着高速、高效及劳动强度较轻,所以它是原图数字化的发展方向。随着扫描屏幕数字化软件的不断完善,描扫屏幕数字化的方法将得到广泛的应用。

3. 航测数字测图

这种方法是以航空摄影获取的航空像片作数据源,即利用测区的航空摄影测量获得的立体像对,在解析测图仪上或在经过改装的立体量测仪上采集地形特征点,自动传输到计算机内,经过软件处理,自动生成数字地形图,并控制绘图仪绘制地形图。

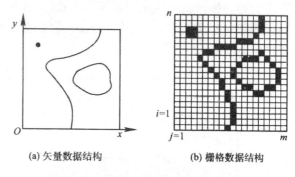

(a) 矢量数据结构   (b) 栅格数据结构

图 7-10　矢量数据结构和栅格数据结构

在我国目前条件下,航测仪适于较大面积几年一次的测量工作,在城市利用新的航测数据建立 GIS 以后,只要用野外数字测图系统作为 GIS 地形数据的更新系统,用地面测绘的数字图作局部更新,即可保证 GIS 地形数据的现势性。

本教材主要介绍全野外数字测图的方法和 CASS4.0 测图软件的使用方法。

四、地面数字测图的模式

就数字化测图本身而言,不外乎有如下几个环节:数据采集、图形处理、图形编辑和图形输出。后三个环节一般在室内由微机控制或者用人机交互的方式完成。尽管不同软件有不同的作法,但大体上还是一致的。由于设计者思路和经验的差异,不同软件所支持的方式(作业模式)也不尽相同。目前流行的地面测量数字化测图软件所支持的作业模式大致有如下几种:

(1)平板仪测图 +数字化仪数字化;

(2)普通经纬仪测量 +外业记录器手工记录;

(3)全站仪观测 +电子手簿自动记录;

(4)全站仪观测 +电子平板。

第一种作业模式的基本作法是:先用平板测图的方法测出白纸图,然后在室内用数字化仪将白纸图转为数字地图。就我国的基本国情和设备条件、技术力量的现状而言,平板测图仍然被大部分单位所钟爱,而某些工程项目却又需要数字地图(例如用计算机作城市规划等),这时可采用这种折中方式的作业模式。这种作业模式对甲、乙双方的要求都不高,因而很容易被大家所接受。但是这种模式所得到的数字地图的精度还不高,特别是当数字地图用于地籍管理等精度要求较高的工作时,问题会更加突出。

第二种作业模式适合于暂时还没有条件购买全站仪的用户,由于它对仪器设备的要求较低,仍有一些单位在采用。这种模式采用记录器(如 PC-1500 或 PC-E500)用手工键入观测数据进行记录。由于用手工键入数据,其可靠性和工作效率显然都存在一定的问题。

第三种作业模式为绝大部分软件所支持,且自动化程度较高,可以较大程度地提高外业工作的效率。采用这种作业模式的主要问题是地物属性和连接关系的采集。由于全站仪的采用,测站和镜站的距离可能很远,测站上很难看到所测点的属性和与其他点的连接关系,若属性或连接关系输入不正确,则给后期的图形编辑工作带来极大的困难。

第四种作业模式即电子平板,它的基本思想是用计算机的屏幕来模拟图板,用软件中内置的功能来模拟铅笔、直线笔、曲线笔,完成曲线光滑、符号绘制、线形生成等工作。作业时将计算机(当然是便携机)移至野外,边观测边绘图。这种模式的突出优点是在现场完成绝大部分工作,内业编图工作量小。它也有难以克服的缺陷:首先是对设备的要求较高,起码要求每个作业小组配备一台档次较高的便携机,这对我国绝大部分单位来说可能暂时还很难实现;其次,由于几何数据和连接关系都在测站采集,当测、镜站距离较远时,属性和连接关系的录入仍有困难。这种作业模式适合于条件较好的单位,用于房屋密集的城镇地区的测图工作。清华大学山维公司的 EPWS 是这种作业模式的典型代表,南方公司的 CASS 也支持这种模式。

五、数字测图的野外作业过程

1. 控制点数据录入

与白纸测图一样,数字化测图也应遵循从整体到局部的原则,首先进行平面和高程控制测量,确定图根点的平面坐标和高程,然后根据控制点进行碎部测量。下面以徕卡 TC30T 型全站仪为例,说明野外数字测图的操作步骤。

在碎部测量开始前,应事先将控制点坐标输入仪器内存之中,其步骤为:

(1)打开电源,按 SHIFT + PROG 键,调用主菜单。

MENU		主菜单
① QUICK SETTINGS		① 快速设置
② ALL SETTINGS		② 完全设置
③ DATA MANAGER	对应中文	③ 数据管理器
④ CALIBRATION		④ 校准
⑤ SYSTEM INFO		⑤ 系统信息
< EXIT >		〈退出〉

(2)选择 DATA MANAGER 回车。屏幕显示:

DATA MANAGER VIEW / EDIT DATA INITIALIZE MEMORY DATA DOWNLOAD MEMORY STATISTIC < EXIT >	数据管理器 数据查看／编辑 初始化内存 数据下载 内存分配统计 〈退出〉

对应中文

（3）选择 VIEW / EDIT DATA 回车,进入下一子目录:

VIEW / EDIT DATA1/2 Job Fixpoint Measurement Codelist 〈EXIT〉	数据查看／编辑 作业文件 固定点 测量 编码表 〈退出〉

对应中文

（4）选择 JOB,回车,进入 VIEW JOB 窗口:

VIEW JOB1/2 Job ：ABC01 Oper ：SAN. Z Date ：25/01/01 Time ：15:25:45 〈EXIT〉 〈DEL〉 〈 NEW 〉	文件查看 文件： 操作者： 日期： 时间： 〈退出〉 〈删除〉 〈新建〉

对应中文

（5）选择〈NEW〉,进入 NEW JOB 窗口:

NEW JOB Job ：G001 Oper ：LI. SI Date ：25/07/01 Time ：08:30:12 〈EXIT〉 〈PREV〉 〈 SAVE 〉	新文件 作业文件： 操作者： 日期： 时间： 〈退出〉 〈预览〉 〈保存〉

对应中文

（6）定义新的文件(文件名,使用者)后选〈SAVE〉存储,再选〈EXIT〉返回上一级

子目录,再选 Fixpoint 进入 VIEW FIXPOINT 窗口:

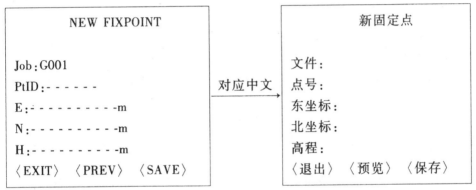

VIEW FIXPOINT		固定点查看
Job : G001		文件:
Oper : LI. SI	对应中文	操作者:
Date : 05/08/01		日期:
Time : 15:35:15		时间:
〈EXIT〉 〈DEL〉 〈NEW〉		〈退出〉 〈删除〉 〈新建〉

(7) 选择〈NEW〉,输入点号、坐标和高程等数据。

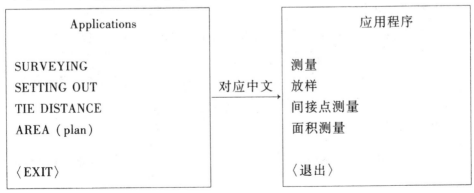

NEW FIXPOINT		新固定点
Job:G001		文件:
PtID:------		点号:
E:----------m	对应中文	东坐标:
N:----------m		北坐标:
H:----------m		高程:
〈EXIT〉 〈PREV〉 〈SAVE〉		〈退出〉 〈预览〉 〈保存〉

(8) 选择〈SAVE〉保存后,编辑下一个点并保存。

(9) 所有点输入完成后,连续选择〈EXIT〉,退回到起始界面。

2. 测站设置

碎部测量时,每个碎部点的坐标都是根据测站坐标计算得出的,因此,仪器安置在测站点后,首先要进行测站设置,其步骤为:

(1) 按 PORG 键进入程序菜单。

Applications		应用程序
SURVEYING		测量
SETTING OUT	对应中文	放样
TIE DISTANCE		间接点测量
AREA (plan)		面积测量
〈EXIT〉		〈退出〉

(2) 选 SURVEYING 启动测量程序。

```
┌─────────────────────────────┐            ┌─────────────────────────────┐
│       SURVEYING             │            │          测量                │
│                             │            │                             │
│   [   ] Set Job             │            │   设置作业文件                │
│   [   ] Set Station         │  对应中文   │   设置测站                   │
│   [   ] Set Orientation     │ ─────────► │   设置其始方向                │
│         Start               │            │   开始                      │
│                             │            │                             │
│   〈EXIT〉                   │            │   〈退出〉                   │
└─────────────────────────────┘            └─────────────────────────────┘
```

（3）选择作业文件设置。

```
┌─────────────────────────────┐            ┌─────────────────────────────┐
│       SET JOB 1/2           │            │          设置项目            │
│                             │            │                             │
│   Job :G001                 │            │   项目：                     │
│   Oper :SAN. Z              │  对应中文   │   操作者：                   │
│   Date : 25/01/01           │ ─────────► │   日期：                     │
│   Time : 15:25:45           │            │   时间：                     │
│                             │            │                             │
│  〈EXIT〉〈NEW〉〈SET〉       │            │  〈退出〉〈新建〉〈设置〉     │
└─────────────────────────────┘            └─────────────────────────────┘
```

（4）选择 SET 后返回测量菜单,再选测站设置,输入测站号和仪器高。

```
┌─────────────────────────────┐            ┌─────────────────────────────┐
│       SET STATION           │            │          测站设置            │
│                             │            │                             │
│   Stn :C102                 │            │   测站：                     │
│   hi:1.500 m                │            │   仪器高：                   │
│   E0 :1234.546 m            │  对应中文   │   测站 Y 坐标：              │
│   N0 :1000.000 m            │ ─────────► │   测站 X 坐标：              │
│   H0 :1536.421 m            │            │   测站高程：                 │
│  〈EXIT〉〈SET〉             │            │  〈退出〉〈设置〉            │
└─────────────────────────────┘            └─────────────────────────────┘
```

（5）选择 SET 后又返回测量菜单,再选起始方向设置,输入后视点号。

```
┌─────────────────────────────┐            ┌─────────────────────────────┐
│       ORIENTATION           │            │          方位                │
│   ( set new or confirm )    │            │   （新方向或确定的方向）       │
│                             │            │                             │
│   BsPt : C102               │  对应中文   │   后视点：                   │
│   BsBrg :28°06′11″          │ ─────────► │   后视方向：                 │
│                             │            │                             │
│ 〈EXIT〉〈Hz0〉〈COORD〉      │            │ 〈退出〉〈平盘置零〉〈输入〉  │
│ 〈SET〉                      │            │ 〈设置〉                     │
└─────────────────────────────┘            └─────────────────────────────┘
```

（6）选择 SET,EXIT ,退回到测量界面,至此完成测站设置。

3. 观测、记录和绘制草图

测站设置完成后即可开始碎部测量。首先要在全站仪上输入点号和棱镜高,为此,在应用程序的测量界面中,将光标调到 PtID,按 CE 键进行点号编辑,然后将光标调到 hr,输入棱镜高,选 EXIT 退出编辑状态,开始测量碎部点。

将棱镜竖立在地形特征点上,全站仪照准棱镜中心,按 ALL 键,几秒钟后即完成了该点的观测和记录工作。其显示界面如下(利用 SHIFT + 光标键,可以改变显示界面的内容):

SURVEYING	
PtID : 001	
hr:1.750 m	
Code :	
Hz: 225°12′36″	
V :78°56′31″	
HD: 89.125m	
〈EXIT〉	

对应中文 →

测量
测点号:
棱镜高:
测点编码:
平盘读数:
竖盘读数:
水平距离:
〈退出〉

观测以后的地形点时,如果棱镜高没有变化,可以不再进入编辑状态,直接测量,全站仪将自动按步长为 1 的增量改变点号的值。

地形编码表示测点的属性,有编码就知道它是什么点,图式符号是什么。反之,如果外业测量时知道测的是什么点,就可以给出该点的编码并记录下来。但是,地物、地貌的种类很多,一般难以记忆它们的编码,而且在野外测量时给每一个测点都输入一个编码将大大降低测图的效率。因此,实际测图时可以不输入编码,而是用草图记录各测点的编号和属性,全站仪只记录测点的点号和三维坐标,以后在室内根据点号和草图进行地形图编辑。显然,为了能够正确地绘制地形图,必须保证草图上的点与全站仪内存中的点有一一对应的关系,这就要求观测员和绘图员相互经常核对点号,防止出错。

必须注意,仪器每次迁站后,都要重新设置测站和后视方向,以保证碎部点测量的正确性。

第四节　数字化测图的内业工作

一、测图软件简介

数字化测图是现代测绘技术与计算机术结合的产物。就具体系统而言,数字化测图系统一般由硬件(测绘仪器、计算机及配套设备)和软件构成。由于电子测绘仪器和计算机应用的推广和普及,其硬件部分除开经济因素以外应该说已相当完善。

从理论上讲,数字化测图软件以"制图学"和"计算机图形学"为基础,而这两门学科目前应该说已相当完善。因此在软件开发方面,经过一定时间的综合、拓宽并从理论上解决"DTM 建立"、"数据结构"、"符号处理"、"线形生成"这样一些具体问题之后,已没有太多重要的理论问题阻碍软件的开发和推广。在数字化测图软件方面,国内许多单位已进行了大量的工作,推出了不少颇有特色的软件成果。目前在市场上比较有影响和商业规模的数字化测图软件主要有:南方测绘仪器公司的 CASS、清华大学山维公司的 EPWS 和武汉瑞得公司的 RDMS。其中南方仪器公司的 CASS 以 Auto CAD 为开发和运行平台,具有使用方便,扩充性强,接口丰富的特点;清华山维公司的 EPWS 在 Windows 环境下开发和运行,具有界面美观,现场操作直观、方便的优点;武汉瑞得公司的 RDMS 全部用高级语言开发,直接在 DOS 或 Window 环境下运行,具有结构紧凑、速度较快的特点。

由南方公司推出的 CASS 软件,支持一种称为"无码作业"的模式,该模式的基本作法是:将属性和连接关系的采集用草图来完成,测站电子手簿或全站仪内存只记录几何数据(坐标),在内业编辑时用引导文件或人工干预的方法导入属性和连接关系。在这种模式下,外业测图时每个作业小组只需 3 人即可(一人观测,一人跑点,一人绘草图)。这样,既保证了数据的可靠性又大幅度地提高了外业工作的效率,可以说是一种理想的作业模式。

二、全站仪数据通信

全站仪数据通信是指全站仪和计算机之间的数据交换。目前全站仪主要用两种方式与计算机进行数据通信:全站仪原配置的 PCMCIA 卡;利用全站仪的输出接口,通过电缆传输数据。

1. PCMCIA 记录卡

PCMCIA(Personal Computer Memory Card International Association,个人计算机存储卡国际协会)(简称 PC 卡)是该会确定的标准计算机设备的一种配件,目的在于提高不同计算机型以及其他电子产品之间的互换性,当前它已成为笔记本式计算机的扩展标准。大多数便携机都设置有 PCMCIA 接口,只要插入 PC 记录卡,便可达到扩充系统的目的。

目前新推出的全站仪几乎都设有 PC 卡接口,只要插入 PC 卡,全站仪测量的数据将按规定格式记录到 PC 卡上。取出该卡后,可将其直接插入带 PC 卡接口的计算机上,与之直接通信。当然,也可很方便地将 PC 卡送(寄)回驻地,在室内进行数据处理。

2. 电缆传输

全站仪数据通信的另一种方式是将全站仪测得或处理的数据(如水平角、竖直角、斜距或平距、坐标等),通过电缆直接传输到电子手簿或电子平板系统。由于全站仪每次传输的数据量不大,几乎所有的全站仪都采用了串行通信方式。

串行通信中常采用异步通信方式,用起始位表示字符的开始,用停止位表示字符的结束,一个字符的基本组成有起始位、数据位、校验位和停止位。

为实现发送端与接收端的正常通信,保证数据传输的正确性,全站仪和计算机的通信参数必须设置一致。一般通信参数包括下列基本项:

(1)波特率(baud rate)

波特率表示信号传输的速度。对于二进制通信来说,波特率(bit/s)指每秒传送的数据位(bit)数,最常用的波特率有 110、300、600、1 200、2 400、4 800、9 600 和 19 200 bit/s。全站仪中多采用1 200 bit/s以上。

(2)数据位

指单向传送的(测量)数据位数。数据的代码通常使用 ASCll 码(American Standard Code for Information Interchanse,美国信息交换标准码),常用 7 位或 8 位。

(3)校验位(parity bit)

又称奇偶校验(parity check)位,是一种检查传输数据正确与否的方法。即将一个二进制数(校验位)加到发送的二进制数据“串”上,让这个“串”的所有位的和总保持是奇数或是偶数,以便在接收端检核传输的数据是否有误。有 3 种表示方法供选择:

None(无):不检查奇偶性。

Even(偶):偶校验。如果发送的所有二进制各位的数据总和是偶数,则校验位给 0,即保持其为偶数;如果是奇数,则校验位给 1,即仍保持其为偶数。接收端接收数据时,则以数据位总和是偶数作校验。

Odd(奇):奇校验。如果发送的所有二进制数据位总和是奇数,则校验位为 0;如果是偶数,则校验位为 1。即始终保持所发送的数据位总和为奇数,而接收端则按数据位总和为奇数来校验。

检验位一般为 1 位,N 或 E 或 O。

(4)停止位(Stop bit)

在检验位之后再设置一位(或二位)停止位,用来表示字符的结束。

有的全站仪还规定了自己的发送与接收端间的应答信息。也就是说,接收端没有发出请求发送的信息,全站仪任意送出的数据,接收端是不会接收的,以确保采集数据传输的正确性。只要全站仪和电子手簿或电子平板双方设置的参数一致,才可实现两端的正常通信。

在大部分测图软件中,已将各种全站仪按设定的参数条件编制了相应的接口程序,并写入菜单中,用户只要根据自己的全站仪型号加以选用即可。

3. TC307 全站仪通信参数的设置

按 SHIFT + PROG 进入主菜单,选择 ALL SETTING,进入设置对话框。

SETTINGS		设置
SYSTEM SETTINGS		系统设置
ANGLE SETTINGS		角度设置
UNITS	对应中文→	单位设置
EDM SETTINGS		EDM 设置
COMMUNICATION		通信参数
TIME & DATE		时间和日期
〈 EXIT 〉		〈退出〉

选择 COMMUNICATION ,设置通信参数如下

COMMUNICATION		通信
Baudrate：2400		波特率：
Databutsa：7		数据位：
Parity：Even	对应中文→	校验位：
Endmark：CRLF		终止符：
Stopbits：1		停止位：
〈 EXIT 〉〈 SET 〉		〈退出〉 〈设置〉

4. 数据下载

(1)全站仪的准备

仪器的通信参数设置好后,用传输电缆连接全站仪和计算机,然后进入全站仪主菜单,选择 DATA MANAGER(数据管理器),再选择 DATA DOWLOAD(数据下载),显示数据下载对话框:

DATA DOWNLOAD		数据下载
Job：G001		文件：
Data：Coord	对应中文→	数据类型：
Format：GSI8		数据格式：
〈EXIT〉 〈SEND〉		〈退出〉 〈发送〉

选择要发送的文件,将光标选到 SEND 上准备发送数据。

(2)数据传输

打开 CASS4.0 数据处理菜单,光标选中"数据通讯／徕卡 GSI－>微机",如图 7-11 所示,单击左键后弹出"输入 CASS4.0 坐标数据文件名"对话框,屏幕下部 AutoCAD 命令行中提示:

请选择通讯串口:1. 串口 COM1　　2. 串口 COM2 <1>:

输入文件名,选择好通讯串口后回车,屏幕上弹出传输对话框"请先在微机上回车,然后在全站仪上回车",按提示操作后系统自动传输数据,传输完毕后,点取"确定"按钮,整个坐标数据就存入事先确定的文件中。

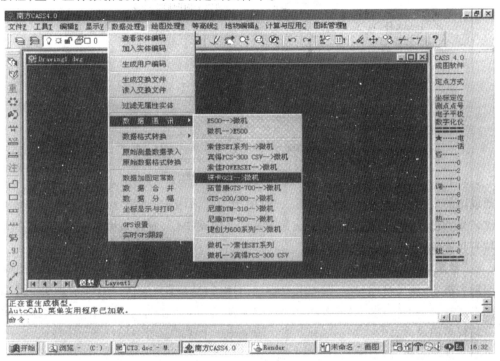

图 7-11　数据传输子菜单

三、地形图绘制作业流程

经过外业观测和相关的数据处理,就可以建立测量区域的数字地面模型,但提交给用户的测量成果一般还是可视的地形图形式。因为单纯的一些数据很难使人建立实体地形的概念,只有通过图才能使人快速认识测区地形的整体特征。

利用测图软件自动绘制地形图时,可根据屏幕提示输入比例尺分母、基本等高距、拟合方式等信息,然后计算机根据数字地面模型和人工输入的以上信息开始自动绘制等高线。绘制地形图的一般过程如图 7-12 所示。

利用 CASS4.0 测图软件测绘数字化地形图,常用的方法有"草图法"和"简码法",目前在国内,外业工作还是一件非常辛苦的事,因此要尽量减轻野外的工作量,尽可能

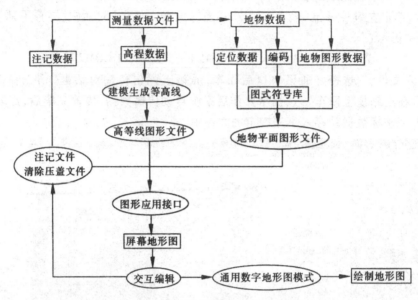

图 7-12　数字成图的一般过程

把成图的工作安排在办公室内进行。"草图法"和"简码法"是符合这个要求的,二者相比,"草图法"更加直观,在地物情况比较复杂时效率更高,而且如果出错在内业编辑时较容易修改,因而更适合初学者。

"草图法"工作方式要求外业工作时,除了测量员和跑尺员外,还要安排一名绘草图的人员,在跑尺员跑尺时,绘图员要标注出所测的是什么地物(属性信息)并记下所测点的点号(位置信息),在测量过程中要和测量员及时联系,使草图上标注的点号和全站仪里记录的点号一致。这种方法在测量每一个碎部点时不用在电子手簿或全站仪里输入地物编码,故又称为"无码方式"。

"草图法"在内业工作时,根据作业方式的不同,分为"点号定位"、"坐标定位"、"编码引导"等几种方法。以下分别介绍"点号定位"法和"坐标定位"法两种方法。

1. 点号定位法作业流程

(1)定显示区

定显示区的作用是根据输入坐标数据文件的数据大小定义屏幕显示区域的大小,以保证所有点可见。

首先移动鼠标至"绘图处理"项,按左键弹出下拉菜单,然后选择"定显示区"项,按左键,即出现一个对话窗。这时,需输入碎部点坐标数据文件名。可直接通过键盘输入,也可参考 WINDOWS 打开文件的操作方法操作。这时,命令区将显示最小坐标和最大坐标(m)。

(2)选择测点点号定位成图

移动鼠标到屏幕右侧菜单区,左键单击"测点点号",出现"选择点号对应的坐标数据文件名"对话框,打开点号坐标数据文件名,数秒钟后命令区提示:

"读点完成! 共读入 n 点。"

(3)描绘地物

根据野外作业时绘制的草图,移动鼠标至屏幕右侧菜单区选择相应的地形图图式符号,然后在屏幕中将所有的地物绘制出来。系统中所有地形图图式符号都是按照图层来划分的,例如所有表示测量控制点的符号都放在"控制点"这一层,所有表示独立地物的符号都放在"独立地物"这一层,所有表示植被的符号都放在"植被园林"这一层。

为了更加直观地在图形编辑区内看到各测点之间的关系,可以先将野外测点点号在屏幕中展出来。其操作方法是:先移动鼠标至屏幕的顶部"绘图处理"菜单项按左键,这时系统弹出一个下拉菜单如图7-13。再移动鼠标选择"展点"项的"野外测点点号"项按左键,便出现一个对话框。输入对应的坐标数据文件名后,便可在屏幕展出野外测点的点号。根据外业草图,选择相应的地图图式符号在屏幕上将平面图绘出来。

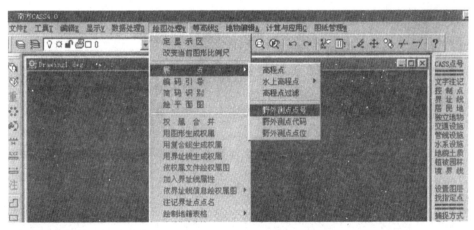

图7-13 展点菜单

例如,要根据33、34、35点号连成一间普通房屋,可移动鼠标至右侧菜单"居民地"处按左键,系统便弹出"居民地和垣栅"对话框,再移动鼠标到"四点房屋"的图标处按左键,图标变亮表示该图标已被选中,然后移鼠标至 OK 处按左键。这时命令区提示:

"绘图比例尺 1:"

输入比例尺分母,回车。命令区又提示:

"1. 已知三点/ 2. 已知两点及宽度/ 3. 已知四点 <1>:"

输入1,回车(或直接回车默认选1)。命令区提示:

"点 P/〈点号〉:"

输入33,回车。命令区提示:

155

"点 P/〈点号〉:"

输入 34,回车,命令区提示:

"点 P/〈点号〉:"

输入 35,回车。

这样,将 33、34、35 号点连成了一间普通房屋。

说明:

①知三点是指测矩形房子时测了三个点;已知两点及宽度则是指测矩形房子时测了二个点及房子的一条边;已知四点则是测了房子的四个角点。

②P 是指根据实际情况在屏幕上指定一个点;点号是指绘地物符号定位点的点号(与草图的点号对应),此处使用点号。

③房子是不规则的图形时,可用"实线多点房屋"或"虚线多点房屋"来绘。

④绘房子时,输入的点号必须按顺时针或逆时针的顺序输入,如上例的点号按 33、34、35 或 35、34、33 的顺序输入,否则绘出来房子就不对。

2. 坐标定位法作业流程

(1)定显示区

此步操作与"点号定位"法作业流程的"定显示区"的操作相同。

(2)选择坐标定位成图法

移动鼠标至屏幕右侧菜单区之"坐标定位"项,按左键,即进入"坐标定位"项的菜单。如果刚才在"测点点号"状态下,可通过选择"CASS4.0 成图软件"按钮返回主菜单之后再进入"坐标定位"菜单。

(3)绘平面图

与"点号定位"法成图流程类似,需先在屏幕上展点,根据外业草图,选择相应的地图图式符号在屏幕上将平面图绘出来,区别在于不能通过测点点号来进行定位了。仍以绘四点房为例,先移动鼠标至右侧菜单"居民地"处按左键,系统便弹出"居民地和垣栅"对话框,再移动鼠标到"四点房屋"的图标处按左键,图标变亮表示该图标已被选中,然后移鼠标至 OK 处按左键。这时命令区提示:

"1. 已知三点/ 2. 已知两点及宽度/ 3. 已知四点 <1 >:"

输入 1,回车(或直接回车默认选 1)。

移动鼠标至右侧屏幕菜单的"捕捉方式"项,击左键,弹出图 7-14 所示的对话框,再移动鼠标到"NOD"(节点)的图标处按左键,图标变亮表示该图标已被选中,然后移鼠标至 OK 处按左键。这时将鼠标靠近 33 号点,出现黄色标记,点击鼠标左键,完成捕捉工作。

同上操作捕捉 34 号点和 35 号点。这样,即将 33、34、35 号点连成一间普通房屋。

在输入点时可以使用捕捉功能,选择不同的捕捉方式会出现不同形式的黄颜色光标,适用于不同的情况。如果命令区要求"输入点"时,也可以用鼠标左键在屏幕上直

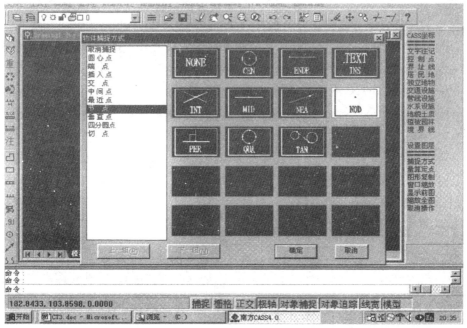

图 7-14 捕捉方式窗口

接点击,为了精确定位也可输入实地坐标。随着鼠标在屏幕上移动,左下角提示的坐标实时变化。

四、建立数字地面模型(构建三角网)

在地形图中,等高线是表示地貌起伏的一种重要手段。常规的平板测图作业中,等高线是由手工描绘的,等高线可以描绘得比较圆滑但精度稍低。在数字化自动成图中,等高线是由计算机自动勾绘的,效率和精度都相当高。

在绘等高线之前,必须先将野外测的高程点建立数字地面模型(DTM),然后在数字地面模型上勾绘出等高线。数字地面模型(DTM),是在一定区域范围内规则格网点或三角网点的平面坐标(x,y)和其地物性质的数据集合,如果此地物性质是该点的高程 Z,则此数字地面模型又称为数字高程模型(DEM)。这个数据集合从微分角度三维地描述了该区域地形地貌的空间分布。DTM 作为新兴的一种数字产品,与传统的矢量数据相辅相成,在空间分析和决策方面发挥越来越大的作用。借助计算机和地理信息软件,DTM 数据可用于建立各种各样的模型并解决一些实际问题,主要的应用有:按用户设定的等高距生成等高线图、透视图、坡度图、断面图、渲染图、与数字正射影像 DOM 复合生成景观图,或者计算特定物体对象的体积、表面覆盖面积等,还可用于空间复合、可达性分析、表面分析、扩散分析等方面。

在使用 CASS4.0 自动生成等高线时,也要先建立数字地面模型。在这之前,可以先"定显示区"及"展点"。"定显示区"的操作与前述相同,展点时可选择"高程点"选项,输入文件名后所有高程点的高程均自动展绘到图上。

操作过程中命令区将提问在建立三角网时是否要考虑坎高因素。如果要考虑坎高因素,则在建立 DTM 前系统自动沿着坎下的方向插入坎底点(坎底点的高程等于坎顶线上已知点的高程减去坎高),这样新建坎底的点便参与建立三角网的计算。因此在建立 DTM 之前必须要先将野外的点位展出来,再用捕捉最近点方式将陡坎绘出来,然后还要赋予陡坡各点的坎高。

显示三角网是将建立的三角网在屏幕编辑区显示出来。如选 1,建完 DTM 后所有三角形同时显示出来,如果不想修改三角网,可以选 2。如果建三角网时考虑坎高或地性线,系统在建三角网时速度会减慢。另外,命令区还将提示生成三角形的个数。

五、修改数字地面模型(修改三角网)

由于地形条件的限制,一般情况下利用外业采集的碎部点很难一次性生成理想的等高线,如楼顶上的控制点、桥面上的点等,不能反映地面高程;另外还因现实地貌的多样性和复杂性,自动构成的数字地面模型与实际地貌不一致,这时可以通过修改三角网来修改这些局部不合理的地方。

1. 删除三角形

如果在某局部内没有等高线通过,则可将其局部内相关的三角形删除。删除三角形的操作方法是:先将要删除三角形的地方局部放大,再选择"等高线"下拉菜单的"删除三角形"项,命令区提示"Select objects:",这时便可选择要删除的三角形,如果误删除,可用"U"命令将误删除的三角形恢复。

2. 增加三角形

如果要增加三角形时,可选择"等高线"菜单中的"增加三角形"项,依照屏幕的提示在要增加三角形的地方用鼠标点取,如果点取的地方没有高程点,系统会提示输入高程。

3. 过滤三角形

可根据用户需要,输入符合三角形中最小角的度数或三角形中最大边长最多大于最小边长的倍数等条件的三角形。

4. 三角形内插点

选择此命令后,可根据提示输入要插入的点:在三角形中指定点(可输入坐标或用鼠标直接点取),提示"高程?"时,输入此点高程。通过此功能可将此点与相邻的三角形顶点相连构成三角形,同时原三角形会自动被删除。

5. 重组三角形

指定两相邻三角形的公共边,系统自动将两三角形删除,并将两三角形的另两点连接起来构成两个新的三角形,这样做可以改变不合理的三角形连接。如果因两三角形的形状无法重组,会有出错提示。

6. 修改结果存盘

通过以上命令修改了三角网后,选择"等高线"菜单中的"修改结果存盘"项,把修改后的数字地面模型存盘。这样,绘制的等高线不会内插到修改前的三角形内。否则修改无效。

当命令区显示:"存盘结束!"时,表明操作成功。

六、绘制等高线

等高线的绘制可以在绘平面图的基础上叠加,也可以在"新建图形"的状态下绘制,操作过程如下:

用鼠标选择"等高线"下拉菜单的"绘制等高线"项,命令区提示:

"绘图比例尺 1:"

输入比例尺分母后回车。命令区又提示:

"请输入等高距(单位:米):"

按图式规范的要求输入等高距,例如输入 1,回车。命令区又提示选择拟合方式:

"请选择:1. 不光滑　2. 张力样条拟合　3. 三次 B 样条拟合　4. SPLINE〈1〉:"

一般选择 3,回车后计算机开始绘制等高线,当命令区显示"绘制完成!",则得到了初步的地形图。

CASS4.0 在绘制等高线时,充分考虑到等高线通过地性线和断裂线的处理,能自动切除通过地物、注记、陡坎的等高线。

七、修饰等高线

1. 删除三角网

在"等高线"菜单中,选择"删三角网"。

2. 注记等高钱

用"窗口缩放"项得到局部放大图,再选择"等高线"下拉菜单之"等高线注记"的"高程"项,命令区提示:

"选择需注记的等高(深)线:"

移动鼠标至要注记高程的等高线位置,按左键,命令区提示:

"依法线方向指定相邻一条等高(深)线:"

移动鼠标至相邻等高线位置,按左键后,就完成了对该等高线的高程注记,且字头朝向高处。

3. 切除穿过建筑物的等高线

移动鼠标至"等高线"项,按左键,出现下拉菜单。然后移动鼠标至"等高线修剪"的"切除穿过建筑物等高线"项,按左键,程序自动将等高线穿过房屋的部分切除。

4. 切除穿过陡坡的等高线

操作过程同上,程序自动切除所有等高线穿过指定陡坡的部分。

5. 切除穿过围墙的等高线

操作过程同上,程序自动切除所有等高线穿过指定围墙的部分,要注意用鼠标点取围墙时应选围墙骨架线。

6. 切除指定二线间的等高线

此时,命令区提示:

"选择第一条线:"

用鼠标点击一条线,例如选择公路的一边,命令区又提示:

"选择第二条线:"

用鼠标指定第二条线,例如选择公路的另一边。程序将自动切除等高线穿过此二线间的部分。

7. 切除穿过高程注记的等高线

程序自动切除所有等高线穿过高程注记的部分。

8. 切除指定区域内的等高线

选择一封闭复合线,系统将该复合线内所有等高线切除。

八、绘制三维模型

建立了 DTM 之后,还可以生成三维模型,观察立体效果。

移动鼠标至"等高线"项,按左键,出现下拉菜单。然后移动鼠标至"绘制三维模型"项,按左键,命令区提示:

"输入高程乘系数〈1.0〉:"

如果测区内坡度变化不大,可输入较大的高程乘系数,以夸张显示地面的起伏形态。输入后回车,命令区提示:

"是否拟合? (1)是/(2)否 <1>:"

回车默认选1,即进行拟合。这时将显示此数据文件的三维模型。

另外,利用"低级着色方式"、"高级着色方式"功能还可对三维模型进行渲染等操作;利用"三维静态显示"的功能可以转换角度、视点、坐标轴等;利用"三维动态显示"功能可以绘出更高级的三维动态效果图。

除了以上介绍的点号定位法和坐标定位法外,CASS4.0 还可用"编码引导法"绘制地形图。编码引导法的外业工作也需要绘制草图,但内业通过编辑编码引导文件,将编码引导文件与无码坐标数据文件合并生成带简码的坐标数据文件,其后的操作等效于"简码法",可自动绘图。按照其中的任何一种作业方式操作都可将平面图绘制出来。在平面图的基础上再绘制等高线,则完成了地形图的绘制工作。

CASS4.0 支持多种多样的作业模式,除了"草图法"、"简码法"以外,还有"白纸图数字化法"、"电子平板法",可灵活选择。如果接触数字化成图不久或还没有形成习惯,使用"草图法"中的点号定位法工作方式将比较简便。

九、地形图整饰

在大比例尺数字测图的过程中,由于实际地形、地物的复杂性,漏测、测错等是难以避免的,这时必须要有一套功能强大的图形编辑系统,对所测地图进行屏幕显示和人机交互图形编辑,在保证精度情况下消除相互矛盾的地形、地物,对于漏测或测错的部分,应及时进行外业补测或重测。对于地图上的许多文字注记说明,如道路、河流、街道的名称等也要在编辑过程中加入。

图形编辑的另一重要用途是对大比例尺数字化地图的更新,可以借助人机交互图形编辑,根据实测坐标和实地变化情况,随时对地图的地形、地物进行增加或删除、修改等,以保证地图具有很好的现势性。

对于图形的编辑,CASS4.0提供"编辑"和"地物编辑"两种下拉菜单。其中,"编辑"是由AutoCAD提供的编辑功能,如图元编辑、删除、断开、延伸、修剪、移动、旋转、比例缩放、复制、偏移拷贝等;"地物编辑"是由CASS系统提供的对地物的编辑功能,如线形换向、植被填充、土质填充、批量删剪、窗口内的图形存盘、多边形内图形存盘等。

第五节　地形图的拼接、检查和清绘整饰

地形图的外业测绘完成后,还要进行图面整理、图边拼接、测图质量的检查以及图纸的清绘整饰等工作。

一、图面整理

图内各种名称、地物注记的字体应端正清楚,字头朝北,位置和排列要适当,既要能表示所代表的碎部范围,又不应遮盖地物地貌的线条。

图内一切地物、地貌的线条应清楚整齐,若有线条模糊不清、连接不整齐,或错连、漏连及符号画错等问题,都应按地形图图式符号加以整理。整理时不能将大片的线条擦掉重绘,以免产生错误。

图名、图号、接图号以及比例尺、测量单位、测绘人员和日期、坐标系统和高程系统等均应记载清楚。当图幅编号在外业测图中被摩擦而模糊不清时,应先核对图廓坐标后再注写清楚。

二、图边拼接

在较大面积的测图中,一个测区内有多个图幅,相邻图幅接边处的地物轮廓和等高线由于各种原因往往不能完全吻合,如图7-15。如果这种偏差不超过表7-2、表7-3和

表 7-4 规定的测绘地物、地貌中误差的 2√2 倍,则可将误差进行平均配赋,即取相邻两幅图的同一地物轮廓线或同一条等高线的平均位置,对两幅图接边处的地物符号和等高线进行修正。

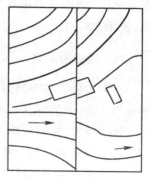

为了接图的需要,测图范围应超出图廓 1 cm 左右。若测图时是用聚酯薄膜,可直接将两幅图按图廓线重叠拼接。若为白纸测图,拼接时可用 3～4 cm 的透明纸条,先用铅笔将左图幅的格网线、地物、地貌描绘下来,然后将纸条按格网线位置蒙在右图幅的衔接边上,将右图幅的地物地貌描绘下来。如果相应的线条偏差不大于上述规定,则可用红笔画出其平均位置,以此为根据对相邻两幅图进行改正。

图 7-15 地形图拼接检查

表 7-2 图上地物点点位中误差和间距中误差

地 区 分 类	点位中误差 (图上 mm)	相邻地物点间距中误差 (图上 mm)
城市建筑区、平地、丘陵地区	±0.5	±0.4
山地、高山地和设站施测困难的旧街坊内部	±0.75	±0.6

注:森林隐蔽等特殊困难地区,可按上表规定放宽 50%。

表 7-3 等高线插求点的高程中误差

地形类别	平 地	丘陵地	山 地	高山地
高程中误差(等高距)	1/3	1/2	2/3	1

注:森林隐蔽等特殊困难地区,可按上表规定放宽 50%。

表 7-4 城市建筑区和平坦地区高程注记点的高程中误差

分 类	高程中误差(m)
铺装地面的高程注记点	±0.07
一般高程注记点	±0.15

三、地形图的检查

为了保证地形图的质量,除了在测图过程中加强检查外,在地形图测完后,原测图小组应再作一次全面检查,称为自检。然后由上级部门组织互检或专门检查。地形图的检查可以从以下几个方面进行。

1. 室内检查

室内检查的内容包括:坐标格网和图廓线是否正确;图根点和碎部点的数量和位置是否符合规定;地物地貌的综合取舍是否恰当;图式符号的应用是否正确;等高线表示

是否合理;图面是否清晰易读;接边是否符合规定,测图范围是否满足要求等。如果发现疑问或错误,不可随意修改,应进行实地检查、修改。

2. 巡视检查

根据室内检查的重点,有计划地进行实地对照查看,着重检查地物、地貌有无遗漏,等高线勾绘是否逼真,符号、注记是否正确等。

3. 仪器检查

在上述检查的基础上,在测区内设站,除对已发现的问题进行补测、修改外,还应实测检查一些地物、地貌点。《新建铁路工程测量规范》和《公路线路勘测规程》规定,地形图的测绘质量,可按与测图时相同精度的方法(例如用视距测量的方法)进行检查,也可用高于测图精度的方法(例如用钢尺量距,用水准仪测定高程,或用光电测距仪同时测定距离和高程)进行检查。将检查时测量的点与测图时测定的相应点的平面位置和高程进行比较,计算出两者之间的较差并予以记录,最后按较差计算地物点和等高线的测绘中误差。

设同精度检查时地物点和等高线的较差分别为 δ 和 δ_h,则根据测量误差理论,n 个检查点的点位中误差和高程中误差分别为

$$m = \sqrt{\frac{\sum \delta^2}{2n}} \tag{7-12}$$

$$m_h = \sqrt{\frac{\sum \delta_h^2}{2n}} \tag{7-13}$$

若采用高精度的检查方法,由于其距离和高程的测量误差远较测图时为小,故可认为在地物和等高线的检查点上的较差 Δ 和 Δ_h 就是真误差,因此 n 个检查点的点位中误差和高程中误差分别为

$$m = \sqrt{\frac{\sum \Delta^2}{n}} \tag{7-14}$$

$$m_h = \sqrt{\frac{\sum \Delta_h^2}{n}} \tag{7-15}$$

铁路和公路工程测量的两种规范都规定,地物点在图上的点位中误差 m,当测图比例尺在1:500~1:2 000时,应不超过1.6 mm,测图比例尺为1:5 000和1:10 000时,应不超过0.8 mm;等高线高程中误差 m_h 应不超过表7-5的规定。

表7-5 等高线高程中误差(m)

测图比例尺	垂直于等高线方向的地面坡度			
	1:5 以下	1:5~1:3	1:3~1:1.5	1:1.5~1:1
1:500	0.25	0.5	0.75	1.0

续上表

测图比例尺	垂直于等高线方向的地面坡度			
	1:5 以下	1:5~1:3	1:3~1:1.5	1:1.5~1:1
1:1 000	0.5	0.75	1.0	1.5
1:2 000	0.75	1.5	2.0	3.0
1:5 000	1.0	2.0	3.0	5.0

四、地形图的清绘整饰

铅笔原图经检查合格后,应进行清绘整饰,使原图更清晰、合理、美观。整饰的顺序是先图内后图外,先注记后符号,先地物后地貌。即先整饰图内的各种注记,再整饰各种符号,然后是地物、等高线。所有的注记、符号和线条应按图式进行整饰,要注意不能使地物或地貌符号穿过注记,等高线不但不能穿过注记,也不能穿过地物符号。图内整饰完后,最后根据图式要求写出图名、图号、接合图号,比例尺、坐标系统和高程系统、测图单位、测量和绘图人员以及施测日期等。如果采用独立坐标系统,还需绘出指北方向。

第六节　地籍测量简介

地籍测量是测定和调查土地及其附着物的权属、位置、质量、数量和利用现状等基本状况的测绘工作。通过地籍测量可以为土地和房产管理、城乡规划、税收及土地整理等方面提供重要的基础资料。地籍测量的资料具有法律效力,是进行土地登记、确定土地权属、发放土地权证和征收土地税的重要依据。可见,地籍测量具有为法律、税收和规划三个方面提供重要资料的基本功能。

地籍测量的主要任务包括:

(1)测定各种权属界线的长度和方向,计算界址点(权属分界点)的坐标,编制地籍册;

(2)测定地表覆盖物的位置和形状,绘制地籍图;

(3)调查土地使用者(单位或个人)的名称或姓名、住址、拥有的土地编号、土地的数量和面积、利用状况、地类和地价等情况,编制地籍图;

(4)进行地籍资料的动态监测和修测更新。

一、地籍控制测量

地籍测量和其他测量工作一样,必须遵守"从整体到局部,先控制后碎部"的原则,在控制测量的基础上,进行细部测量。

地籍控制测量包括基本控制点测量和地籍图根控制点测量。基本控制点包括国家各等级大地控制点,城市二、三、四等控制点和一、二级控制点,它们均可作为地籍测量的首级控制。在测区面积较小、附近又没有国家测量控制点可连接时,也可布设独立的地籍测量控制网。图根控制点则是在首级控制的基础上加密的、供测绘地籍图和测定界址点坐标使用的控制点。地籍控制测量的方法与一般控制测量的方法相同,其技术要求可参阅有关规范和规程。

二、地籍图测绘

地籍图是地籍管理的重要资料之一,图上应准确标定境界线、土地权属界址线及权属界址点的位置,也应测绘出房屋、垣栅、道路、水系及土地利用类别等各项地籍、地形要素,以及各级控制点、地理名称、地籍要素的编号与注记等。

测绘地籍图时,应充分利用地籍基本控制点和地籍图根控制点作为测站点,不足时,可以利用交会法、经纬仪导线等方法增设测站点。地籍图的测绘,可以用经纬仪测绘法、大平板仪测绘法或光电测距仪测绘(测记)法等方法。在施测权属界址点和地物点时,宜采用解析法,其最大视距长度应符合表7-1中城市建筑区重要地物点测定的规定。

地籍图应分幅编号。在城镇地籍测量作业中,土地的划分与编号一般根据城镇的管辖范围和土地的权属范围,按行政区、街道、宗(亦称丘)三级划分,对于较大的城市可按行政区、街道、街坊、宗四级编号。

三、外业调绘

地籍测量外业调绘的主要内容包括确认地籍要素和必要的地形要素。地籍要素是指土地权属、房产情况、土地利用类别和土地等级。地形要素是指与权属有关的房屋、围墙、栏栅、道路、水系等主要地物和地理名称。可利用地形图、影像平面图或航摄像片作为外业调绘的基本图件。调绘工作必须在实地进行,做到不遗漏、不追忆补记。权属主的名称应使用全称,地理名称应采用标准化地名。

土地权属是指按《中华人民共和国土地管理法》所规定的土地所有权和土地使用权的归属。土地权属的调绘内容包括土地的所有制性质、权属主名称、坐落地址、权属界址线等项目。

房产情况的调绘内容包括产权类别、建筑结构、房屋层数、占地面积、建筑面积等项目,调绘的结果要注记在调查用图上。

土地利用类别和土地等级,根据土地用途分为一级和二级的若干类,可按当地有关部门制订的实施条例进行调绘。

调绘权属界线和房产情况时,除应请有关主管部门派人配合外,还应邀请权属单位的主管人员到场,在现场认定界线,确定走向,并标绘在调绘用图上或航摄像片上。认定的界线必须得到相邻双方的认可,发生争议时,应由主管部门召集双方协商解决。

四、面积量算

土地面积量算的内容包括宗地面积、地块面积和建筑占地面积的量测与计算。可根据界址点坐标进行解析计算,也可采用几何图形计算或图面量测等方法。

实地丈量权属界线时,则可采用几何图形法计算面积。对不规则图形,应分割成简单的几何图形(矩形、梯形、三角形)进行计算。

图面量测法是直接在地籍图上,用求积仪法或方格法、平行线法等方法量测面积。每一宗地或每一地块的面积都应量测两次,两次量测的较差与所量面积之比不超过表7-6的规定时取平均。

表7-6　面积量算的允许相对误差

图上面积 S (mm^2)	< 50	50 ~ 100	100 ~ 400	400 ~ 1 000	1 000 ~ 3 000	3 000 ~ 5 000	> 5 000
允许误差 Δ/S	1/20	1/30	1/50	1/100	1/150	1/200	1/250

为了避免面积量算误差的积累和图纸伸缩变形误差,必须用已知面积值对量测面积进行控制。设图幅内各宗地的量算面积总和为 $\sum S'$,而根据图廓尺寸计算的图幅面积为 S,量算面积与已知面积的不符值 ΔS 应满足

$$\Delta S = \sum S' - S < 0.000\ 3M \sqrt{\sum S'} \tag{7-16}$$

式中,M 为地籍图比例尺分母。

上述检核条件得到满足时,则应根据从整体到局部,分层控制,逐级平差的原则,对量测误差按面积成比例进行配赋。设 S 为控制面积(图幅的理论面积或宗地面积的平差值),S_i' 为宗地或地块面积的量测值,则量测面积的平差值为

$$S_i^0 = S_i' - \frac{\Delta S}{S} S_i' \tag{7-17}$$

最后,还应用 $\sum S^0 - S = 0$ 进行检核。

思考与练习题

7-1　什么是视距测量?视距测量的步骤是怎样的?

7-2　简述地形特征点的选点原则。

7-3　经纬仪测绘法的测站工作有哪些?

7-4　视距测量时,怎样操作才能提高效率?

7-5　勾绘等高线时所依据的基本假设是什么?

7-6　经纬仪测图时,一个测站上的观测工作基本完成后,应作哪些检查工作?

7-7 增设测站点的方法有哪些?

7-8 用顺时针刻划竖盘(天顶为零)的经纬仪进行碎部测量记录如表7-7所示,完成水平距离和高程的计算。

表 7-7 碎部测量记录表

测站高程 $H = 56.32$ m				仪器指标差 $x = 0$		仪器高 $i = 1.42$ m		
测点	v	Kl(m)	平盘读数 ° ′	竖盘读数 ° ′	竖直角 ° ′	水平距离	高差	高程
1	1.42	115.5	45 33	76 30				
2	1.42	51.1	78 25	98 21				
3	1.74	83.8	95 18	75 05				
4	1.74	20.6	110 34	69 12				
5	2.42	154.5	198 45	105 55				
6	2.74	103.5	317 22	87 36				

7-9 根据以下碎部点勾绘基本等高距为1 m的等高线。

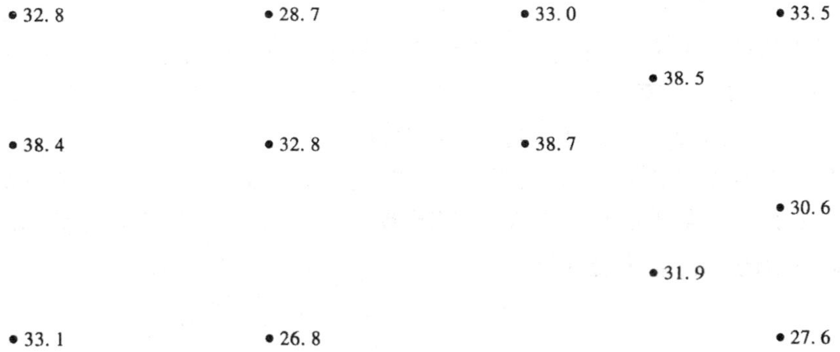

• 32.8　　　　• 28.7　　　　• 33.0　　　　• 33.5

　　　　　　　　　　　　　　　　　　　　• 38.5

• 38.4　　　　• 32.8　　　　• 38.7

　　　　　　　　　　　　　　　　　　　　• 30.6

　　　　　　　　　　　　　• 31.9

• 33.1　　　　• 26.8　　　　　　　　　　• 27.6

图 7-16 习题 7-9 图

第八章　测量误差的基本知识

前面章节中分别讨论了确定地面点位基本要素的测量方法,实践证明观测值中不可避免地含有观测误差。本章将从偶然误差的统计特性出发,阐述衡量精度的标准;误差传播定律及其应用;等精度独立观测值的算术平均值及精度评定;不等精度独立观测值的加权平均值及精度评定和定权的常用公式,目的在于依此指导测量实践,正确、合理地处理测量(亦称观测)数据,并评定测量成果的精度。

第一节　测量误差概述

一、测量误差的定义

测量工作的实践证明,不论是测量距离还是测量角度或高差,无论所使用的仪器多么精密、所采用的方法多么合理、所处的环境多么有利、观测者多么仔细,但各观测值之间总存在差异。这种差异就是观测值中的测量误差。

任何一个观测量,客观上总是存在一个能代表其真正大小的数值,这一数值称为该观测量的真值。设某量的真值为 X,对其观测了 n 次,得到 n 个观测值 L_1、L_2、$\cdots$、L_n,则第 i 个观测值的真误差 Δ_i 定义为:

$$\Delta_i = L_i - X \qquad (i = 1, 2, \cdots, n) \tag{8-1}$$

二、测量误差的来源

测量误差的产生,有多方面的原因,概括起来有以下三个方面的影响。

1. 仪器误差

由于仪器构造上的不完善、制造和装配的误差、检验校正的残存误差、运输和使用过程中仪器状况的变化等,必然在观测结果中产生误差。

2. 观测误差

由于观测者感官分辨能力的限制、技术水平的高低、工作态度的好坏、观测习惯与心理影响等,必然会在仪器安置、照准、读数诸方面产生误差。

3. 外界条件的影响

测量时所处的外界条件(温度、湿度、气压、风力、明亮度、大气折光和地球曲率等)发生变化,也会使观测成果产生误差。

上述仪器误差、观测误差、外界条件等三个方面的影响是引起测量误差的主要来源,通常称为观测条件。显然,观测条件的好坏与观测成果的质量密切相关。因此,把观测条件相同的各次观测,称为等精度观测;把观测条件不同的各次观测,称为不等精度观测。

实际工作中,不论如何控制观测条件,其对观测成果的质量影响总是客观存在的。从这个意义讲,测量成果中观测误差是不可避免的。

三、测量误差的分类

测量误差按其性质可分为两类。

1. 系统误差

在相同的观测条件下进行一系列的观测,若误差出现的数值、符号或保持不变,或按一定的规律变化,这种误差称为系统误差。如一把与标准尺比较相差5 mm的30 m钢尺,用该尺每丈量一尺段即产生5 mm的误差,若丈量300 m的距离就会产生50 mm的误差。又如水准仪的视准轴不平行于水准管轴的夹角为 i,当仪器至水准尺的距离为 D 时,水准尺上的读数便会产生 $D\dfrac{i''}{\rho''}$ 的误差。

系统误差具有累积性,对观测结果影响较为显著。因此,在测量工作中,应尽量消除系统误差。通过对它们出现的规律进行分析研究,可以找出方法予以消除,或者将其削弱到最小限度。一般来讲,在测前应采取有效的预防措施,如对仪器设备必须进行必要的检验与校正,并选择有利的观测条件等;观测时采用合理的方法,按有关规范细则执行,如水准测量中采用前、后视距相等的方法,可以消除 i 角的影响;或测后对观测结果进行必要的计算改正,如钢尺量距中的尺长、温度改正等等。

2. 偶然误差

在相同的观测条件下进行一系列观测,若单个误差出现的数值、符号都表现为偶然性,但大量次观测的误差却具有一定的统计规律性,这类误差称为偶然误差。例如仪器的对中、照准、读数误差等等。偶然误差的产生,往往是观测条件中不稳定的和难以严格控制的多种随机因素引起的,因此,每次观测前不能预知误差出现的符号和大小,即误差呈现出偶然性。

需要强调指出的是,在测量过程中,有时会发生错误,亦称粗差。如测错、读错、记错等。毫无疑问,测量成果中是不允许任何错误的。为了杜绝错误,除加强作业人员的责任心、提高技术水平外,还应采取必要的检核、验算措施,防止和及时发现粗差。

系统误差和偶然误差是观测误差的两个方面,在观测过程中总是同时产生的。当观测中的粗差被剔除,系统误差被消除或削弱到最小限度,观测值中仅含偶然误差,或是偶然误差占主导地位时,该观测值称为带有偶然误差的观测值。

四、多余观测

由于观测结果中不可避免地存在着偶然误差的影响,因此,在测量工作中,为了提高成果的质量,同时也为了发现和消除粗差,必须进行多余观测,即观测值的个数多于确定未知量所必须观测的个数。例如,往返观测一段高差各一次,则有一个多余观测;测一平面三角形之三内角,则有一个多余观测。有了多余观测,势必在观测结果之间产生矛盾,在测量上称为不符值,亦称闭合差。因此,必须对这些带有偶然误差的观测成果进行处理,此项工作,在测量上就叫做测量平差。

五、测量平差的任务

概括说米,测量平差的任务有两个:

1. 对一系列带有偶然误差的观测值,运用概率统计的方法与最小二乘原理来消除它们之间的不符值,求出未知量的最或然值(亦称最可靠值或平差值)。

2. 评定测量成果的精度。

第二节 偶然误差的特性

鉴于偶然误差发生的原因纯属偶然,它影响观测成果的质量,因此,研究偶然误差的特性,揭示其内在的规律,具有重要的实用价值。下面通过一个实例来说明偶然误差的统计规律。

某测区在相同的观测条件下,独立地观测了 358 个三角形的全部内角,每个三角形三内角之和的观测值与其真值 $180°$ 之差,就是该三角形内角和的真误差 Δ,现取误差区间的间隔 $d\Delta = 0.20''$,将这 358 个真误差按其正负号和大小排列,出现在某区间内的误差个数称为频数,用 k 表示,频数除以误差的总个数 n 得 k/n,称为误差在该区间的频率。统计结果列入表 8-1,此表称为频率分布表。

表 8-1 误差频率分布表

误差区间 ('')	Δ 为负值			Δ 为正值			备　　注
	k	$\dfrac{k}{n}$	$\dfrac{k/n}{d\Delta}$	k	$\dfrac{k}{n}$	$\dfrac{k/n}{d\Delta}$	
0.00 ~ 0.20	45	0.126	0.630	46	0.128	0.640	1. $d\Delta = 0.20''$。
0.20 ~ 0.40	40	0.112	0.560	41	0.115	0.575	2. 等于区间左端值的误差计入该
0.40 ~ 0.60	33	0.092	0.460	33	0.092	0.460	间中。
0.60 ~ 0.80	23	0.064	0.320	21	0.059	0.295	
0.80 ~ 1.00	17	0.047	0.235	16	0.045	0.225	
1.00 ~ 1.20	13	0.036	0.180	13	0.036	0.180	
1.20 ~ 1.40	6	0.017	0.085	5	0.014	0.070	
1.40 ~ 1.60	4	0.011	0.055	2	0.006	0.030	
1.60 以上	0	0	0	0	0	0	
总　　和	181	0.505		177	0.495		

为了更加直观,可根据表 8-1 的数据画出图形(图 8-1),图中横坐标表示误差的大小,纵坐标代表各区间内误差出现的频率除以区间的间隔,即为 $\dfrac{k/n}{\mathrm{d}\Delta}$。此时,图 8-1 中每一误差区间上的长方条面积就代表误差出现在该区间的频率。例如,图中画有斜线的面积,就是代表误差出现在 $0.00''\sim+0.20''$ 区间内的频率,其值为 $\dfrac{k/n}{\mathrm{d}\Delta}\times$

$\mathrm{d}\Delta=\dfrac{k}{n}=\dfrac{46}{358}=0.128$。这种图在统计上称为直方图。

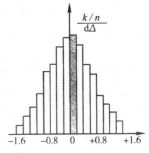

图 8-1　直方图

如果我们继续观测更多的三角形,即增加误差的总个数,当 $n\to\infty$ 时,各频率也就趋于一个完全确定的数值,这个数值就是误差出现在各区间的概率。如果此时把误差区间间隔无限缩小,那么可以想象,图 8-1 中各长方条顶边所形成的折线将成为一条光滑的连续曲线,这条曲线称为误差概率分布曲线,或称为误差分布曲线。由此可见,偶然误差的频率分布,随着 n 的逐渐增大,都是以正态分布为其极限的。通常也称偶然误差频率分布为其经验分布,而将正态分布称为它们的理论分布。

通过上面实例,可以概括偶然误差的特性如下:

(1)在一定的观测条件下,误差的绝对值有一定的限值,或者说,超出一定限值的误差,其出现的概率为零;

(2)绝对值较小的误差比绝对值较大的误差出现的概率大;

(3)绝对值相等的正误差与负误差出现的概率相等;

(4)当观测次数无限增多时,偶然误差的算术平均值趋近于零,即

$$\lim_{n\to\infty}\frac{\Delta_1+\Delta_2+\cdots+\Delta_n}{n}=\lim_{n\to\infty}\frac{[\Delta]}{n}=0 \tag{8-2}$$

式中,[ ]为总和的符号。换言之,偶然误差的理论平均值为零。

上述第一个特性说明误差出现的范围,即误差的有界性。第二个特性说明误差的规律性,即小误差的密集性。第三个特性说明误差符号的规律性,即正负误差的对称性。第四个特性说明偶然误差的抵偿性。显然,第四个特性可由第三个特性导出。

若在图 8-1 中,以理论分布(曲线)取代经验分布(长方条顶边所形成的折线),则图中各长方条的纵坐标就是 Δ 的概率密度 $f(\Delta)$,而长方条的面积为 $f(\Delta)\mathrm{d}\Delta$,即代表误差出现在该区间内的概率,即

$$P(\Delta)=f(\Delta)\mathrm{d}\Delta \tag{8-3}$$

德国数学家高斯(Carl Friedrich Gauss)根据偶然误差的统计特性,推导出误差分布曲线的方程为

$$f(\Delta)=\frac{1}{\sqrt{2\pi}\sigma}\mathrm{e}^{-\frac{\Delta^2}{2\sigma^2}} \tag{8-4}$$

式中，e 是自然对数底（$e \approx 2.178$）；$\pi = 3.1416$；σ 是标准差。

从式（8-4）可以看出，误差正态分布曲线同样表明上述偶然误差的几个特性。即 Δ 愈小，$f(\Delta)$ 就愈大。当 $\Delta = 0$ 时，$f(\Delta)$ 有最大值 $\dfrac{1}{\sqrt{2\pi}\sigma}$，它与 σ 成反比。反之，Δ 愈大，$f(\Delta)$ 就愈小。当 $\Delta \to \pm\infty$ 时，$f(\Delta) \to 0$。所以，横坐标轴是曲线的渐近线。由于 $f(\Delta)$ 随着 Δ 的增大而较快地减小，所以当 Δ 到达某值，而 $f(\Delta)$ 已较小，实际上可视为零，此时的 Δ 值可作为误差的限值。这就是偶然误差的第一个和第二个特性。

$f(\Delta)$ 是偶函数。即绝对值相等的正误差与负误差求得的 $f(\Delta)$ 相等，故曲线对称于纵坐标轴。这就是偶然误差的第三个特性。

误差曲线在纵坐标轴两边各有一个转向点（即拐点）。如果对式（8-4）中的 $f(\Delta)$ 求二阶导数，并令其等于零，可以求得曲线拐点的横坐标（图8-2）：

$$\Delta_{拐} = \pm\sigma \tag{8-5}$$

由于曲线与横坐标轴所包围的全部面积等于1（此点在表 8-1 中总和一栏也可看出，负值误差 $\dfrac{k}{n}$ 总和为 0.505，正值误差 $\dfrac{k}{n}$ 总和为 0.495，两者之和为 1），这是因为误差落在全部区间内的事件为必然事件，故其概率为 1，所以 σ 愈小，即离散度愈小的曲线，其顶点愈高，曲线形状愈陡峭（如图 8-2 中的曲线 1）。σ 愈大，即离散度愈大的曲线，其顶点愈低，曲线形状愈平缓（如图 8-2 中的

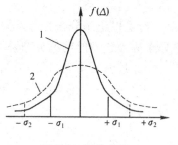

图 8-2　误差曲线

曲线 2）。由此可见，观测条件的好坏在误差曲线的形态（指误差离散度情况）上得到了充分的反映，而曲线的形态又可反映偶然误差分布离散程度的重要数字特征——标准差 σ。因此，我国和世界许多国家都采用 σ 作为衡量精度的标准。

第三节　衡量精度的标准

评定测量成果的质量，就是衡量成果的精度。本节首先说明精度的含义，然后介绍几种常用衡量精度的标准。

一、精度的含义

精度系指在对某一个量的多次观测中，各观测值之间的离散程度。若观测值非常密集，则精度高；反之则低。习惯上所说的精度，通常都是指误差而言的，即误差大，精度低；误差小，精度高。为使泛指性的精度更加确切，应按不同性质的误差来定义精度。

（1）精密度：表示测量结果中的偶然误差大小的程度；

（2）正确度：表示测量结果中的系统误差大小的程度；

（3）准确度：是测量结果中系统误差与偶然误差的综合，表示测量结果与真值的一致程度。

以射击为例，如图8-3，靶心相当于真值，弹孔相对于靶心的位置距离视为观测值。图8-3（a）所示弹孔普遍距靶心较远，这说明系统误差大，正确度低；而弹孔与弹孔之间比较密集，说明偶然误差小，精密度高。图8-3（b）所示弹孔分布情况，说明系统误差小，正确度高；但偶然误差大，精密度低。图8-3（c）所示弹孔分布情况，说明系统误差和偶然误差都小，准确度高。精密度好正确度不一定好，正确度好精密度也不一定好，但准确度好则精密度与正确度都好。在科学实验和测量工作中，我们都希望得到准确度好的结果。

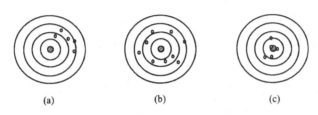

(a)   (b)   (c)

图8-3　弹孔分布示意图

二、衡量精度的标准

衡量精度的标准有多种，这里仅介绍几种常用的精度指标。

1. 中误差

标准差又称中误差，或称均方差、方根差。在相同的观测条件下，对同一量进行了 n 次观测，观测值的中误差 σ 定义为：

$$\sigma = \lim_{n \to \infty} \sqrt{\frac{[\Delta\Delta]}{n}} \qquad (8\text{-}6)$$

式中，$[\Delta\Delta] = \Delta_1^2 + \Delta_2^2 + \cdots + \Delta_n^2$。

实际上观测个数 n 总是有限的，由有限个观测值的真误差 Δ 只能求得中误差的估计值（简称估值）。并采用符号 m（或 $\hat{\sigma}$）表示 σ 之估值，即有

$$m = \hat{\sigma} = \pm \sqrt{\frac{[\Delta\Delta]}{n}} \qquad (8\text{-}7)$$

本书中，常将"中误差的估值"简称为"中误差"。

中误差 m 的大小，反映了一组观测值的精度。不同的几组观测中，中误差越小，观测精度越高。若两组观测的中误差相同，则表示二者的观测精度相同。中误差的几何意义是误差曲线拐点的横坐标（图8-2）。

【例8-1】　甲、乙两组对同一个平面三角形分别观测了10次，三角形内角和的真

误差为

甲组：$+4''$、$+3''$、$-2''$、$-5''$、$-4''$、$+6''$、$+4''$、$-5''$、$+4''$、$-6''$。

乙组：$0''$、$-2''$、$+15''$、$+1''$、$0''$、$-2''$、$0''$、$+11''$、$0''$、$+12''$。

计算这两组观测值的平均误差和中误差。

【解】 平均误差：

$$\theta_甲 = \theta_乙 = \frac{\sum |\Delta|}{n} = \frac{43}{10} = 4.3''$$

中误差：

$$m_甲 = \pm\sqrt{\frac{199}{10}} = \pm4.5'', \qquad m_乙 = \pm\sqrt{\frac{499}{10}} = \pm7.1''$$

这个例子中，虽然两组真误差绝对值的平均值都是 $4.3''$，但两组观测的中误差不同，甲组观测的中误差小于乙组，因此甲组的观测精度要高于乙组。可见用中误差作为衡量精度的标准，能够较好地反映观测中大误差的影响。

2. 极限误差

中误差毕竟不是代表个别误差的大小，而只是反映误差分布离散度的大小，因此，要衡量某一个观测值的质量，决定其取舍，还要引入限差的概念。限差亦称极限误差或允许误差，偶然误差第一特性已经指出，在一定的观测条件下，误差的绝对值有一定的限值，那么这个限值是多大呢？ 根据误差理论可知，在大量等精度观测的一组误差中，误差落在区间 $(-\sigma, +\sigma)$、$(-2\sigma, +2\sigma)$ 和 $(-3\sigma, +3\sigma)$ 的概率分别为

$$P(-\sigma < \Delta < +\sigma) \approx 68.3\%$$
$$P(-2\sigma < \Delta < +2\sigma) \approx 95.4\%$$
$$P(-3\sigma < \Delta < +3\sigma) \approx 99.7\%$$

即是说，绝对值大于中误差的偶然误差，其出现的概率为 31.7%；而绝对值大于 2 倍中误差的偶然误差出现的概率为 4.6%；特别是绝对值大于 3 倍中误差的偶然误差出现的概率仅为 0.3%，这已经是概率接近于零的小概率事件，或者说这是实际上的不可能事件。因此，在测量规范中，为确保成果质量，根据测量的精度要求，通常以规定或预期的中误差的 3 倍或 2 倍作为偶然误差的限值，即

$$\left.\begin{aligned}\Delta_限 = 3\sigma\\ \Delta_限 = 2\sigma\end{aligned}\right\} \tag{8-8}$$

实用时，则以中误差之估值 m 代替 σ，则上式成为

$$\left.\begin{aligned}\Delta_限 = 3m\\ \Delta_限 = 2m\end{aligned}\right\} \tag{8-9}$$

在测量工作中，某个误差超过限差，则相应的观测值应舍去不用，或返工重测。

3. 相对误差

真误差、中误差和极限误差在描述精度时并不考虑观测量本身的大小，而只是计算

误差本身的大小,称为绝对误差。

对于某些观测成果,仅用绝对误差还不能完全描述其精度。例如,在相同条件下,丈量了两段距离,若长度分别为50 m和100 m,它们的中误差都是 ± 10 mm,虽然两者的中误差相同,但决不能说两者丈量的精度相同。此时,要采用相对误差来衡量。

误差与其对应观测值之比称为相对误差。相对误差是个无名数,通常化为分子为1 的形式,即 $1/T$(T 为相对误差的分母)。

在上面丈量的结果中,可算得其相对误差分别为 $\dfrac{1}{5\ 000}$ 和 $\dfrac{1}{10\ 000}$。本例中使用中误差与它们的观测值进行比较,故称为相对中误差。在以下的叙述中,用 k 表示相对误差。

测量规范中也规定有相对误差和相对中误差的限值,或称为允许的相对误差和允许的相对中误差。例如城市测量规范规定三级钢尺量距导线全长相对闭合差的限值为 $k_允 = \dfrac{1}{5\ 000}$,二级小三角起始边边长相对中误差的限值为 $k_允 = \dfrac{1}{20\ 000}$。

第四节 误差传播定律

上节讨论了由等精度观测值的真误差来衡量观测值精度的问题。但是在实际工作中,有许多未知量不能直接测得,需要有一个或几个观测值所确定的函数关系间接计算出来。换言之,未知量是各独立的直接观测值的函数。例如,两点间的坐标增量 Δx、Δy,可通过直接观测值 D(水平距离)和该边的坐标方位角 α 计算。如何根据观测值的中误差推求观测值函数的中误差,就是本节要讨论的问题。在测量上用以阐述独立观测值中误差和函数中误差之间关系的定律,称为误差传播定律。

一、线性函数的误差传播定律

1. 一般线性函数

设有线性函数 z 为

$$z = k_1 x_1 \pm k_2 x_2 \pm \cdots \pm k_n x_n \tag{8-10}$$

式中, $x_1, x_2, \cdots, x_n$ 为独立观测值,其中误差分别为 $m_1, m_2, \cdots, m_n, k_1, k_2, \cdots, k_n$ 为常数。为了推导简便,现仅以两个观测值来讨论,令 $x = x_1, y = y_1$,此时式(8-10)(只取 + 号)为

$$z = k_1 x_1 + k_2 x_2 \tag{a}$$

设 x_1、x_2 分别含有真误差 Δx_1、Δx_2,则函数 z 必有真误差 Δz,即

$$(z + \Delta z) = k_1 (x_1 + \Delta x_1) + k_2 (x_2 + \Delta x_2) \tag{b}$$

由式(b)减式(a),得真误差关系式为

$$\Delta z = k_1 \Delta x_1 + k_2 \Delta x_2 \tag{c}$$

若对 x_1、x_2 均观测 n 次,仿式(c)可得

$$\left.\begin{array}{l} \Delta z_1 = k_1 \Delta x_{11} + k_2 \Delta x_{21} \\ \Delta z_2 = k_1 \Delta x_{12} + k_2 \Delta x_{22} \\ \vdots \\ \Delta z_n = k_1 \Delta x_{1n} + k_2 \Delta x_{2n} \end{array}\right\} \tag{d}$$

将式(d)平方后求和,再除以 n,得

$$\frac{\Delta z^2}{n} = \frac{k_1^2 \left[\Delta x_1^2\right]}{n} + \frac{k_2^2 \left[\Delta x_2^2\right]}{n} + 2 \frac{k_1 k_2 \left[\Delta x_1 \Delta x_2\right]}{n} \tag{e}$$

由于 Δx_1,Δx_2 均为独立观测值的偶然误差,所以乘积 $\Delta x_1 \Delta x_2$ 也必然呈现偶然性,根据偶然误差的特性,式(e)右侧第三项在 $n \to \infty$ 时极限为零,即

$$\lim_{n \to \infty} \frac{k_1 k_2 \left[\Delta x_1 \Delta x_2\right]}{n} = 0 \tag{f}$$

根据式(8-7)中误差的定义,并顾及式(f),则由式(e)可得

$$m_z^2 = k_1^2 m_1^2 + k_2^2 m_2^2 \tag{8-11}$$

推广之,可得线性函数 z 的中误差关系式为

$$m_z^2 = k_1^2 m_1^2 + k_2^2 m_2^2 + \cdots + k_n^2 m_n^2 \tag{8-12}$$

2. 倍数函数

式(8-10)中,若 $n = 1$,仅有一个未知量,即

$$z = k_1 x_1 \tag{8-13}$$

则其中误差关系式为

$$m_z = k_1 m_1 \tag{8-14}$$

3. 和差函数

式(8-10)中若 $n = 2$,且 $k_1 = 1$,$k_2 = \pm 1$,即

$$z = x_1 \pm x_2 \tag{8-15}$$

则其中误差关系式为

$$m_z^2 = m_1^2 + m_2^2 \tag{8-16}$$

二、非线性函数的误差传播公式

非线形函数可一般地表达为

$$z = f(x_1, x_2, \cdots, x_n) \tag{8-17}$$

对函数 z 取全微分,得

$$\mathrm{d}z = \frac{\partial f}{\partial x_1} \mathrm{d}x_1 + \frac{\partial f}{\partial x_2} \mathrm{d}x_1 + \cdots + \frac{\partial f}{\partial x_n} \mathrm{d}x_n$$

因为真误差 $\Delta x_1, \Delta x_2, \cdots, \Delta x_n$ 及 Δz 均很小,故可替代上式中微分 $\mathrm{d}x_1, \mathrm{d}x_2, \cdots, \mathrm{d}x_n$ 及 $\mathrm{d}z$,即得真误差关系式:

$$\Delta z = \frac{\partial f}{\partial x_1}\Delta x_1 + \frac{\partial f}{\partial x_2}\Delta x_2 + \cdots + \frac{\partial f}{\partial x_n}\Delta x_n$$

式中,$\dfrac{\partial f}{\partial x_i}(i = 1, 2, \cdots, n)$ 是函数对各个变量求偏导数,并以观测值代入计算出的数值,它们均是常数。仿式(8-12)的推导可得非线性函数 z 的中误差关系式为

$$m_z^2 = \left(\frac{\partial f}{\partial x_1}\right)^2 m_1^2 + \left(\frac{\partial f}{\partial x_2}\right)^2 m_2^2 + \cdots + \left(\frac{\partial f}{\partial x_n}\right)^2 m_n^2 \qquad (8\text{-}18)$$

式中,$m_1, m_2, \cdots m_n$ 为独立观测值 $x_1, x_2, \cdots, x_n$ 的中误差。

表 8-2 列出了误差传播定律的几个主要关系式。

表 8-2　误差传播定律主要公式

函数名称	函　数　式	函数的中误差
线性函数	$z = k_1 x_1 \pm k_2 x_2 \pm \cdots + k_n x_n$	$m_z = \pm\sqrt{k_1^2 m_1^2 + k_2^2 m_2^2 + \cdots + k_n^2 m_n^2}$
倍数函数	$z = kx$	$m_z = \pm km_x$
和差函数	$z = x_1 \pm x_2 \pm \cdots \pm x_n$	$m_z = \pm\sqrt{m_1^2 + m_2^2 + \cdots + m_n^2}$
一般函数	$z = f(x_1, x_2, \cdots, x_n)$	$m_z = \pm\sqrt{\left(\dfrac{\partial f}{\partial x_1}\right)^2 m_1^2 + \cdots + \left(\dfrac{\partial f}{\partial x_n}\right)^2 m_n^2}$

三、应用误差传播定律的步骤

应用误差传播定律求观测值函数的精度时,应按以下步骤进行:

1. 按性质先列出函数关系式:

$$z = f(x_1, x_2, \cdots, x_n)$$

2. 对函数式进行全微分,得出函数真误差与观测值之间的关系式:

$$\Delta z = \left(\frac{\partial f}{\partial x_1}\right)\Delta x_1 + \left(\frac{\partial f}{\partial x_2}\right)\Delta x_2 + \cdots + \left(\frac{\partial f}{\partial x_n}\right)\Delta x_n$$

3. 然后代入误差传播定律公式,计算函数的中误差:

$$m_z^2 = \left(\frac{\partial f}{\partial x_1}\right)^2 m_1^2 + \left(\frac{\partial f}{\partial x_2}\right)^2 m_2^2 + \cdots + \left(\frac{\partial f}{\partial x_n}\right)^2 m_n^2$$

必须注意,在应用误差传播定律公式时,各观测值必须是独立的,这样才能使 $\lim\limits_{n \to \infty}\left[\dfrac{\Delta x_i \Delta x_j}{k}\right]$ 为零。同时还应特别注意在数值计算中的单位统一。

【例 8-2】　有一长方形,独立地观测其边得长和宽分别为 $a = 30.000\,\mathrm{m}$、$b =$

15.000 m,其中误差分别为 $m_a = \pm 0.005$ m、$m_b = \pm 0.003$ m,求该长方形的面积 S 及其中误差 m_s。

【解】 长方形面积为

$$S = ab = 30.000 \text{ m} \times 15.000 \text{ m} = 450.000 \text{ m}^2$$

显然这是一个任意函数,对其求偏导数:

$$\frac{\partial s}{\partial a} = b, \qquad \frac{\partial s}{\partial b} = a$$

代入公式(8-18)得:

$$m_s^2 = b^2 m_a^2 + a^2 m_b^2 = 0.013\ 725 \text{ m}^4$$

故

$$m_s = \pm 0.117 \text{ m}^2$$

最后写为:

$$S = (450.000 \pm 0.117) \text{ m}^2$$

【例8-3】 独立观测值 l_1、l_2、l_3 的中误差分别为 $m_1 = \pm 3$ mm、$m_2 = \pm 2$ mm、$m_3 = \pm 6$ mm,某函数为 $z = \frac{4}{14}l_1 + \frac{9}{14}l_2 - \frac{1}{14}l_3$,求其中误差 m_z。

【解】 这是一个线形函数,由式(18-12)可得

$$m_z^2 = \left(\frac{4}{14}\right)^2 m_1^2 + \left(\frac{9}{14}\right)^2 m_2^2 + \left(-\frac{1}{14}\right)^2 m_3^2 = 2.57 \text{ mm}^2$$

$$m_z = \pm 1.6 \text{ mm}$$

【例8-4】 观测某一个三角形的二内角 α 及 β,测角中误差分别为 $m_\alpha = \pm 3.5''$、$m_\beta = \pm 5.2''$,试求第三个角 γ 的中误差 m_γ。

【解】 由三角形的内角关系得:

$$\gamma = 180° - \alpha - \beta$$

这是一个任意函数,则

$$m_\gamma = \pm \sqrt{m_\alpha^2 + m_\beta^2} = \pm 6.3''$$

【例8-5】 在图上量得某一圆的半径 r 为 31.1 mm $\pm$ 0.5 mm,求圆周长 Z 及其中误差 m_z。

【解】 圆周与半径的函数关系为

$$Z = 2\pi r = 195.3 \text{ mm}$$

这是一个倍数函数,则

$$m_z = 2\pi m_r = \pm 3.1 \text{ mm}$$

最后写为:

$$Z = (195.3 \pm 3.1) \text{ mm}$$

【例8-6】 某建筑物基础设计为正六边形。竣工测量中,分甲、乙两组测定其周长。甲组丈量一条边长为 a,乙组丈量六条边长分别为 a_1、a_2、a_3、a_4、、a_5、a_6。丈量的中误差均为 m_a,试比较两组所求周长 p 的精度。

【解】 依题意,由甲组的观测计算的六边形周长为

$$p_1 = 6a$$

这是倍数函数,故

$$m_1 = 6m_a$$

由乙组的观测计算的六边形周长为

$$p_2 = a_1 + a_2 + a_3 + a_4 + a_5 + a_6$$

显然这是和差函数,故

$$m_2 = m_a \sqrt{6} = 2.5 m_a$$

该例表明,同一个问题,观测方法不同,所得结果的精度也不同。甲组只进行了必要观测,而乙组进行了多余观测,故后者的精度高于前者。可见当单一观测的精度一定时,增加多余观测可提高成果的精度。

误差传播定律的具体应用将结合水准测量、角度测量和距离测量等有关问题在第八节中予以介绍。

第五节 等精度直接平差

根据对同一个量多次直接观测的结果,按照最小二乘原理,求其最或然值并评定精度的过程,称为直接平差。所谓"最或然值",又称"平差值"、"最可靠值",是指根据观测数据确定的最接近真值的近似值。依观测条件是否相同,直接平差可分为等精度直接平差和不等精度直接平差两种。本节先介绍等精度直接平差。

一、最小二乘准则

在科学实验和生产活动中,经常会遇到根据一些观测数据来估计某些未知量的问题。例如已知某物体作匀速运动,如何确定其运动方程? 由于匀速运动物体的运动方程可以用一个线性函数来描述:

$$S = S_0 + vt$$

式中,S_0 是物体在 $t = 0$ 时刻的位置,v 是物体运动的平均速度,这个问题就成为确定 S_0 和 v 两个参数的问题。如果观测没有误差,这一问题的解决可以通过在 t_1、t_2 两个时刻,测定物体的相应位置 S_1 和 S_2,分别代入上式后组成两个方程即可解出 S_0 和 v 的值。但是,实际观测中总是不可避免地含有误差,观测得到的不是 S,而是 $L = S + \Delta$。为了确定 S_0 和 v,就需要在不同的时刻 $t_1, t_2, \cdots, t_n$ 测定物体的位置,得到一组观测值:

$$L_i = S_0 + vt_i + \Delta_i \quad (i = 1, 2, \cdots, n)$$

其中，Δ_i 是第 i 次观测的误差。

如果我们将对应的 L_i、t_i 描绘成图 8-4，则可看出，由于观测误差的原因，由观测数据绘出的点并不在同一直线上，这就引出一个问题：采用什么准则确定参数 S_0 和 v，使得绘出的直线能"最好"地拟合于各观测点。实际上，可能的准则有多种，例如：按各观测点到直线的距离取最小值的准则进行拟合；或按各观测点到直线的距离的绝对值之和为最小的准则进行拟合，等等。在测量平差中，通常采用最小二乘准则。

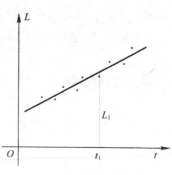

图 8-4 L 与 t 的关系图

设对某一量进行了 n 次等精度观测，得到 n 个观测值 $L_1, L_2, \cdots, L_n$，由这 n 个观测值确定的最或然值为 x，我们称

$$v_i = x - L_i \tag{8-19}$$

为第 i 个观测值 L_i 的改正数。所谓最小二乘准则，是在满足改正数的平方和为最小的条件下确定观测量最或然值的准则，即最或然值 x 必须在满足

$$\sum v_i^2 = \min \tag{8-20}$$

的条件下确定。按最小二乘准则确定观测量最或然值的方法称为最小二乘法。

若为不等精度观测，则应使

$$[p_i v_i v_i] = \min \tag{8-21}$$

式中，p_i 为观测值 L_i 的权。

又例如，某平面三角形三个内角的等精度观测值 a、b、c 均为 $60°00'02''$，应如何确定它们的最或然值 $\hat{a}$、$\hat{b}$、$\hat{c}$ 呢？我们知道确定三角形的形状应至少知道两个角，即一个三角形的必要观测数为 2，现观测了 3 个内角，多余观测数为 1。由于观测误差，通常 $a + b + c \neq 180°$，即 $a + b + c - 180° \neq 0$，平差时需要在观测角上加一个改正数 v_i 来使三个内角满足几何条件，即有

$$(a + v_a) + (b + v_b) + (c + v_c) - 180° = 0$$

或写为

$$v_a + v_b + v_c + f = 0$$

式中

$$f = a + b + c - 180°$$

一个方程式中有三个未知数 v_a、v_b、v_c，这个方程的解是不定的，或者说该方程有无穷多组解，表 8-3 中列出了其中 7 组解，究竟采用哪组最合理呢？根据最小二乘准则，

应当采用第一组解,因为只有这一组解的改正数 v 的平方和最小。

表8-3　平差方案表

角号	观测值			平差方案(求改正数 v 的方法)													
				1		2		3		4		5		6		7		···
	°	′	″	v	v^2	v	v^2	v	v^2	v	v^2	v	v^2	v	v^2	v	v^2	···
a	60	00	02	-2	4	-6	36	-5	25	-4	16	-4	16	-3	9	-3	9	···
b	60	00	02	-2	4	0	0	-1	1	-2	4	-1	1	-3	9	-2	4	···
c	60	00	02	-2	4	0	0	0	0	0	0	-1	1	0	0	-1	1	···
Σ	180	00	06	-6	12	-6	36	-6	26	-6	20	-6	18	-6	18	-6	14	···
															$f=+6$		

二、等精度直接平差

1. 算术平均值 x

设对某量进行 n 次等精度的直接观测,观测值为 $L_1,L_2,\cdots,L_n$,观测值的改正数为 v_i,未知量的最或然值为 x,则由式(8-19)有:

$$v_i = x - L_i \quad (i = 1,2,\cdots,n)$$

根据最小二乘原理:

$$[vv] = v_1^2 + v_2^2 + \cdots + v_n^2$$
$$= (x - L_1)^2 + (x - L_2)^2 + \cdots + (x - L_n)^2 = \min$$

为求其最小值,取 $[vv]$ 对 x 的一阶导数,并令其等于零,即

$$\frac{d[vv]}{dx} = 2(x - L_1) + 2(x - L_2) + \cdots + 2(x - L_n) = 0$$

从而得

$$nx - [L] = 0$$

故

$$x = \frac{[L]}{n} \tag{8-22}$$

因为函数对 x 的二阶导数等于 $2n$,大于零,由极值判定法则可知,上式确实使函数 $[vv]$ 有极小值。x 称为等精度观测法的算术平均值。

因此,在等精度观测条件下,观测值的算术平均值就是该量的最或然值。

最或然值求出之后,可按下式计算改正数 v_i:

$$\left. \begin{array}{c} v_1 = x - L_1 \\ v_2 = x - L_2 \\ \vdots \\ v_n = x - L_n \end{array} \right\}$$

上式两端求和,得 $[v] = nx - [L]$,将 x 值代入此式,即有

$$[v] = 0 \qquad (8\text{-}23)$$

上式表明一组等精度观测值的改正数之总和恒等于零。利用这一特性,可校核 x 和 v_i 之计算正确与否。

2. 精度评定

(1)观测值中误差

等精度观测值的中误差定义为

$$m = \pm\sqrt{\frac{[\Delta\Delta]}{n}}$$

而

$$\Delta_i = L_i - X \quad (i = 1, 2, \cdots, n) \qquad (a)$$

由于未知量的真值往往是无法知道的,因此其误差 Δ_i 也无法求得,所以一般不能直接用上式来求观测值中的误差。但是未知量的最或然值 x 与观测值 L_i 的差数(改正数)是可以求得的,即

$$v_i = x - L_i \quad (i = 1, 2, \cdots, n) \qquad (b)$$

为了评定精度,需要导出由改正数 v 计算观测值中误差的公式。

式(a)和式(b)两式相加,可得

$$-\Delta_i = v_i + (X - x)$$

将上式自乘并取和,得

$$[\Delta\Delta] = [vv] + 2[v](X - x) + n(X - x)^2$$

上式除以 n ,并顾及式(8-23),则得

$$\frac{[\Delta\Delta]}{n} = \frac{[vv]}{n} + (X - x)^2 \qquad (c)$$

式中

$$(X - x)^2 = \left(X - \frac{[L]}{n}\right)^2 = \frac{1}{n^2}(nX - [L])^2$$

$$= \frac{1}{n^2}(X - L_1 + X - L_2 + \cdots + X - L_n)^2$$

$$= \frac{1}{n^2}(\Delta_1 + \Delta_2 + \cdots + \Delta_n)^2$$

$$= \frac{1}{n^2}(\Delta_1^2 + \Delta_2^2 + \cdots + \Delta_n^2 + 2\Delta_1\Delta_2 + 2\Delta_1\Delta_3 + \cdots)$$

$$= \frac{[\Delta\Delta]}{n^2} + \frac{2(\Delta_1\Delta_2 + \Delta_1\Delta_3 + \cdots)}{n^2}$$

根据偶然误差特性,当 n 无限增大时,上式等号右边的第二项趋近于零,故

$$(X - x)^2 = \frac{[\Delta\Delta]}{n^2}$$

把上式代入式(c)得：

$$\frac{[\Delta\Delta]}{n} = \frac{[vv]}{n} + \frac{[\Delta\Delta]}{n^2}$$

于是

$$m^2 - \frac{1}{n}m^2 = \frac{[vv]}{n}$$

$$m^2 = \frac{[vv]}{n-1}$$

故

$$m = \pm\sqrt{\frac{[vv]}{n-1}} \qquad\qquad (8\text{-}24)$$

上式又称为白塞尔公式,用以在等精度观测时根据改正数计算观测值的中误差。

(2)算术平均值中误差

展开式(8-22)得

$$x = \frac{[L]}{n} = \frac{1}{n}L_1 + \frac{1}{n}L_2 + \cdots + \frac{1}{n}L_n$$

式中$\frac{1}{n}$为常数,各独立观测值的误差均为m,按误差传播定律：

$$m_x = \pm\sqrt{\left(\frac{1}{n}\right)^2 m^2 + \left(\frac{1}{n}\right)^2 m^2 + \cdots + \left(\frac{1}{n}\right)^2 m^2}$$

故

$$m_x = \pm\frac{m}{\sqrt{n}} \qquad\qquad (8\text{-}25)$$

上式表明,算术平均值的中误差较单一观测值的中误差缩小了$\sqrt{n}$倍,也就是算术平均值的精度提高了$\sqrt{n}$倍。

设$m = 1$,由式(8-25)可得m_x与n之间的关系如表8-4所示。

表 8-4　m_x 与 n 之关系比较

n	1	2	3	4	5	6	10	20	40	60	80	100
m_x	1.00	0.71	0.58	0.50	0.45	0.41	0.32	0.22	0.16	0.13	0.11	0.10

由表8-4可知,当n增大时,m_x即随之减小,也就是说,增加观测次数可以提高算术平均值的精度。但n增至6次以上时,m_x之减小极其有限,故不能单从增大n来提高精度。提高精度最经济而可靠的办法是:采用精度较高的仪器,改进观测方法,提高操作技能,选择最有利的外界环境等。

【例 8-7】 对某段距离等精度丈量了 9 个测回，观测结果列于表 8-5 中。试计算该段距离的算术平均值、观测值中误差、算术平均值中误差和相对中误差。

【解】 全部计算在表 8-5 中进行。

表 8-5 等精度观测精度计算

No.	L_i (m)	v_i (cm)	$v_i v_i$	计　算
1	125.77	−2	4	$\hat{L} = \dfrac{[L]}{n} = 125.75 \text{ m}$
2	125.74	+1	1	
3	125.72	+3	9	$m = \pm\sqrt{\dfrac{[vv]}{n-1}} = \pm 2.7 \text{ cm}$
4	125.78	−3	9	
5	125.75	0	0	$m_{\hat{L}} = \dfrac{m}{\sqrt{n}} = \pm 0.9 \text{ cm}$
6	125.73	+2	4	
7	125.71	+4	16	$K = \dfrac{m_{\hat{L}}}{\hat{L}} = \dfrac{1}{13\,972} = \dfrac{1}{13\,900}$
8	125.79	−4	16	
9	125.76	−1	1	
Σ	1 131.75	0	60	

第六节　不等精度直接平差

测量实践中，除了等精度观测外，还有不等精度的观测，本节讨论在直接观测中如何根据一系列不等精度独立观测值按照最小二乘原理求其最或然值并评定精度。

一、加权平均值

下面以等精度独立观测值的算术平均值为基础，引出不等精度独立观测值的加权平均值和权的基本概念。

设对某量进行了 n 次同精度独立观测，其观测值为 $L_1, L_2, \cdots, L_{n1}, L_{n1+1}, L_{n1+2}, \cdots,$ L_{n1+n2}。现将 n 个观测值划分成两组，其中第一组为 n_1 个观测值，第二组为 n_2 个观测值，则 $n = n_1 + n_2$。如果分别对两组观测值求算术平均值，即：

$$x_1 = \frac{1}{n_1}\sum_{i=1}^{n_1} L_i \left.\begin{array}{c}\\ \\ \end{array}\right\}$$

$$x_2 = \frac{1}{n_2}\sum_{j=n_1+1}^{n_1+n_2} L_j$$

$(8-26)$

设观测值中误差为 m，那么两组观测值的算术平均值的中误差按式(8-25)可得：

$$m_{x_1} = \frac{m}{\sqrt{n_1}} \left.\vphantom{\frac{m}{\sqrt{n_1}}}\right\}$$
$$m_{x_2} = \frac{m}{\sqrt{n_2}} \tag{8-27}$$

由上式可知,当 $n_1 \neq n_2$ 时,$m_{x_1} \neq m_{x_2}$。因为 x_1 和 x_2 分别是两组相互独立观测值的函数,则它们也是相互独立的量。现在的问题是,如何根据不等精度相互独立的 x_1 和 x_2 求得该量的最或然值。

该量的最或然值为

$$x = \frac{[L]}{n}$$

顾及式(8-26),上式即为

$$x = \frac{[L]}{n} = \frac{\sum\limits_{i=1}^{n} L_i + \sum\limits_{j=n_1+1}^{n_1+n_2} L_j}{n_1 + n_2} = \frac{n_1 x_1 + n_2 x_2}{n_1 + n_2}$$

将式(8-27)代入上式,则有

$$x = \frac{\dfrac{m^2}{m_{x_1}^2} x_1 + \dfrac{m^2}{m_{x_2}^2} x_2}{\dfrac{m^2}{m_{x_1}^2} + \dfrac{m^2}{m_{x_2}^2}} \tag{8-28}$$

若将上式中的 m^2 换成另一常数 μ^2(并不影响 x 的值),令

$$p_i = \frac{\mu^2}{m_i^2} \tag{8-29}$$

则式(8-28)成为

$$x = \frac{p_1 x_1 + p_2 x_2}{p_1 + p_2} \tag{8-30}$$

从以上两式可以看出,x_i 的精度愈高,即 m_i 愈小,而 p_i 愈大,相应的 x_i 在 x 中的比重就大,反之,x_i 的精度愈低,即 m_i 愈大,而 p_i 愈小,相应的 x_i 在 x 中的比重就小。所以,p_i 值的大小,权衡了观测值 x_i 在 x 中所占比重的大小,故称 p_i 为 x_i 的权。

一般地讲,设对某未知量进行了 n 次不等精度观测,得观测值为 $L_1, L_2, \cdots, L_n$,其相应的权为 $p_1, p_2, \cdots, p_n$,则该量的最或然值为

$$x = \frac{p_1 L_1 + p_2 L_2 + \cdots + p_n L_n +}{p_1 + p_2 + \cdots + p_n} = \frac{[pL]}{[p]} \tag{8-31}$$

上式就是加权平均值的基本公式。

当该组观测精度相等,即 $m_1 = m_2 = \cdots = m_n$ 时,按式(8-29)可知,这些观测值的权

也相等,即 $p_1 = p_2 = \cdots = p_n$,则式(8-31)成为

$$x = \frac{p(L_1 + L_2 + \cdots + L_n)}{p(1 + 1 + \cdots + 1)} = \frac{[L]}{n}$$

这就是算术平均值。可见算术平均值是加权平均值的一种特例。

二、权

上面由不等精度观测值的加权平均值引出了权的基本概念,并定义 L_i 的权为

$$p_i = \frac{\mu^2}{m_i^2} \quad (i = 1, 2, \cdots, n)$$

它是用来衡量一组观测值之间相对精度的指标。在同一组权中,权愈大,其方差愈小,则精度愈高。

根据权的定义,若取 $\mu = \mu_1$,可以得到该组观测值之间一组权的比例关系,即

$$p_1 : p_2 : \cdots : p_n = \frac{\mu_1^2}{m_1^2} : \frac{\mu_1^2}{m_2^2} : \cdots : \frac{\mu_1^2}{m_n^2} = \frac{1}{m_1^2} : \frac{1}{m_2^2} : \cdots : \frac{1}{m_n^2}$$

如果选取 $\mu = m_i$,又可得出该组观测值之间另一组权的比例关系:

$$p'_1 : p'_2 : \cdots : p'_n = \frac{m_i^2}{m_1^2} : \frac{m_i^2}{m_2^2} : \cdots : \frac{m_i^2}{m_n^2} = \frac{1}{m_1^2} : \frac{1}{m_2^2} : \cdots : \frac{1}{m_n^2}$$

由上面两式可知,当选定了一个方差因子 μ^2 值后,就有一组对应的权;或者说一组权只对应一个 μ^2 值。观测值的每组权,其大小是随着选取方差因子 μ^2 值的不同而变化,但每组权之间的比例关系保持不变,因而权的意义,不在于本身数值的大小,重要的是一组权之间所存在的比例关系,因此对于同一问题只能选定一个 μ 值。

如果令 $\mu = m_i$,则 $p'_i = 1$,即其他观测值的权,均是以 p'_i 为单位确定的。实际上,凡是中误差等于 μ 的观测值,其权必然等于1;或者说,权为1的观测值的中误差必定等于 μ。通常称 μ 为单位权中误差,而 μ^2 又称为单位权方差;并把权等于1的观测值,称为单位权观测值。例如,m_i 就是单位权中误差,而 L_i 即为单位权观测值。当 μ 值不等于该组观测值的任何一个中误差时,其单位权观测值为一假定观测值。

由式(8-28)可知:μ 值的不同对 x 值的计算毫无影响,它并不改变最或然值的计算结果。

三、定权的常用方法

根据权的定义式(8-29)来确定观测值的权,首先必须知道其中误差。但在实际工作中,往往在观测值的中误差尚未求得之前,就要确定各观测值的权,以便求出最或然值。下面给出几种情况下定权的常用方法。

1. 水准测量

设有 n 条水准路线,当每个测站观测高差的精度相同时,则各条水准路线高差观测值的权与测站数成反比,即

$$p_i = \frac{c}{N_i} \quad (i = 1, 2, 3, \cdots, n) \tag{8-32}$$

式中 c 是可以选定的常数,N_i 是第 i 条水准路线上的测站数。

当每公里观测高差的精度相同时,则各条水准路线高差观测值的权与该水准路线的长度成反比,即

$$p_i = \frac{c}{L_i} \quad (i = 1, 2, 3, \cdots, n) \tag{8-33}$$

式中 L_i 是第 i 条水准路线的长度(单位:km)。

2. 角度测量

设对 n 个角分别进行不同测回的观测,当每测回观测的精度相同时,各角度观测值的权与其测回数成正比,即

$$p_i = cN_i \quad (i = 1, 2, 3, \cdots, n) \tag{8-34}$$

式中 N_i 是第 i 个角度观测的测回数。

3. 距离丈量

如果丈量了 n 段距离,当单位距离丈量的精度相同时,各段距离观测值的权与其长度成反比,即

$$p_i = \frac{c}{s_i} \quad (i = 1, 2, 3, \cdots, n) \tag{8-35}$$

式中 s_i 是第 i 段距离的观测值。

可以看出,这些确定权的公式都有一定的适用条件,而这些条件在实际工作中是基本具备的,因此这些公式得到广泛应用。

四、中误差和观测值中误差

1. 单位权中误差 μ

在第二节中已经指出,在等精度独立观测中,观测值的精度是相同的,由此可以用

$$m = \pm\sqrt{\frac{[\Delta\Delta]}{n}} \quad 或 \quad m = \pm\sqrt{\frac{[vv]}{n-1}} \tag{a}$$

来计算观测值的中误差。在不等精度观测中,每个观测值的精度不同,就必须先求出单位权中误差 μ,然后求出各观测值的中误差。

由式(8-29)可知,$\mu = m_i\sqrt{p_i} \quad (i = 1, 2, 3, \cdots, n)$,就是说各观测值的中误差乘以各自权的平方根即为单位权中误差。亦即观测值乘以各自权的平方根,就可以得到一组同精度的单位权观测值,为此,先构造一组新的观测列,使新列中的各个观测值等于原

列中对应观测值与其权的平方根之积,即

$$L'_i = L_i \sqrt{p_i} \quad (i = 1, 2, 3, \cdots, n)$$

则有

$$\Delta'_i = \Delta_i \sqrt{p_i} \quad (i = 1, 2, 3, \cdots, n) \qquad (b)$$

由误差传播定律,并顾及权的定义,可得

$$m'^2_i = p_i m^2_i = \frac{\mu^2}{m^2_i} m^2_i = \mu^2 \quad (i = 1, 2, 3, \cdots, n)$$

即 $m'_i = \mu, p'_i = 1$,则 $L_i (i = 1, 2, 3, \cdots, n)$ 为单位权观测值,这是一组等精度的独立观测值,其真误差为 $\Delta'_i (i = 1, 2, \cdots, n)$,中误差为

$$\mu = \pm \sqrt{\frac{[\Delta'\Delta']}{n}}$$

由于 $p'_i = 1$,故 μ 为单位权中误差。将式(b)回代上式,得

$$\mu = \pm \sqrt{\frac{[p\Delta\Delta]}{n}} \qquad (8\text{-}36)$$

这就是用观测值真误差计算单位权中误差的公式。式中 Δ_i 是不同精度观测值 L_i 的真误差,而 μ 是权为 1 的观测值的中误差。

在许多测量计算中,真误差是求不出来的,所以还有必要导出用改正数 v 计算单位权中误差的公式。因为

$$v_i = x - L_i \qquad (i = 1, 2, 3, \cdots, n)$$

及

$$\Delta_i = L_i - X \qquad (i = 1, 2, 3, \cdots, n)$$

则

$$\Delta_i = -v_i + (x - X) = -v_i + \Delta_x \qquad (i = 1, 2, 3, \cdots, n)$$

式中 $\Delta_x = (x - X)$ 是带权平均值 x 的真误差。将上式两边平方并乘以 p_i,得

$$p_i \Delta_i \Delta_i = p_i v_i v_i - 2 p_i v_i \Delta_x + p_i \Delta_x^2$$

取和,则有

$$[p\Delta\Delta] = [pvv] - 2[pv]\Delta_x + \Delta_x^2[p] \qquad (c)$$

因为 $v_i = x - L_i$,将它乘以 p_i 后求和,得

$$[pv] = [p]x - [pL]$$

将 $x = \dfrac{[pL]}{[p]}$ 代入后得

$$[pv] = [p]\frac{[pL]}{[p]} - [pL] = 0 \qquad (8\text{-}37)$$

即权与改正数乘积的和恒等于零,这是平差计算中一个重要的检核公式。

式（c）中第三项的 Δ_x，可用 $m_x = \dfrac{\mu}{\sqrt{[p]}}$ 代替，顾及到式（8-36），则式（c）为

$$[p\Delta\Delta] = [pvv] + m_x^2[p] = [pvv] + \frac{\mu^2}{[p]}[p] = [pvv] + \mu^2$$

$$[pvv] = n\mu^2 - \mu^2 = (n-1)\mu^2$$

即

$$\mu^2 = \frac{[pvv]}{n-1}$$

所以

$$\mu = \pm\sqrt{\frac{[pvv]}{n-1}} \tag{8-38}$$

这就是用改正数计算单位权中误差的公式。

2. 观测值中误差

知道了单位权中误差，则根据权与中误差的关系，第 i 个观测值 L_i 的中误差为

$$m_i = \frac{\mu}{\sqrt{p_i}} \qquad (i = 1,2,3,\cdots,n) \tag{8-39}$$

五、加权平均值的中误差

加权平均值 x 是一系列 n 个不等精度独立观测值 $L_1,L_2,\cdots,L_n$ 的线性函数，即

$$x = \frac{[pL]}{[p]} = \frac{p_1}{[p]}L_1 + \frac{p_2}{[p]}L_2 + \cdots + \frac{p_n}{[p]}L_n$$

设加权平均值的中误差为 m_x，根据误差传播定律，有

$$m_x^2 = \frac{p_1^2}{[p]^2}m_1^2 + \frac{p_2^2}{[p]^2}m_2^2 + \cdots + \frac{p_n^2}{[p]^2}m_n^2$$

顾及式（8-29），则

$$m_x^2 = \frac{p_1}{[p]^2}\mu^2 + \frac{p_2}{[p]^2}\mu^2 + \cdots + \frac{p_n}{[p]^2}\mu^2$$

$$m_x = \frac{\mu}{\sqrt{[p]}} \tag{8-40}$$

这就是计算加权平均值中误差的公式。

【例 8-8】　如图 8-5 所示，为求未知点 F 的高程，由已知点 A、B、C、D 和 E 向 F 布设五条水准路线，构成具有一个节点的水准网。各已知点高程、各水准路线长度及高差观测值列于表 8-6 中，试求算：

（1）未知点 F 的高程最或然值 H_F 及其中误差 m_F；

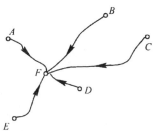

图 8-5　水准路线图

（2）每公里水准路线高差测定的中误差 $m_{公里}$；

（3）各条水准路线的高差观测值的中误差 m_1、m_2、m_3、m_4、m_5。

表 8-6　例 8-8 数据

路 线	已 知 点		h_i	H_{Fi}	L_i
	点号	$H(m)$	（m）	（m）	（km）
1	A	511.215	+22.319	533.534	2.5
2	B	557.324	−23.797	533.527	4.0
3	C	507.174	+26.348	533.522	5.0
4	D	538.921	−5.384	533.537	0.5
5	E	539.113	−5.577	533.536	1.0

【解】　全部计算列于表 8-7 中。

表 8-7　水准路线平差计算表

路线	$H_{Fi}(m)$	$P_i = \dfrac{10}{L_i}$	δ_{Hi} (mm)	$p_i\delta_{Hi}$ (mm)	$v_i(mm)$	p_iv_i (mm)	$p_iv_iv_i$
1	533.534	4.0	+4	+16.0	+1	+4.0	4.0
2	533.527	2.5	−3	−7.5	+8	+20.0	160.0
3	533.522	2.0	−8	−16.0	+13	+26.0	338.0
4	533.537	20.0	+7	+140.0	−2	−40.0	80.0
5	533.536	10.0	+6	+60.0	−1	−10.0	10.0
Σ	$H_0 = 533.530$ $H_F = H_0 + \delta_H$ $= 533.535$	38.5		$+192.5$ $\delta_H = \dfrac{[p\delta_H]}{[p]}$ $= +5.0$		0	592.0

精度评定

$$\mu = \sqrt{\frac{[pvv]}{n-1}} = \pm 12.2 \text{ mm}$$

$$m_F = \frac{\mu}{\sqrt{[p]}} = \pm 2.0 \text{ mm}$$

$$m_{公里} = \frac{\mu}{\sqrt{10}} = \pm 3.9 \text{ mm}$$

$$m_1 = \frac{\mu}{\sqrt{p_1}} = \pm 6.1 \text{ mm}$$

$$m_2 = \frac{\mu}{\sqrt{p_2}} = \pm 7.7 \text{ mm}$$

$$m_3 = \frac{\mu}{\sqrt{p_3}} = \pm 8.6 \text{ mm}$$

$$m_4 = \frac{\mu}{\sqrt{p_4}} = \pm 2.7 \text{ mm}$$

$$m_5 = \frac{\mu}{\sqrt{p_5}} = \pm 3.9 \text{ mm}$$

【例 8-9】　对某水平角进行了三组观测,各组的角度观测值 β_i、测回中误差 m_{ci}、测回数 N_i 列于表 8-8 中。求该水平角的最或然值及其中误差。

表 8-8　水平角观测已知数据表

No.	β_i			m_{ci}	N_i	m_i
	(°)	(′)	(″)	(″)		(″)
1	61	27	40	±20	4	±10
2	61	27	32	±15	6	±6
3	61	27	26	±15	9	±5

【解】　设观测值中误差为 m_i，则 $m_i = \dfrac{m_{ci}}{\sqrt{N_i}}$，计算结果见表 8-9。取 $\beta_0 = 61°27'30''$，

则 $\delta_{\beta i} = \beta_i - \beta_0$，取 $c = \pm 10''$，计算过程见表 8-9。

表 8-9　水平角观测平差计算表

No.	β_i			$p_i = \dfrac{c^2}{m_i^2}$	δ_i	$p_i\delta_i$	v_i	$p_i v_i$	$p_i v_i v_i$
	(°)	(′)	(″)		(″)	(″)	(″)	(″)	
1	61	27	40	1.0	+10	+10.0	−10.1	−10.1	102.01
2	61	27	32	2.8	+2	+5.6	−2.1	−5.9	12.39
3	61	27	26	4.0	−4	−16.0	+3.9	+15.6	60.84
Σ				7.8		−0.4		−0.4	175.24

备注：(1) 最或然值(加权平均值)：$\beta = \beta_0 + \dfrac{[p\delta_\beta]}{[p]} = 61°27'29.9''$。

(2) 单位权中误差：$\mu = \pm\sqrt{\dfrac{[pv v]}{n-1}} = \pm 9.4''$。

(3) 最或然值中误差 $m_x = \pm\dfrac{\mu}{\sqrt{[p]}} = \pm 3.4''$。

应该指出，本例不能直接用测回数来定权，因为前提条件——每测回角观测值中误差并不相等。否则，将得出 $p_1 = 4$，$p_2 = 6$，$p_3 = 9$ 和 $\beta = 61°27'30.8''$ 的错误结果。

第七节　由真误差计算中误差

对于一组等精度或不等精度观测值来说，如果已经知道它们的真误差，则可按式 (8-7) 或式 (8-36) 计算观测值的中误差或单位权中误差。但是，已如前述，在一般情况下，由于被测观测量的真值并不知道，所以真误差也无法知道。这时，就不能直接由真误差计算中误差了。然而，在测量工作中，有时由若干个被观测量(如角度、长度和高差等)所构成的函数，其真值是知道的，因而这些观测值函数的真误差可以求得，这时，就可以用真误差来计算中误差了。

下面介绍几种在测量工作中常用到的由真误差计算中误差的公式。

一、由三角形闭合差计算测角中误差

设以同精度观测三角网中各内角,由每个三角形的三个内角的观测值 a_i, b_i, c_i 求出的闭合差 $w_i = a_i + b_i + c_i - 180°(i = 1, 2, \cdots, n)$。按真误差的定义可知,闭合差 w 就是三角形内角和 $(a + b + c)$ 的真误差。所以根据中误差的定义,三角形内角和的中误差为

$$m_{(a+b+c)} = \pm\sqrt{\frac{[ww]}{n}}$$

式中 $[ww] = w_1^2 + w_2^2 + \cdots + w_n^2, n$ 为三角形的个数。由于三角形的内角和是三个观测角之和,即 $(a + b + c) = a + b + c$。设测角中误差为 m,则

$$m_{(a+b+c)}^2 = 3m^2$$

故

$$m = \frac{m_{(a+b+c)}}{\sqrt{3}}$$

即

$$m = \pm\sqrt{\frac{[ww]}{3n}} \tag{8-41}$$

上式就是由三角形闭合差计算测角中误差的公式,名为菲列罗公式。在三角测量中通常用它来初步评定测角精度。

【例 8-10】 某地区平面控制网设计为一级小三角网,有 9 个三角形构成。外业工作中,以等精度观测了所有三角形内角,共计 27 个角度的独立观测值列于表 8-10 中。试计算该三角网的测角中误差 m,并检查是否达到精度。

表 8-10 三角形测角中误差计算

No.	a_i (° ′ ″)			b_i (° ′ ″)			c_i (° ′ ″)			$a_i + b_i + c_i$ (° ′ ″)			w_i (″)	$w_i w_i$
1	61	19	38.3	67	29	58.8	511	03	2.3	180	00	09.4	+9.4	88.36
2	54	58	27.6	82	44	51.4	421	63	1.1	179	59	50.1	-9.9	98.01
3	64	07	54.2	43	19	05.9	723	30	4.2	180	00	04.3	+4.3	18.49
4	52	25	06.9	68	33	15.0	590	13	7.7	179	59	59.6	-0.4	0.16
5	74	14	38.7	52	27	50.1	531	72	9.7	179	59	58.5	-1.5	2.25
6	55	49	53.8	77	40	00.2	463	01	1.4	180	00	05.4	+5.4	29.16
7	59	44	48.1	67	00	05.6	531	45	6.1	179	59	50.3	-9.7	94.09
8	62	10	32.5	52	14	06.6	653	51	9.1	179	59	58.2	-1.8	3.24
9	66	45	06.4	53	47	20.9	592	73	9.8	180	00	07.1	+7.1	50.41
Σ														384.17

【解】 在表 8-10 中先计算三角形闭合差 w,再计算 w 的平方和,从而计算出

$$m = \pm \sqrt{\frac{[ww]}{3n}} = \pm 3.8''$$

一级小三角规定的测角中误差为 $\pm 5''$，故达到精度要求。

二、由等精度双观测列的差数计算观测值中误差

在测量工作中，常常对一系列被观测量进行成对观测，例如水准测量和距离丈量中的往返测，称这种观测为双观测。对一个未知量进行的两次观测，称为一个观测对。

设对未知量 $x_1, x_2, \cdots, x_n$ 各等精度观测两次，得观测值：$L'_1, L'_2, \cdots, L'_n$ 和 $L''_1, L''_2, \cdots, L''_n$。

对于任何一个被观测量 X_i 来说，由这个量的真值 X_i 组成的差数必为零，即 $X_i - X_i = 0$。所以这里的"0"实际上是这个量差数的真值。现对每一个量做双次观测，得 L'_i 和 L''_i，由于含有观测误差，所以其差数通常就不等于"0"，而有差数 d_i，即

$$L'_i - L''_i = d_i$$

这里的 d_i 是双观测值的差数，而差数的真值为"0"。按式（8-1）可求得各差数的真误差为

$$\Delta_i = d_i - 0 = d_i$$

可见 d_i 就是差数的真误差，由于所有的观测值都是等精度的，所以 d_i 也是等精度的。按中误差定义式（8-7），得差数的中误差为

$$m_d = \pm \sqrt{\frac{[dd]}{n}} \tag{8-42}$$

式中 n 是 d 的个数，也就是"双测对"的个数，不是观测值的个数。

设观测值的中误差为 m，对 $d_i = L'_i - L''_i$ 应用误差传播定律得

$$m_d = \sqrt{2}\,m$$

即

$$m = \frac{m_d}{\sqrt{2}} = \pm \sqrt{\frac{[dd]}{2n}} \tag{8-43}$$

在内业计算时，总是取各量的两次等精度观测值的算术平均值作为相应的最或然值，即

$$x_i = \frac{L'_i + L''_i}{2}$$

由于所有观测值都是等精度的观测值，所以所有的最或然值 x_i 也是等精度的，其中误差为

$$m_{xi} = \frac{m}{\sqrt{2}} = \pm \frac{1}{2}\sqrt{\frac{[dd]}{n}} \tag{8-44}$$

式(8-42)、式(8-43)和式(8-44)分别是等精度双观测差数的中误差、观测值中误差、算术平均值中误差的公式。

【例8-11】 对8条边长作等精度双次观测,观测结果见表8-11。取每条边两次观测的算术平均值作为该边的最或然值,求观测值中误差和每边最或然值的中误差。

表8-11 边长观测及计算表

编　　号	$L'(\text{m})$	$L''(\text{m})$	$d(\text{mm})$	dd
1	103.478	103.482	−4	16
2	99.556	99.534	+22	484
3	100.373	100.382	−9	81
4	101.763	101.742	+21	441
5	103.350	103.343	+7	49
6	98.885	98.876	+9	81
7	101.004	101.014	−10	100
8	102.293	102.285	+8	64
				$[dd]=1\,316$

【解】 因8条边长的长度相差很小,是在同样条件下丈量的,所以这些观测值都可以当作是等精度的。按式(8-43)求得观测值中误差:

$$m = \pm\sqrt{\frac{[dd]}{2n}} = \pm\sqrt{\frac{1\,316}{16}} = \pm9.1\text{ mm}$$

按式(8-44)求得各边最或然值的中误差:

$$m_x = \pm\frac{1}{2}\sqrt{\frac{[dd]}{n}} = \pm\frac{1}{2}\sqrt{\frac{1\,316}{8}} = \pm6.4\text{ mm}$$

三、由不等精度双观测值的差数计算中误差

在测量工作中,经常会遇到不等精度的双观测问题。例如,对不同长度的边作双观测;对不同长度的水准路线的两点间作往返水准测量等。这时,对一个观测对来说,由于边长的长度相等,或者水准路线相同,它们是同精度的。但是对于不同的观测对来说,它们是不同精度的。下面来推导这类不等精度观测时有关中误差的计算公式。

设对未知量 $X_1, X_2, \cdots, X_n$ 进行了双次观测,得观测值:$L'_1, L'_2, \cdots, L'_n$ 和 $L''_1, L''_2, \cdots, L''_n$。

观测值 L'_1、L''_1 的权为 p_1,L'_2、L''_2 的权为 p_2,$\cdots$,L'_n、L''_n 的权为 p_n。而每个观测对两次观测的差数为 $d_i = L'_i - L''_i$,差数的真误差为

$$\Delta_i = d_i - 0 = d_i \qquad (i = 1, 2, \cdots, n)$$

由式(8-36)可知,要求出不同精度观测时的单位权中误差 μ,需要知道真误差及相应的权,本题已求出了差数的真误差,所以还要求出差数的权。根据 $d_i = L'_i - L''_i$,可得

$$\frac{1}{p_{\Delta_i}} = \frac{1}{p_i} + \frac{1}{p_i} = \frac{2}{p_i}$$

或

$$p_{\Delta_i} = \frac{p_i}{2}$$

故而得单位权中误差

$$\mu = \pm \sqrt{\frac{[p_\Delta dd]}{n}} = \pm \sqrt{\frac{[pdd]}{2n}} \tag{8-45}$$

式中 p_i 是 L'_i 或 L''_i 的权，d_i 为第 i 对观测值之差，n 为观测对的个数，而 μ 是单位权中误差。由此亦不难求得第 i 对双观测中，观测值 L'_i 或 L''_i 的中误差为

$$m_i = \mu \sqrt{\frac{1}{p_i}} = \pm \sqrt{\frac{[pdd]}{2np_i}} \tag{8-46}$$

每一个观测对算术平均值 $x_i = \dfrac{L'_i + L''_i}{2}$ 的中误差为

$$m_{xi} = \frac{m_i}{\sqrt{2}} = \pm \frac{1}{2} \sqrt{\frac{[pdd]}{np_i}} \tag{8-47}$$

【例8-12】 设有8段高差，每段各往返观测一次，观测结果和水准路线的长度见表8-12。试求：

（1）每公里高差的中误差；

（2）第二段高差观测的中误差；

（3）第二段最或然高差的中误差；

（4）全长一次（往测或返测）观测高差的中误差；

（5）全长最或然高差的中误差。

表8-12 高差观测值及计算表

测 段 号	$L'(m)$	$L''(m)$	$d(mm)$	dd	线路长 S（km）	$pdd = \dfrac{dd}{S}$
1	+3.444	−3.455	−11	121	3.0	40.3
2	−0.763	+0.778	+15	225	3.2	70.3
3	+2.234	−2.225	+9	81	4.0	20.2
4	−0.004	+0.012	+8	64	5.5	11.6
5	−0.938	+0.937	−1	1	2.0	0.5
6	−1.438	+1.429	−9	81	4.3	18.8
7	+3.386	−3.383	+3	9	5.6	1.6
8	+2.965	−2.962	+3	9	2.1	4.3
[ ]					29.7	167.6

【解】

（1）设 $c = 1$。即以1 km高差观测作为单位权观测。这时 $p_i = \dfrac{1}{S_i}$。则单位权中误差按式（8-45）为

$$\mu = \pm\sqrt{\frac{[pdd]}{2n}} = \pm\sqrt{\frac{\left[\dfrac{dd}{S}\right]}{2n}} = \pm\sqrt{\frac{167.6}{16}} = \pm 3.2 \text{ mm}$$

即1 km高差观测的中误差为 ± 3.2 mm。

（2）第二段高差观测的中误差为

$$m_2 = \mu\sqrt{\frac{1}{p_2}} = \mu\sqrt{S_2} = \pm 3.2\sqrt{3.2} = \pm 5.7 \text{ mm}$$

（3）第二段最或然高差的中误差为

$$m_{x_2} = \frac{m_2}{\sqrt{2}} = \pm 4.0 \text{ mm}$$

（4）全长观测高差（即全长往测或返测）的中误差为

$$m_{[L]} = \mu\sqrt{[S]} = \pm 3.2\sqrt{29.7} = \pm 17.4 \text{ mm}$$

（5）全长最或然高差的中误差为

$$m_{[x]} = \frac{m_{[L]}}{\sqrt{2}} = \frac{\pm 17.4}{\sqrt{2}} = \pm 12.3 \text{ mm}$$

第八节 误差传播定律应用举例

一、水准测量的精度分析

设在 A、B 两点间进行水准测量，共安置了 n 个测站，测得两点间的高差为 h_{AB}，现分析水准路线高差的中误差及图根水准的允许闭合差。由于

$$h_{AB} = h_1 + h_2 + \cdots h_n, \quad m_h = m_1^2 + m_2^2 + \cdots m_n^2$$

若每个测站高差中误差相等，即

$$m_1 = m_2 = \cdots = m_n = m$$

于是

$$m_h = \pm\sqrt{n} \cdot m \tag{8-48}$$

式中，m 为一测站高差中误差；m_h 为整个路线高差中误差。若路线全长为 S 公里，后视与前视均为 d，则 $S = 2dn$，或 $n = S/2d$，代入式（8-48），并令 $\mu = \dfrac{m_h}{\sqrt{2d}}$，于是

$$m_h = \pm\mu\sqrt{S} \tag{8-49}$$

这就是以距离表示的高差中误差公式，S 以 km 为单位。当 $S = 1$ km时，$m_h = \mu$；若 m_h 以

mm 为单位，μ 也以 mm 计，它代表 1 km 水准路线的高差中误差。

　　对于水准测量中各项误差（一般有 7 项）来说，很难就其中每一项误差给出具体数量，目前仅知读数误差 $m_{读} = \pm 2.1$ mm，若设这些误差对高差结果的影响相等，则后视（或前视）读数的误差为 $\pm 2.1\sqrt{7} = \pm 5.3$ mm。而一测站高差的中误差为 $\pm 5.3\sqrt{2}$ mm $= \pm 7.5$ mm，则式（8-48）为

$$m_h = \pm 7.5\sqrt{n} = (\text{mm})$$

若取限差为 2 倍中误差，则

$$f_{h允} = \pm 15\sqrt{n} \quad (\text{mm})$$

城市测量及工程测量规范规定为 $f_{h允} = \pm 12\sqrt{n}(\text{mm})$，比上述数值稍严。

　　若平均视距为 100 m，则

$$\mu = \frac{7.5\ \text{mm}}{\sqrt{0.2}} = \pm 16.8\ \text{mm}$$

代入式（8-49），得

$$m_h = \pm 17\sqrt{S} \quad (\text{mm})$$

仍取 2 倍中误差为限差，则

$$f_h = \pm 34\sqrt{S} \quad (\text{mm})$$

　　城市测量规范规定为 $f_h = \pm 40\sqrt{S}(\text{mm})$。对于其他等级的水准测量限差公式也可仿此推导。

二、水平角测量的精度分析

　　1. DJ$_6$ 型光学经纬仪一测回的测角中误差

　　DJ$_6$ 型光学经纬仪，以一测回一个方向的中误差 $m_{方} = \pm 6''$ 作为出厂精度，即用该类型的仪器通过盘左盘右观测一个方向，取其平均值作为方向值的中误差为 $\pm 6''$。由于水平角为两个方向值之差，故其函数式为

$$\beta = (b - a)$$

又由于 $m_a = m_b = m_{方} = \pm 6''$，因此按式（8-16）得

$$m_\beta = \pm m_{方}\sqrt{2} = \pm 6''\sqrt{2} = \pm 8.5''$$

　　2. 图根导线测量中角度（或方向角）容许闭合差的规定

　　设已知 n 边形闭合导线的角度闭合差为

$$f_\beta = \sum\beta_{测} - \sum\beta_{理} = \beta_1 + \beta_2 + \cdots + \beta_n - (n - 2) \times 180°$$

　　由于图根导线的各个角度，一般均用 DJ$_6$ 经纬仪按测回法观测一个测回。又已知用该经纬仪观测一个测回的测角中误差均为 $\pm 8.5''$，即 $m_{\beta 1} = m_{\beta 2} = \cdots = m_{\beta n} = m_\beta = $

$\pm 8.5''$。按误差传播定律得角度闭合差的中误差为

$$m_{f\beta} = \pm m_{\beta} \sqrt{n} = \pm 8.5'' \sqrt{n}$$

而图根导线测量的角度容许闭合差

$$f_{\beta容} = \pm 3 \cdot m_{\beta} \sqrt{n} \approx \pm 25'' \sqrt{n}$$

在城市测量规范中规定图根导线的角度（或方向角）容许闭合差 $f_{\beta容} = \pm 60'' \sqrt{n}$，因此用 DJ$_6$ 型光学经纬仪按测回法观测导线角度一个测回，完全可以达到上述规范的要求。

三、距离测量的精度分析

1. 钢尺量距的精度分析

用长为 l 的钢尺量一直线长度，等精度地丈量了 n 个尺段，则该边长 S 为

$$S = l_1 + l_2 + \cdots + l_n$$

设每一尺段的丈量中误差均为 m_l，根据误差传播定律，边长 S 的丈量结果的中误差 m_s 为

$$m_s = \pm m_l \sqrt{n}$$

式中 n 为钢尺丈量的整尺段数。由于全长 $S = nl$，则 $n = \dfrac{S}{l}$，将其代入上式，得

$$m_s = \pm m_l \sqrt{\dfrac{S}{l}}$$

在一定的观测条件下，采用同一把钢尺和同样的操作方法，上式中的 l 和 m_l 可认为是常数。令

$$\mu = \pm \dfrac{m}{\sqrt{l}}$$

从而得

$$m_s = \pm \mu \sqrt{S} \tag{8-50}$$

即丈量距离的中误差与所量的距离平方根成正比增大。

上式中，当 $S = 1$ 时，则 $m_s = \mu$，即 μ 为丈量单位长度时的中误差。例如，$S = 1$ km 时，则 μ 为丈量 1 km 距离时的中误差。

2. 光电测距的精度分析

对于相位式光电测距仪，顾及大气中的光速 $c = \dfrac{c_0}{n}$ 及仪器加常数 k，测距的基本公式为

$$D = \dfrac{c_0}{2nf} \left(N + \dfrac{\Delta\phi}{2\pi} \right) + k \tag{8-51}$$

为了求出它们对测距结果的影响，可对上式求全微分：

$$dD = \frac{D}{c_0}dc_0 - \frac{D}{n}dn - \frac{D}{f}df + \frac{c_0 d\phi}{4nf\pi} + dk$$

根据误差传播定律，顾及 $\lambda = \frac{c_0}{nf}$，可得测距中误差为

$$m_D^2 = \left(\frac{D}{c_0}\right)^2 m_{c_0}^2 + \left(\frac{D}{n}\right)^2 m_n^2 + \left(\frac{D}{f}\right)^2 m_f^2 + \left(\frac{\lambda}{4\pi}\right)^2 m_\phi^2 + m_k^2$$

即

$$m_D^2 = \left(\frac{m_{c_0}^2}{c_0^2} + \frac{m_n^2}{n^2} + \frac{m_f^2}{f^2}\right) \cdot D^2 + \left[\left(\frac{\lambda}{4\pi}\right)^2 m_\phi^2 + m_k^2\right] \qquad (8\text{-}52)$$

由上式可知，测距误差可分为两部分，一部分是由频率中误差 m_f、真空中光速值的中误差 m_{c_0} 和大气折射率中误差 m_n 引起的测距中误差，它们与被测距离 D 成正比，一般称为比例误差；另一部分是由测相中误差 m_ϕ 和仪器加常数的中误差 m_k 引起的测距中误差，它与距离无关，一般称为固定误差。

式(8-52)可以缩写成为

$$m_D^2 = A'^2 + B'^2 \cdot D^2 \qquad (8\text{-}53)$$

也可写成如下的经验公式：

$$m_D = \pm(A + B \cdot D) \qquad (8\text{-}54)$$

式中，A 为固定误差，B 为比例误差的系数。光电测距仪出厂时，厂方也给出了形如式 (8-54)的仪器精度[如，$\pm(5\text{ mm} + 5 \times 10^{-6}D)$]，这个精度称为仪器的标称精度。

实际上，光电测距时除上述误差外，还包括仪器和反射镜的对中误差，在相位误差中还包括了因仪器内部固定电子信号窜扰和测相单元移相器电路失调而引起的相位误差，因其误差大小随测尺长度呈周期性变化，故称为周期误差。

思考与练习题

8-1　解释下列名词：直接观测、间接观测、等精度观测、不等精度观测、最或然值、真值、真误差、偶然误差、系统误差、相对误差、极限误差、中误差。

8-2　简述观测过程中的误差来源。

8-3　何谓系统误差？观测中如何减小乃至消除其对观测结果的影响？

8-4　何谓偶然误差？它具有哪些特性？

8-5　何谓极限误差？它有何实用意义？

8-6　可以通过哪些途径提高观测成果的精度？

8-7　简述权的定义及其与中误差的关系。

8-8 简述确定权的基本方法和常用方法。

8-9 何谓单位权、单位权中误差和单位权观测值?

8-10 等精度直接平差中,如何进行计算检核?

8-11 不等精度直接平差中,如何进行计算检核?

8-12 相同条件下独立地观测了 30 个平面三角形的全部内角,各三角形内角和的真误差如下:

$+0.5''$、	$-0.6''$、	$-0.8''$、	$-1.0''$、	$+1.4''$、	$+1.7''$、
$-1.8''$、	$+11.3''$、	$-15.6''$、	$+8.5''$、	$+2.1''$、	$+2.5''$、
$-2.7''$、	$-2.8''$	$+3.2''$、	$+3.6''$、	$-4.0''$、	$+12.9''$、
$-9.8''$、	$-7.9''$、	$-4.2''$、	$-4.8''$、	$+5.3''$、	$+5.9''$、
$+6.1''$、	$+6.8''$、	$+7.5''$、	$-21.0''$、	$-9.1''$、	$+18.8''$。

试完成:

(1)取 $d\Delta = 3''$,编算频率分布表,并绘制 $\Delta - \dfrac{K/n}{d\Delta}$ 直方图;

(2)分析这些误差是否属于偶然误差;

(3)计算三角形内角和的中误差。

8-13 测得一长方形场地的长和宽分别为 $a = 60.600$ m、$b = 13.800$ m,它们的中误差分别为 $m_a = \pm 0.024$ m,$m_b = \pm 0.006$ m,试计算:

(1)该场地的周长 S 及其中误差和相对中误差;

(2)该场地的面积 A 及其中误差。

8-14 等精度观测了某平面三角形的两个内角:$A = 72°36'14''$ 和 $B = 57°18'26''$,其中误差 $m_A = m_B = \pm 15''$,试求该平面三角形的另一内角 C 及其中误差。

8-15 普通钢带尺平量法丈量 A、B 间平距 D_{AB} 共 6 次,观测值列于表 8-13,试计算 D_{AB} 的算术平均值、观测值中误差、算术平均值中误差及其相对中误差。

8-16 普通钢带尺斜量法丈量 A、B 间的斜距 4 次,J_6 经纬仪观测其地面倾斜角 4 测回,观测值列于表 8-14 和表 8-15 中,试计算:

(1)斜距 L 的算术平均值及其中误差和相对中误差;

(2)地面倾斜角 α 的算术平均值及其中误差;

(3)平距 D 的最或然值及其中误差和相对中误差。

8-17 将已知点 A 和未知点 B 间的水准路线分为 5 个大约等长的测段,各测段往、返高差观测值列于表 8-16 中,试计算:

(1)各测段高差最或然值 h_i;

(2)A、B 间高差最或然值 h_{AB};

(3)往、返测高差较差的中误差 m_d;

表8-13　习题8-15表

No.	D(m)	v(mm)	vv	计　算
1	210.735			$\overline{D}_{AB}=$
2	210.773			
3	210.748			$m=$
4	210.750			
5	210.720			$M=$
6	210.746			
Σ				$K=$

表8-14　距离测量计算表

No.	L(m)	v(mm)	vv	计　算
1	241.215			$\overline{L}=$
2	241.202			$m_L=$
3	241.223			$M_L=$
4	241.218			$K=$
Σ				

表8-15　竖直角测量计算表

No.	α ° ′ ″	v ″	vv	计　算
1	8　32　26			$\overline{\alpha}=$
2	8　32　02			$m_\alpha=$
3	8　32　20			$M_\alpha=$
4	8　32　18			
Σ				

$D=$　　　　　　　　　　　　　　$M_D^2=$

$M_D=$　　　　　　　　　　　　　$K=$

（4）单程高差观测值的中误差 m_h；

（5）各测段高差最或然值 h_i 的中误差 M_i；

（6）A、B 间高差最或然值 h_{AB} 的中误差 M_h。

8-18　从已知点 A、B 和 C 出发，分别沿路线 1、2、3 进行水准测量，求得未知点 K 的高程 H 和路线长度 L 如表8-17所示。试计算未知点 K 的高程最或然值 H_K 及其中误差 M_K，每公里水准路线高差测定的中误差 m_c，各条水准路线高差观测值的中误差 m_1、m_2 和 m_3。

表 8-16　习题 8-17 表

No.	$h_{往}$ (m)	$h_{返}$ (m)	h (m)	d (mm)	dd	计　　算
1	+ 3.248	- 3.240				$h_{AB} =$
2	+ 0.348	- 0.356				$m_d =$
3	+ 1.444	- 1.437				$m_h =$
4	- 3.360	+ 3.352				$M_i =$
5	- 3.699	+ 3.704				$M_h =$
Σ						

表 8-17　习题 8-18 表

No.	H (m)	L (km)	$p = \dfrac{10}{L}$	p_H	v (mm)	pv	pvv
1	31.230	2.56					
2	31.245	3.08					
3	31.235	3.69					
Σ							
计　　算	$H_K =$ $\mu =$ $M_K =$ $m_c =$ $m_1 =$ $m_2 =$ $m_3 =$						

第九章 施工测量概述

各种工程施工阶段所进行的测量工作,称为施工测量。本章着重介绍施工测量的内容、原则、特点及基本工作等,作为后续各章节内容的基础。

第一节 施工测量的内容与特点

一、施工测量的内容

施工测量的内容主要包括:施工控制网的建立;将图纸上设计的建筑物和构筑物(以下统称工程建筑物)的平面位置和高程标定在实地上的放样工作;工程竣工后的竣工测量;以及在施工期间测定工程建筑物在平面和高程方面产生位移和沉降的变形观测等。

二、施工测量的原则

为了确保施工质量,使所建各个工程建筑物的平面位置和高程均符合设计要求,施工测量亦遵循"从整体到局部、先控制后碎部"的原则。即先在施工现场建立统一的施工平面和高程控制网,然后根据施工控制网测设工程建筑物的平面位置和高程。

三、施工测量的精度

施工测量的精度包括两种不同的要求:第一种是各工程建筑物主轴线相对于场地主轴线或它们相互之间位置的精度要求;第二种是工程建筑物本身各细部之间或各细部对工程建筑物主轴线相对位置的放样精度要求。显然第二种精度要求要高于第一种精度要求,因为各工程建筑物主轴线的误差关系到整个工程建筑物(群)的微小偏移,而工程建筑物各部分之间的位置及尺寸,按照设计有严格要求,破坏了相对位置及尺寸会造成工程事故。

一般来说,施工测量的精度要求比地形测量高,且因施工对象而有不同。例如钢筋混凝土工程放样精度比砖石结构工程要求高,金属结构物放样精度要求更高。有关施工测量的精度要求应严格按照相关测量规范的规定,施工测量中应根据不同施工对象的精度要求选择适当的仪器和施测方法,达到既保证工程质量又节省人力物力的目的。

四、施工测量的特点

(1)施工测量的成果必须符合设计的目的和工程质量的要求。

(2)施工测量贯穿于施工的全过程,故测量工作必须配合施工进度的要求。

(3)施工现场工种多样,交通频繁,又有大量挖填,地面变动很大,且有动力机械的震动,故对测量标志的埋设、保护及检查,提出了严格的要求。若发现标志损坏,应及时恢复。

五、施工测量的准备工作

要做好施工测量工作,首先应注意仔细了解设计意图、现场情况和施工进度安排;熟悉和校核设计图纸,全面了解测量的各项起始数据,如现场附近的导线点及已有施工平面控制点、水准点、建筑红线点等的所属系统及数据的正确性。应特别注意做好以下两方面的准备工作:一是准备好放样数据;二是做出详细的放样计划,编制施工放样图。

六、施工坐标系与测量坐标系的坐标换算

供工程建筑物施工放样用的一种平面直角坐标系,称为施工坐标系,亦称建筑坐标系。其坐标轴与工程建筑物主轴线一致或平行,以便于工程建筑物的施工放样。因此,施工坐标系与测量坐标系往往不一致,必须进行两个系统的坐标换算。关于坐标换算的有关参数一般由设计单位提出。例如图 9-1 中,已知施工坐标系的原点 O' 在测量坐标系的坐标为 (x_0, y_0),两坐标系的交角为 α 以及已知 P 点的施工坐标为 (x'_P, y'_P)。欲将其换算为测量坐标 (x_P, y_P),可按下式计算:

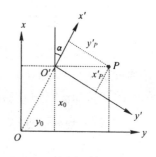

图 9-1　坐标转换

$$\left.\begin{array}{l} x_P = x_0 + x'_P \cos \alpha - y'_P \sin \alpha \\ y_P = y_0 + x'_P \sin \alpha + y'_P \cos \alpha \end{array}\right\} \quad (9\text{-}1)$$

若已知 P 点的测量坐标 (x_P, y_P),而将其换算为施工坐标 (x'_P, y'_P) 时,则按下式计算:

$$\left.\begin{array}{l} x'_P = (x_P - x_0) \cos \alpha + (y_P - y_0) \sin \alpha \\ y'_P = -(x_P - x_0) \sin \alpha + (y_P - y_0) \cos \alpha \end{array}\right\} \quad (9\text{-}2)$$

第二节　施工放样的基本工作

所谓施工放样,实际上是将工程建筑物的特征点(如轴线点)在相应的地面上标定出来。因此,施工放样的根本任务是点位的放样。

施工放样的基本工作包括:已知水平距离的放样、已知水平角度的放样、已知高程的放样以及点的平面位置的放样。有关点的平面位置的放样方法在第三节中再做介绍。

一、已知水平距离的放样

测设某一已经确定的水平距离,就是从一已知起点开始,按给定的线段方向和水平距离进行丈量,求得线段的另一端点。方法是:

1. 将经纬仪安置在直线的起点上并标定直线的方向;

2. 陆续在地面上打入尺段桩和终点桩,并在桩面上刻画十字标志;

3. 精密丈量距离需同时测定量距时的温度及各尺段的高差,经尺长改正、温度改正及倾斜改正后求出丈量的结果;

4. 根据丈量结果与已知长度的差值,在终点桩上修正已初步标定的刻线,若差值较大,点位落在桩外时,则须换桩。

在实际工作中,可根据精度要求的不同选用适宜的方法。当精度要求不高 $\left(<\dfrac{1}{2\,000}\right)$ 时,可使用普通钢尺直接丈量水平距离,但应进行往返丈量。当精度要求较高 $\left(>\dfrac{1}{2\,000}\right)$ 时,可使用光电测距仪或全站仪进行测设。

二、已知水平角度的放样

测设某一已知水平角,就是从一个确定的方向开始,按已知水平角度来测定另一方向,如图 9-2 所示,OA 为一个确定的方向,要在 O 点测设出另一个方向 OB,已知两方向间的水平角度为 β。方法是:

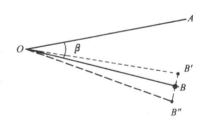

图 9-2　一般方法放样水平角

1. 将经纬仪安置在 O 点,以正镜盘左照准 A 点,且使水平度盘读数为 $0°00'00''$;

2. 顺时针旋转照准部,使度盘读数为 β,在视线方向上定出一点 B';

3. 以倒镜盘右照准 A 点,转动照准部使平盘读数为 $180°+β$,在视线方向上定出一点 B″(在 B' 点附近);

4. 连接 B' 和 B″ 并取其中点 B,则 OB 即为要标定的方向,此时 ∠AOB 的角度即为要测设的水平角度 β。

以上是测设水平角的一般方法,适用于角度测设精度要求不高时的情况,通称"正倒镜分中法"。精度要求较高时,可先用一般方法进行测设,然后对已测设的水平角做精确观测,最后根据二者的差值进行改正,通称精密方法。如图 9-3 所示,要测设的水

平角为 β，按一般方法已标定出 OB' 方向，现安置经纬仪于 O 点，对 $\angle AOB'$ 的水平角观测若干个测回（测回数由测设的精度和仪器的精度等级决定），测得值为 β'。设量得 O、B' 间的水平距离为 $S_{OB'}$，则可按下式计算改动量。

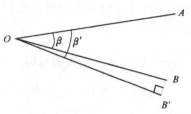

$$S_{BB'} = S_{OB}(\Delta\beta/\rho) \left.\right\}$$
$$\Delta\beta = \beta - \beta' \qquad (9\text{-}3)$$

式中 $\rho = \dfrac{180°}{\pi} = 206\ 265''$，是 1 弧度所对应的角秒值。

图 9-3　精密方法放样水平角

从式（9-3）可看出如果 $\Delta\beta > 0$，说明水平角测设小了，应向外侧移动；反之，如果 $\Delta\beta < 0$，说明水平角测设大了，应向内侧移动。移动时过 B' 做 OB' 的垂线，并沿该垂线方向量出平距 $S_{B'B}$，标定出 B 点，则 $\angle AOB$ 的水平角即等于所需测设的水平角度 β。

三、已知高程的放样

在施工过程中有很多地方需要测设由设计所给定的高程（标高）。例如平整场地，开挖基坑，线路测定坡度和桥台、桥墩的设计标高等。测设前先在欲测设点附近（100 m 左右）设一临时水准点，并引测其高程。另在欲测设点上钉一略高于设计高程的大木桩，接下去测设其设计高程。

测设已知高程，可根据精度要求的高低，分别采用水准测量、钢尺丈量竖直距离、三角高程测量等方法。

如图 9-4，设临时水准点 A 的高程为 H_A，待定点 B 的设计高程为 H_B，要求将与 H_B 对应的高程位置标定出来，为此，将水准仪安置在 A、B 两点间，在水准点 A 上竖立水准尺并读取后视读数 a，则可按下式计算出与 H_B 对应的前视读数 b：

$$b = (H_A + a) - H_B \qquad (9\text{-}4)$$

这时慢慢地试敲长木桩（图中 B_1）入土，直到立在桩顶尺上读数增加到 b 时为止，这时的桩顶高即为设计高程 H_B。在工地也经常用下述方法来做，当求出 b 以后，将水准尺靠在桩的一侧（图中 B_2），观测员按视场中横丝读数指挥扶尺员上下移动尺子，待尺子读数为 b 时停止移动，然后沿尺底在桩上划一条横线，该线即为设计给定的高程。

当测设的高程点和水准点之间的高差很大时，（例如道路施工测量中高路堤和深路堑、建筑基坑等），可以用下述方法测设给定的高程。

如图 9-5，A 为临时水准点，为了要在深基坑内测设出所需要的高程 H_B，用悬挂的钢尺（零刻划在下端）代替一根水准尺（尺子下端挂一个重量相当于钢尺检定时拉力的重锤），在地面上和坑内各放一次水准仪。设地面放仪器时对 A 点尺上读数为 a_1，对钢尺的读数为 b_1，在坑内放仪器时对钢尺读数为 a_2，由于

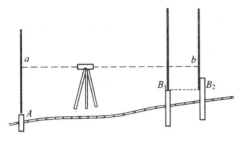

图 9-4　高程放样

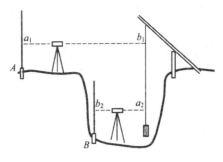

图 9-5　深基坑高程放样

$$H_B - H_A = h_{AB} = (a_1 - b_1) + (a_2 - b_2)$$

则

$$b_2 = a_2 + (a_1 - b_1) - h_{AB} \tag{9-5}$$

按上述同样作法在 B 桩上定出设计高程的位置。

第三节　点位测设的基本方法

测设点的平面位置的方法主要有下列几种,应根据控制网布设情况、放样的精度和施工场地的条件来选择。

一、直角坐标法

如果待测设的工程建筑物的主要轴线平行于施工平面控制网的一边,且量距方便时,用直角坐标法测设最为合适。

如图 9-6, Ⅰ、Ⅱ、Ⅲ和Ⅳ为建筑方格网(施工控制网的一种,见第十章)中的 4 个点。首先按总平面图上相应控制点的坐标和厂房角点(图中 1、2、3、4 点)的设计坐标,算出放样数据并注写在图的相应处。然后在Ⅰ点安置经纬仪,照准点Ⅳ,从Ⅰ点沿Ⅰ—Ⅳ方向测设20.000 m,定 a 点;从Ⅳ沿Ⅳ—Ⅰ方向测设20.000 m,定 b 点。搬仪器到 a 点,后视Ⅳ点,并自 a—Ⅳ方向起测设90°角得 a—3 方向,自 a 点沿 a—3 方向分别测设32.000 和36.000 m,定 1 点和 3 点。仪器改放 b 点,按同样方法定 2 点和 4 点。最后检查 3、4 点处房角都应为90°,边长 1—2 和 3—4 都应为60.000 m,误差应在容许范围内。

如果精度要求不高且垂距较短时,可用皮尺按 3、4、5 或等腰三角形法测设90°角。

二、极坐标法

在放样点距离较近,便于量距、测角的地方,可以用极坐标法进行测设。

1. 经纬仪极坐标法

如图 9-7,设 A 和 B 为地面上已建立的导线点,1 和 2 为要在地面上测设的建筑物的轴线点。在图纸上抄出上述 4 点的坐标后,即可按坐标反算公式反算出相关的方位角和边长,从而求出有关的放样数据 β_i 和 S_{ij},例如

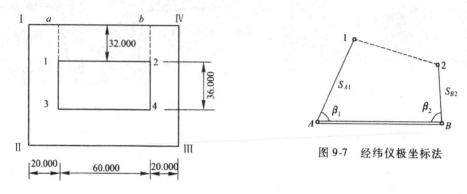

图 9-6　直角坐标法(单位:m)　　　　图 9-7　经纬仪极坐标法

$$
\left.\begin{aligned}
\tan \alpha_{A1} &= \frac{y_1 - y_A}{x_1 - x_A} \\
S_{A1} &= \frac{y_1 - y_A}{\sin \alpha_{A1}} = \frac{x_1 - x_A}{\cos \alpha_{A1}}
\end{aligned}\right\} \tag{9-6}
$$

然后用上节有关的测设方法,将经纬仪安置在 A 点上,按计算出的放样数据:β_1、S_{A1} 和 β_2、S_{A2},将 1 点和 2 点标定在实地上。随后实量 1—2 长度与该段设计长度相比较,精度应符合设计要求。

2. 全站仪极坐标法

若用全站仪测设 1 点位置(图 9-8),则非常简便。其方法如下:

(1)把全站仪安置在 A 点,置水平度盘读数为 $0°00'00''$,并瞄准 B 点。

(2)用手工输入 1 点的设计坐标和控制点 A、B 的坐标,就能自动计算水平角 β 和水平距离 S 等放样数据。

(3)拨已知角度 β,并在视线方向上指挥持镜者把棱镜安置在 1 点附近的 $1'$ 点。如持镜者在棱镜处可看到显示的 $A1'$ 的水平距离,就可根据设计距离 $A1$ 知道尚需移动棱镜的 ΔS 值,得 1 点。若棱镜处无水平距离显示,则可由观测者按算得的 ΔS 值指挥持镜者移动至 1 点位置。

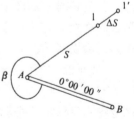

图 9-8　全站仪极坐标法

(4)把棱镜安置在 1 点后需再检查 $A1$ 水平距离,如正确,即得 1 点正确位置,否则应重复进行,直到正确为止。

三、角度交会法

此法系根据前方交会法原理,一般用两台经纬仪从两个控制点上向同一待测点分别测设两水平角(图9-9),两测设方向线的交点,即为要测设的1点或2点。此法适用于不便量距或距离待测点较远的地方,如对桥墩等的放样。其放样数据 β_1、β_3 或 β_2、β_4 的计算同极坐标法。放样数据求出后,按上述测设水平角的方法将1或2点标定到地面上。

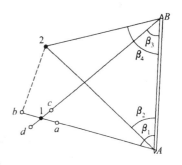

图9-9 角度交会法

在标定1或2点时应注意:在找出方向 A1 或 B1 后,在此方向上先估计1点的位置,并在其两侧各钉一木桩,桩顶钉一大头针即为图中 a、b 和 c、d。然后沿 ab 和 cd 方向各拉一根细线,两细线的交点即为1点,根据这个点在地面上定出1点。按同样方法可定出2点。最后丈量1—2的长度进行检核。

两条方向线在交会点上所夹的水平角(图9-9中的 $\angle A1B$)称为交会角。为保证测设精度,交会角应在 $30° \sim 120°$ 之间。

四、距离交会法

这种方法适用于地势比较平坦且待测点 P 到两个已知点 A、B 的距离不超过一个整尺长的地方。在施工现场,从两控制点分别以坐标反算的水平距离 S_{AP}、S_{BP}(图9-10)为半径做圆弧,两弧相交处即为要测设的 P 点。

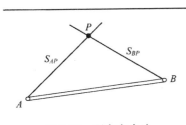

图9-10 距离交会法

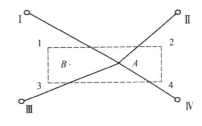

图9-11 自由设站法

五、自由设站法

当用极坐标法放样时,测站点的坐标必须是已知的。用全站仪按自由设站法放样,测站点的位置可以根据实地需要自由选择(可选在建筑工地的内、外以及楼层平面上),只要求测站点与控制点及放样点之间通视。

如图9-11中,Ⅰ、Ⅱ、Ⅲ、Ⅳ为已知的控制点,将全站仪安置在楼层上的任意测站点 A 上。A 点的坐标可以通过瞄准至少三个控制点,用后方交会法求得。如果没有控制点或控制点不通视,也可瞄准坐标已知的楼层角点 1、2、3 或 4 求得 A 点的近似坐标。

在测设建筑物其他特征点时,可根据测站点的坐标和特征点的坐标,用坐标反算的方法计算放样的方向和距离,然后根据这些元素用极坐标法进行放样。许多全站仪中已经设置了点位测设的程序,将棱镜安置在放样点附近后,经过观测实际坐标,全站仪会自动计算坐标偏差值,从而可根据全站仪的提示决定棱镜的移动方向。经过反复试探,就可以得到正确的放样位置。

当所有特征点测设出来后,还需从第二个自由设站点 B 对这些特征点的坐标进行测量、计算和比较,以便对测设的点位进行检核。

第四节　已知坡度线的放样

在铺设管道、修筑道路路面等工程中,经常需要在地面上测设给定的坡度线。测设时一般用水准仪来做。

如图 9-12,设地面上 A 点的设计高程为 H_A,A、B 两点间的水平距离为 S,设计坡度为 i,则 B 点的设计高程应为 $H_B = H_A + i \cdot S$。首先将 A、B 两点的设计高程测设在地面上。然后把水准仪安置在 A 点,并使其基座的一只脚螺旋放在 AB 方向线上(另两只脚螺旋的连线与 AB 方向垂直)。量出仪器高 h_i,用望远镜照准立于 B 点上的水准尺,并转动在 AB 方向上的那只脚螺旋,使十字丝横丝对准尺上的读数为仪器高 h_i,这时仪器的视线即平行于所设计的坡度线。随后在 AB 中间各点 1、2…的木桩上立尺,逐渐将木桩打入地下,直到水准尺上读数都等于仪器高 h_i 为止。这样各桩的桩顶即为地面上标出的设计坡度线。

实际工作中,若设计的坡度很大,超出水准仪脚螺旋所能调节的范围,则改用经纬仪进行测设。

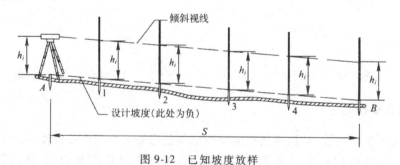

图 9-12　已知坡度放样

思考与练习题

9-1　简述施工测量的作用、内容和特点。

9-2 何谓测设？它与测定有何不同？

9-3 举例说明为什么施工测量要遵循"先控制后细部"的原则？

9-4 简述测设已知水平距离的方法。

9-5 简述精密测设已知水平角的方法。

9-6 简述测设已知高程的方法。

9-7 测设平面点位有哪些方法？说明其特点和适用情况。

9-8 简述测设已知坡度线的方法。

9-9 置镜于 A 点后视 B 点，用极坐标法放样 P 点，放样元素 $\theta = \angle BAP = 62°14'28''$，已知 $S_{AP} = 48.265$ m。先按一般方法拨角并量距标定 P'，再用经纬仪观测 $\angle BAP'$ 共 6 测回，其平均值 $\theta' = 62°15'02''$，问如何移动 P' 方能放样出点 P？

9-10 已知施工水准点 BM_5 的高程 $H_5 = 35.264$ m，建筑物室内 ± 0 的设计高程 $H_0 = 36.650$ m，放样时立尺于 BM_5 上的后视读数 $a = 1.568$ m，试求与 ± 0 对应的前视读数 b。

9-11 已知施工水准点 BM_3 的高程 $H_3 = 37.425$ m，屋顶桁架下弦杆底面设计高程 $H_x = 42.150$ m。放样时，立尺于 BM_3 上的后视读数 $a = 2.243$ m，试计算倒立水准尺时与 H_x 对应的前视读数 b。

9-12 如图 9-13 所示，A、B 为已有控制点，P 为设计的水塔中心点，其坐标值为：$X_A = 2\,048.67$ m，$Y_A = 2\,086.33$ m，$X_B = 2\,110.56$ m，$Y_B = 2\,332.44$ m，$X_P = 2\,220.00$ m，$Y_P = 2\,100.00$ m，试计算采用直角坐标法、极坐标法、角度交会法和距离交会法放样 P 点时的放样元素。

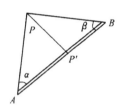

图 9-13 习题 9-12 图

9-13 A、B 均为道路中线桩，其间的水平距离 $D_{AB} = 110$ m，其地面高程 $H_A = 1\,534.710$ m 和 $H_B = 1\,535.510$ m，安置经纬仪于 A 之仪器高 $i = 1.242$ m，今用倾斜视线法放样 $i_{AB} = +8‰$ 的坡度线，试求立尺于 B 的尺读数 b。

第十章　建筑施工测量

　　各种工程在施工阶段进行的测量工作统称为施工测量。其内容主要包括:建立施工控制网;根据设计图纸进行建筑物的放样;施工阶段为确定和恢复建筑物或构筑物位置而随时进行的测量工作。有时,在工程竣工后还应进行竣工测量,以便为日后的使用、维修和扩建提供资料。对于一些重要的大型建筑物,在施工阶段和建成后的运营期间,为了监视其安全和稳定情况、了解和验证设计是否正确合理,还应定期对建筑物的倾斜和沉降进行变形观测。

　　测绘地形图是将地面上的地物、地貌测绘到图纸上,而施工放样则是将图纸上的设计位置测设到地面上。因此,施工测量有与地形测量不同的特点:

　　1. 测量精度取决于建筑物的类型、结构、材料和施工方法等因素。一般,高层建筑的测量精度应高于普通低层建筑,钢结构房屋的测量精度应高于砖混结构的房屋,装配式建筑的测量精度应高于非装配式建筑。

　　2. 测量工作必须配合施工进度的要求。施工测量贯穿着施工的全过程,与施工质量和施工进度有着密切的关系。测量人员必须了解设计内容,熟悉图纸和有关数据,掌握施工进程和现场情况,使测量工作与施工紧密配合。

　　3. 施工测量容易受干扰。施工场地上各工种交叉作业,人员车辆往来频繁,再加上机械设备的停放、材料的堆积以及烟雾和灰尘等不利因素,使得观测条件较差,视线容易被遮挡。因此,测量人员不仅要提高观测水平,而且要选择适当的观测时间和测站位置进行观测。

　　4. 测量标志的保存和保护较为困难。施工现场常有大量的填挖工作,地面变动很大,又有动力机械的震动。这就要求各种测量标志应埋设在稳固坚实、不易被施工时掩埋或破坏的地方,应经常检查核对其位置,若有破坏,应及时恢复。

第一节　建筑场地上的施工控制测量

　　为了保证所施工的建筑物或构筑物的位置符合设计要求,施工测量也必须遵照"从整体到局部,先控制后碎部"的原则,先在施工范围内建立施工控制网,然后根据控制网测设建筑物和构筑物的位置。按这样的程序进行施工测量,不仅能保证放样精度,而且也能防止因要放样的点位众多而导致放样工作紊乱。虽然在工程的勘测设计阶段建立的控制网也对整个测区起着控制作用,但其控制点的位置和密度是根据地形条件和测图比例尺确定的,通常没有考虑建筑物的总体布局,更不可能考虑到具体建筑物的放样;再者,测图控制网的精度主要根据测图比例尺确定,而施工控制网的精度则由建筑物的性质、结构、施工方法等因素决定,施工控制网的精度一般要高于测图控制网的精度。也就是说,测图控制网的精度、密度和点位,一般不能满足施工放样的要求。而且,从设计到施工常常要经过一段时间,原来布设的控制点到施工时有些可能被破坏了,有些可能会被移动而不再可靠。因此,为了进行施工放样,通常应重新建立施工用的控制网。

和测图控制一样,施工控制测量也可分为平面控制和高程控制两种。

一、平面控制

在建筑施工中,当建筑场地的面积不大,地势较为平坦,建筑物又不十分复杂的情况下,常布设一条或几条基线作为施工测量的平面控制,这种基线就称为建筑基线。在地势平坦的大中型工业建筑场地上,常布设由正方形或矩形格网组成的施工平面控制网,称为建筑方格网。

1. 建筑基线

根据建筑物的分布、施工现场的地形和原有控制点的情况,建筑基线可布置成图10-1 所示的几种形式。

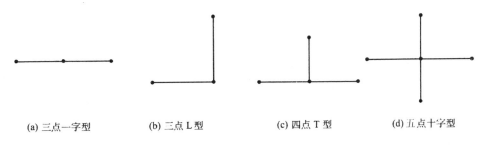

| (a) 三点一字型 | (b) 三点 L 型 | (c) 四点 T 型 | (d) 五点十字型 |

图 10-1　建筑基线的主要形式

为了便于放样,建筑基线应与主要建筑物的轴线平行或垂直,且应靠近主要的建筑物。一条基线上的点应能相互通视,基线点的数量应不少于 3 个,以便检查其点位有无变化。

基线布设时,应先在图上选定基线点的位置,并量出各点坐标,然后根据已有控制点将各基线点在地面上标定出来。各基线点测设出来后,应检测角度和距离。角度误差应不大于 ±10″,距离误差应不超过1/2 000,否则应进行必要的调整。

在城建区,可根据规划部门在现场标定的建筑红线(建筑用地的边界)布设建筑基线。通常,建筑基线与建筑红线平行或垂直,因此可根据建筑红线用平行推移法布设建筑基线。如图 10-2,设 1—2、2—3 为建筑红线,它们一般相互垂直,在地面上根据红线

平行推移后可得到 A、O、B 三个点作为建筑基线点。将这三点在地面上标定出来后,也应检查角度和边长的误差是否超限,并进行必要的调整。

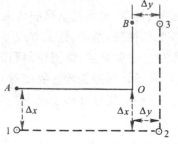

图 10-2 根据建筑红线布设基线

2. 建筑方格网

建筑方格网应在设计施工总平面图的同时予以考虑。根据工程设计总平面图上各建筑物及管线的布置情况,参考施工组织设计,先确定其主轴线,再布置方格网。方格网的轴线应与主要建筑物的轴线平行,并使格网点接近测设对象。方格网边长一般为 $100 \sim 200$ m,格网折角应严格成 $90°$。

当施工场区面积较大时,建筑方格网应分两级布设。首级可布设成"十"字形、"口"字形或"田"字形,在此基础上进行加密。如果建筑场地不大,也可布设边长为 50 m 的正方形格网。

现场布设建筑方格网时,应先测设主轴线,然后根据主轴线测设整个方格网。当施工场地很大时,主轴线会很长,一般只测设其中的一段(如图 10-3 中 COD 段),在地面上放样出该段的定位点 C、O、D 后,再测设与其垂直的另一条主轴线 AB。主轴线定位点又称为主点,其施工坐标一般由设计单位给出,也可先在总平面图上用解析法求出一个点的坐标后,推算出其它点的坐标。

建筑方格网的主轴线主点通常是根据已有的测量控制点测设的。如图 10-3 中、1、2、3 点是测量控制点,其坐标已知。为测设轴线主点 C、O、D,先将它们的施工坐标转换为测量坐标,再根据控制点和主点坐标反算出测设数据 S_1、S_2、S_3 和 β_1、β_2、β_3,然后在相应测站上用极坐标法测设出各主点。主点测设出来后,应将仪器安置在中间点 O

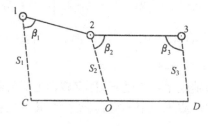

图 10-3 主轴线测设

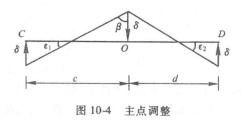

图 10-4 主点调整

上,实测 $\angle COD$,如果实测值与 $180°$ 相差大于 $20''$,则应对点位进行调整。如图 10-4,设调整量为 δ,则有

$$\delta \approx \frac{c}{2} \cdot \frac{\varepsilon_1}{\rho}$$

和

$$\delta \approx \frac{c}{2} \cdot \frac{\varepsilon_2}{\rho}$$

而

$$\varepsilon_1 + \varepsilon_2 = 180° - \beta$$

故

$$\delta = \frac{cd}{c+d}\left(90° - \frac{\beta}{2}\right)\frac{1}{\rho} \tag{10-1}$$

式中,c、d 分别为 O 点到 C 点和 D 点的距离。

测设方格网时,先沿纵、横主轴线精密丈量各格网的边长,然后将两台经纬仪安置在纵、横主轴线的格网点上,精密地拨 90° 角,一一交会出各格网点,并钉设木桩标志点位。最后,还应在各格网点上安置经纬仪测量其角值,并精密丈量各方格的边长,检查角度是否等于 90°,边长是否与设计边长相等。

二、高程控制

施工高程控制测量的任务是在建筑场地上布设施工水准点。水准点的密度应尽可能满足安置一次仪器即可测设出所需的高程点。通常,建筑方格网点也可兼作水准点,只要在格网点桩面上设置一个半球状标志即可。

一般情况下,可用四等水准测量方法测定各水准点高程,对连续生产的车间或下水管道等则需要按三等水准测量的方法测定各水准点高程。

此外,为了减少误差和方便测设,在一般厂房的内部或附近应专门设置 ±0 水准点,不同建筑物的 ±0 水准点高程不一定相等,应严格加以区别。

第二节 民用建筑施工测量

民用建筑是指住宅、办公楼、食堂、俱乐部、医院、学校等建筑物。施工测量的任务,是按照设计要求将建筑物的位置测设到地面上,并配合施工以保证工程质量。

一、测设前的准备工作

1. 熟悉图纸

设计图纸是施工测量的主要依据,在建筑物测设之前,应熟悉图纸,了解建筑物的尺寸和位置关系,以及对施工和施工测量的要求等。测设前应具备和熟悉的图纸包括:总平面图、基础平面图、建筑平面图、基础详图、立面图和剖面图等。

总平面图(图 10-5)是施工测设的总体依据,施工建筑物应根据总平面图给出的位置和尺寸关系进行定位。

建筑平面图(图 10-6)给出了建筑物各定位轴线间的尺寸关系和室内地坪标高等。

基础平面图(图 10-7)给出基础轴线间的尺寸关系和编号。

基础详图又称基础大样图,给出基础的尺寸、形式、以及边线与轴线间的尺寸关系。

立面图和剖面图给出基础、地坪、楼板、门窗、屋面等设计标高,是高程测设的主要依据。

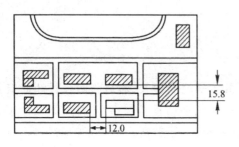

图 10-5　总平面图(单位:m)

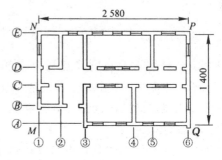

图 10-6　建筑平面图(单位:cm)

2. 现场踏勘

通过现场踏勘,可以了解施工场地的地形、地物和控制点分布情况,以及与施工放样有关的其他情况。

3. 平整场地

清理和平整施工场地,以便进行测设工作。

4. 拟定测设计划,绘制测设草图。

二、建筑物定位

建筑物外廊轴线的交点(如图 10-6 中 M、N、P、Q 四个点),控制着建筑物的位置,地面上表示这些交点的桩位称为角桩。建筑物施工放

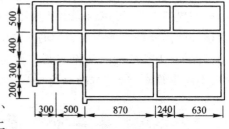

图 10-7　基础平面图

样时,应先测设角桩,然后根据角桩进行房屋的细部放样。建筑物定位就是按设计图纸测设建筑物的角桩。

测设角桩时,可根据施工平面控制网或建筑红线,按施工现场的实际情况,采用适当的点位测设方法进行测设。如果新建建筑物附近有其他已建成的建筑物,也可根据已有建筑物进行角桩测设。例如,在图 10-8 中,待施工的教学楼与其西侧的已有建筑物(实验楼)相距12.00 m,它们的南墙平齐。测设教学楼的角桩时,先用细绳或钢尺沿

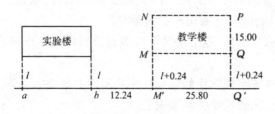

图 10-8　角桩测设(单位:m)

实验楼的东、西墙延长出一段距离 l,并用木桩标定出 a、b 两点,将经纬仪安置在 a 点上,瞄准 b 点,从 b 点起沿视线丈量 12.24 m(12.00 + 0.24,0.24 m 为外墙轴线到外墙外侧的距离)定出 M' 点,向前再量25.80 m标定出 Q' 点。然后将仪器分别安置在 M'

点和 Q' 点，后视 a 点拨90°角，沿视线丈量 $l+0.24$ m，用木桩标定出 M 点和 Q 点，从这两点继续丈量15.00 m标定 N 点和 P 点。最后，检查四个角是否都等于90°，NP 距离是否等于25.80 m，误差应在40″和1/2 000之内。

三、引桩或龙门板的设置

民用建筑的基础，一般是开挖到一定深度后开始施工的。为进行基础施工而开挖的部分称为基槽。基槽开挖后，建筑物定位时设置的角桩将被破坏。如果在基槽开挖前将建筑物的轴线延长到不会被施工破坏的安全地点，并设置标志，则可利用这些标志及时恢复建筑物的轴线。

延长轴线的方法有两种，一种是在轴线的延长线上钉设木桩，如图10-9，在轴线 J 的延长线两端各设置了两个桩点 J_1、J_2 和 J_3、J_4，这些轴线延长线上的桩点就称为引桩。

延长轴线的另一种方法是设置龙门桩和龙门板。下面介绍龙门板的设置方法。

先在建筑物延长线附近不易被施工破坏的地方设置龙门桩，并在龙门桩上钉设龙门板，如图10-10。为了控制施工标高，可在龙门桩上用水准仪测设 ±0 高程，并使龙门板上边沿与±0 高程位置比齐。然后依次安置经纬仪于各角桩上，将建筑物轴线投射到龙门板上并钉设小钉标志点位。例如，在图10-10 中，经纬仪先安置在 N 点，瞄准 M 点后转动望远镜，在 M 点附近的龙门板上用小钉标出 M_1 点，倒转望远镜后在 N 点附近的龙门板上标出 N_1 点，然后瞄准 P 点测设出 P_2 点和 N_2 点。仪器安置在 Q 点上用同样的方法可分别标出 P_1、Q_1、M_2 和 Q_2 各点。只要在这些轴线控制点间拉一条钢丝，即可随时恢复角桩的位置。

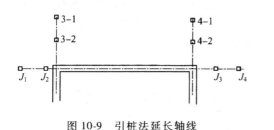

图 10-9　引桩法延长轴线

图 10-10　龙门桩和龙门板

除了建筑物的外廓轴线应设置引桩或设置龙门桩外，建筑物内隔墙的轴线也应设置引桩或龙门板，以便及时恢复各轴线。

四、基础施工测量

基础施工测量的一个最重要的任务就是控制施工标高。为防止因基槽超挖而导致破坏土壤的天然结构，应在基槽开挖接近设计标高时，用水准仪在基槽边壁上每 3 ~

5 m以及转角处测设一个水平桩(又称腰桩),其标高与基底设计标高的差值应为一固定的整分米数。如图10-11,基底设计标高为 - 1.500 m,在 ±0点上立尺后,水准仪读得后视读数 0.255,为测设高于基底0.500 m的水平桩,应将水准尺沿基槽边壁移动,当尺读数恰为1.255 m(1.500 + 0.255 - 0.500)时,沿尺底打入水平桩。当开挖到水平桩以下0.5 m时,就到了基底的设计标高。

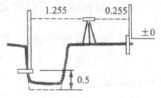

图 10-11 水平桩测设

基础砌筑到距 ±0 标高一层砖时用水准仪测设防潮层的标高。防潮层做好后,根据龙门板上的轴线钉或引桩将轴线和墙边线投测到防潮层上,并将这些线延伸到基础墙的立面上,以利墙身的砌筑。

五、多层建筑的轴线投测

当多层建筑物的一层砌筑完成后,应将下一层的轴线投测上去,作为继续施工的依据。投测轴线最简单的方法是吊垂线法,即将垂球悬吊在楼板或柱子边缘,下端对准下层楼层轴线,上端画短线作为标记,相应标记的连线即为定位轴线。检查各定位轴线的间距无误后,即可据此施工。

为减少误差积累,在每砌好二三层后,可用经纬仪将地面上的轴线投测到楼板上去。用经纬仪投测时,可在地面上已测设好的轴线中,选择靠近建筑物中部的两条相互垂直的轴线作为中心轴线,将仪器安置在中心轴线上进行投测。投测轴线时,将经纬仪安置在地面轴线控制桩上,照准底层的轴线标志,用正倒镜向上将轴线投测到楼板上,并取正倒镜的平均位置作为该层中心轴线的投影点,相对投影点的连线即为该层的中心轴线。根据中心轴线可用钢尺在楼板上进行放样,以确定其他轴线的位置。

至于高程,可用水准仪和钢尺将地面上水准点的高程传递到楼层上,在楼层上建立水准点作为测设细部高程的依据。

第三节　工业厂房施工测量

工业厂房一般分单层厂房和多层厂房。本节重点介绍单层厂房施工测量的主要内容。

一、厂房控制网的测设

建筑方格网或其他施工场地上布设的施工控制网,主要用于控制厂房位置,以及为各生产车间之间联系设备的放样提供控制依据。由于其点位分布较稀,难以满足厂房细部放样的要求,因此,在每一个厂房的施工测设时,应首先建立厂房控制网。工业厂房一般都是矩形的,厂房控制网也布设成矩形,所以也称其为矩形控制网。它是厂房施工的基本控制,厂房骨架及其内部主要设备的位置关系,都应根据厂房控制网测设到地面上去。以下主要介绍根据建筑方格网测设厂房控制网的过程和方法。

图 10-12 中,M、N、P、Q 四个点为厂房外廓轴线的交点,它们的坐标已标注在设计图上。矩形控制网的四个角点 R、S、T、U 称为厂房控制桩,它们应布设在基坑开挖范围以外。通常,矩形控制网到厂房外廓轴线的距离为一常数,例如4 m,根据厂房角点的坐标计算出厂房控制网各点的坐标后,即可根据建筑方格网的一条边(例如 $H—L$),用直角坐标法测设出各控制桩。

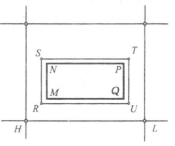

图 10-12　测设厂房控制网

最后,检查控制网各转角是否等于90°,各边长度是否等于设计长度,长度的相对误差应不大于1/10 000,角度误差应不大于 $\pm10''$。

二、厂房柱列轴线和柱基的测设

1. 柱列轴线的测设

厂房矩形控制网测设完成并检查其精度符合要求后,即可根据柱列轴线与矩形控制网的尺寸关系,用钢尺沿矩形网的各边测设出各柱列轴线控制桩,如图10-13中的Ⓐ、Ⓐ′、Ⓑ、Ⓑ′,和①,①,②,②′,…,⑮,⑮等点,作为柱基测设的依据。

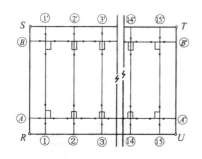

图 10-13　柱列轴线的测设

定位木桩

图 10-14　柱基测设

2. 柱基的测设

柱基测设的目的,就是根据基础平面图和基础大样图,用白灰将基坑开挖的边线标示出来以便挖坑。为此,将两台经纬仪安置在两条相互垂直的轴线控制桩上,沿轴线方向交会出每个柱基中心的位置,然后按基础大样图的尺寸,用灰线标出挖坑范围,并在距开挖边界 0.5～1 m处,钉设 4 个定位小木桩,用小钉标明点位,如图10-14。测设时应注意,柱列定位轴线不一定都是基础中心线,而且一个厂房的柱基类型可能有多种,放样时应一一核对确认。

3. 基坑高程测设

基坑挖到一定深度后,要在基坑四壁离坑底设计标高 0.3 ~ 0.5 m 处测设腰桩,作为基坑清底和修坡的依据。此外还应在坑内测设垫层标高桩,其桩顶高程恰好等于垫层的设计高程,如图 10-15。

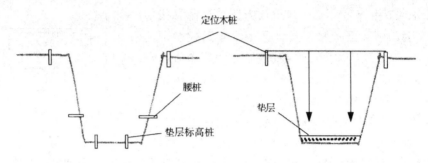

图 10-15　腰桩和垫层标高桩　　　　图 10-16　投设柱基定位线

4. 基础模板定位

垫层打好后,根据定位小木桩,用拉线吊垂球的方法,将柱基定位线投到垫层上,如图 10-16,弹出墨线并用红漆画出标记,作为布置钢筋和柱基立模的依据。立模时,将模板底线对准垫层上的定位线,并用垂球检查模板是否竖直。最后,将柱基顶面设计标高测设在模板内壁,供柱基施工使用。

三、柱子吊装测量

1. 吊装前的准备工作

（1）标出杯口和柱子的定位线

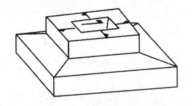

图 10-17　杯口定位轴线

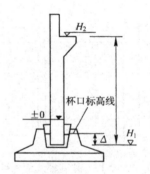

图 10-18　杯底找平

根据轴线控制桩将柱列定位轴线投测到杯形柱基的顶面上并弹墨线作为定位线,如果柱子中心不在柱列轴线上,应加弹柱子的中心定位线,并用红漆画出三角形标明,如图 10-17。同时,在柱子的三个侧面上也应弹出柱中心线,并在每条线的上端和近杯口处画出红色三角形标志。为了控制柱子安装的高程位置,还应根据牛腿面设计标高,在柱身上画出 ±0 标志线,如图 10-18 所示。

（2）检查柱身长度与杯底找平

由图 10-18 可见,杯底标高 H_1 加上柱身长度 l,应等于牛腿面的标高 H_2,由于柱子预制误差和柱基施工误差,柱身的实际长度与设计值不相等,为了解决这一矛盾,在浇筑基础时有意将基础底面标高降低 2～5 cm,并用钢尺实际丈量每个柱子四条棱线的长度,将其与杯底标高比较,相差部分用 1∶2 水泥砂浆在杯底找平,从而使牛腿面高程符合设计要求。例如,以 ±0 高程面为准,设牛腿面设计标高为 12.00 m,实量柱子一条棱线的长度为 13.57 m,杯口内壁标高线高程为 −1.10 m,则应在相应位置上沿这条标高线向下量 Δ = 13.57 − (12.00 − (−1.10)) = 0.47 m 进行找平。

2. 吊装时的垂直度校正

柱子吊入杯口后,先使柱子基本竖直,再将柱脚中心线与杯口定位轴线对齐,并用木楔进行初步固定。然后,将两台经纬仪分别安置在纵横柱列轴线附近,离柱子的距离约为柱高的 1.5 倍,先照准柱子下部的中心线,固定照准部后,抬高望远镜,检查柱子上部的中心线是否在视线上,如图 10-19。若有偏差,指挥吊装人员调节缆绳或千斤顶,直到在两个相互垂直的方向上都符合要求为止。

为了提高吊装速度,可先将几个柱子分别吊入各自的杯口内,初步固定后,将经纬仪安置在柱列轴线的一侧,夹角 β 最好在 15° 以内,然后进行校正。这样,安置一次仪器可校正多根柱子,如图 10-20 所示。

3. 注意事项

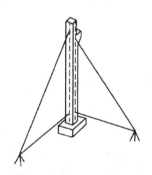

图 10-19　垂直度校正

图 10-20　多柱垂直度校正

(1)由于在校正柱子垂直度时,往往只用一个盘位进行观测,仪器误差的影响很大,因此经纬仪应事先经过严格检校。观测中应注意使照准部水准管气泡严格居中。

(2)校正时,柱子上部的中心线调整到视线上后,还应检查其下部的中线是否仍对准基础的轴线,偏差应在 ±5 mm 之内。

(3)如果是变截面的柱子,校正时经纬仪必须安置在柱列轴线上,否则容易产生误差。

(4)为避免因日照使柱子产生弯曲变形,影响柱子校正的准确性,最好在早晨或阴天进行校正。

(5)柱子的垂直性校正完成后,还应检查一下牛腿面标高是否符合设计要求。为此,可用水准仪测量柱身上 ±0 标志线的高程,其误差即为牛腿面的高程误差。该项误差的允许值,当柱高在5 m以下时为 ±5 mm,柱高在5 m以上时为 ±8 mm。

四、吊车梁和吊车轨道的安装测量

吊车梁安装前,应先用墨线在梁的顶面和两端弹出中心线,并在牛腿面上画出吊车梁中心线的位置,安装时用它们进行初步定位。然后根据柱列轴线,在地面上放出一条平行于吊车梁中心线的校正轴线,并使校正轴线到吊车梁中心线的水平距离为 d(例如1 m),如图10-21。校正吊车梁时,将经纬仪安置在校正轴线上,照准校正轴线上另一端的点,固定照准部后抬高望远镜,检查吊车梁中线到经纬仪视线的距离是否也等于 d,若有偏差,移动吊车梁使之符合要求。

安装吊车轨道前,可将水准仪直接安置在吊车梁上检测梁面标高,并用铁垫板调整梁的

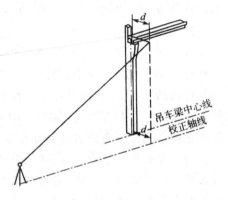

图 10-21 吊车梁校正

高度,使之符合设计要求。轨道安装后,将水准尺直接放在轨道上检测其高程,每隔3 m测一点,误差应在 ±3 mm以内。最后还要用钢尺实际丈量吊车轨道的间距,误差应不大于 ±5 mm。

第四节 高层建筑物的轴线投测

高层建筑的施工放样就其实质来说,与多层民用建筑的施工放样大体相同。但由于高层建筑的层数多,高度大,多为框架结构,施工场地一般比较狭窄,再加上常采用一些先进的施工工艺和施工机械,要求对建筑物施工的垂直度、水平度偏差及建筑物轴线尺寸的偏差进行严格地控制,因此,高层建筑物施工测量的主要问题是如何控制竖向偏差,即如何正确地向上引测各层轴线的问题。

高层建筑物轴线投测的方法,有经纬仪引桩投测法、激光铅垂仪投测法和光学垂准仪投测法等。本节介绍经纬仪引桩投测法和激光铅垂仪投测法。

一、经纬仪引桩投测法

1. 选择中心轴线

如图 10-22,塔楼定位后在地面上标出了 1、2、3…和 a、b、c…各轴线,其中 6 和 f 轴的交点为基础的中心,将这两根轴线引测到距塔楼尽可能远的地方,并钉设控制桩 A、A′ 和 B、B′(如图10-23)。基础完工后,用经纬仪将轴线精确地投测到塔楼底部,作为向

上引测轴线的依据。

2. 投测中心轴线

随着建筑物的不断升高，要逐层将轴线向上传递。具体方法见第四节多层建筑物轴线投测的方法。

3. 增设轴线引桩

如果轴线控制桩距楼房较近，随着楼房逐渐增高，投测轴线时望远镜仰角的会逐渐增大。过大的望远镜仰角不仅不便于操作，而且也会降低轴线的测设精度。为便于操作和提高测设精度，应将原轴线控制桩引测到更远的安全地方，或引测到的高楼顶上。如图 10-23，根据地面上原有的轴线控制桩 $A—A'$、$B—B'$ 将轴线引测到第 10 层楼面上后，将经纬仪安置在第 10 层楼面轴线的 $a_{10}—a'_{10}$ 和 $b_{10}—b'_{10}$ 上，分

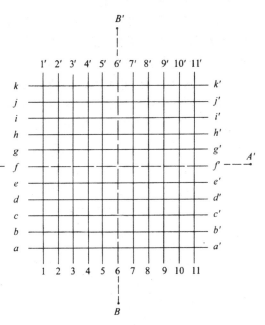

图 10-22　塔楼定位轴线

别后视地面上 A、A' 和 B、B'，用正倒镜将轴线延长到远处或附近的楼上，得到新的轴线控制桩 $A_1—A'_1$ 和 $B_1—B'_1$。修筑 10 层以上的楼层时，可将经纬仪安置在新的轴线控制桩上，后视 a_{10}、a'_{10} 和 b_{10}、b'_{10} 定向，继续逐层向上投测轴线。

高层建筑物的轴线投测前，应严格检校仪器，尤其是照准部水准管轴应与仪器竖轴严格垂直。投测时应仔细整平仪器，并选择有利的天气条件进行投测。

二、激光铅垂仪投测法

激光铅垂仪主要由氦氖激光器、竖

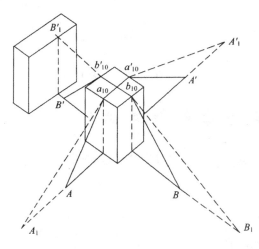

图 10-23　轴线引测

轴、水准器、发射望远镜和基座组成，其基本结构如图 10-24 所示。这是一种专供竖直定位的仪器，特别适用于高层建筑物和高烟囱、高水塔的垂直定位测量。利用激光铅垂仪投测高层建筑物的轴线，具有精度高、速度快的显著优点。只要将仪器安置在底层的适当位置上，严格整平后接通电源，打开起辉开关，即可发射出铅垂的可见光线，据此可

确定上部楼层轴线的位置。

高层楼房轴线投测时,每条投测轴线至少需要两个投测点。根据梁柱的结构尺寸,投测点距轴线 500～800 mm 为宜,其平面布置如图 10-25。

为了使激光束能从建筑物的底层直接打到顶层,在每层楼板的投测点处,应预留直径200 mm左右的孔洞,孔洞太小不便于投测,太大对人员和仪器都不安全。投测时,如图 10-26,将仪器安置在地面控制点 C 上,严格对中整平后打开电源,在顶部楼板预留孔上安放绘有坐标格网的接收靶,激光光斑在接收靶上的位置,即为地面控制点的铅垂投影位置。

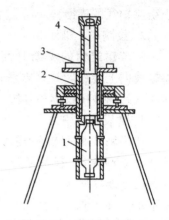

图 10-24　激光铅垂仪
1—氦氖激光器;2—基座;
3—水准器;4—望远镜。

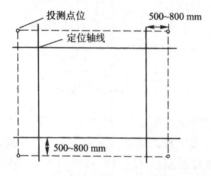

图 10-25　投测点位置

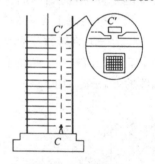

图 10-26　轴线投测

第五节　烟囱或水塔的施工测量

烟囱或水塔的特点是基础小、主体高,测量工作的主要任务是控制中心位置,确保主体中心线始终处于铅垂位置。

一、基础施工测量

烟囱或水塔的基础施工测量包括以下内容:

1. 定位测量

根据设计图纸和有关设计数据,利用地面上的已知控制点或建筑物,将烟囱或水塔的中心点测设到实地上。

2. 测设轴线控制桩

如图 10-27,以烟囱或水塔的中心点 O 为交点,测设出两条相互垂直的轴线 AB 和

CD,并埋设控制桩 A、B、C、D,各控制桩到中心点 O 的距离应大于烟囱或水塔高度的 1.5 倍。然后在基坑开挖边界外侧的定位轴线上,设置定位桩 a、b、c、d,以便修坡和恢复轴线位置时使用。

3. 基础放线

根据基础半径 r 和基坑放坡宽度 s,以 O 为圆心画圆,并用灰线标明基础开挖边界。

4. 测设基坑标高

为控制挖土深度,防止基坑超挖,当基坑挖土接近设计标高时,应在周围坑壁上测设腰桩。测设方法与房屋基础开挖时的方法相同。

5. 埋设基础中心桩

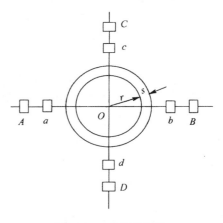

图 10-27　轴线控制桩

基础混凝土浇筑时,应在基础表面中心埋设钢标,将烟囱或水塔的中心投测到钢标上,并刻"＋"标明,作为上部施工时控制垂直度和半径的依据。

二、筒身施工测量

一般在烟囱筒身施工中,砖砌烟囱每升高一步架(约1.2 m)或混凝土烟囱每提升一次模板(约2.5 m),都应用吊垂线的方法或用激光铅垂仪将其中心垂直引测到工作面上,以此为圆心用木尺杆检查已砌筑的烟囱壁的位置,并作为下一步搭架或滑模的依据。

采用吊垂线法引测中心时,在工作面的木方上用细钢丝悬挂一个 8 ~ 12 kg 的垂球,调整木方使垂球尖对准基础中心桩,则木方上钢丝的位置即为烟囱中心。由于垂球容易摆动,这种方法仅适用于高度在100 m以下的烟囱。

用激光铅垂仪进行铅垂定位时,是将仪器安置在基础中心桩上,严格对中整平,在工作面的木方上安置接收靶,仪器开动后移动靶心使之与光斑重合,则靶心就是烟囱中心的位置。引测中心时,应水平旋转激光铅垂仪,检查光斑有无画圆的现象,以保证光束垂直。

无论是用吊垂线法还是采用激光铅垂仪引测中心点,每提升 10 ~ 20 m 高度后,应将经纬仪分别安置在轴线控制桩上,用正倒镜投点法将基础轴线方向投测到工作点上,并作出标记。用细线连接对应标记,其交点即为烟囱或水塔的中心,它应与用垂线或激光引测的中心重合。对100 m以上的烟囱,偏差应不大于其高度的1/1 000,对于100 m以内的烟囱,偏差应不大于高度的1.5/1 000,且不大于110 mm。

三、标高投测

烟囱或水塔施工时,为投测标高,可在其下部筒壁上先用水准仪测设出 +0.5 m 的标高线,然后根据这条标高线用钢尺竖直量距。测量时应在钢尺下端悬挂重垂球,以保证钢尺的垂直性。

第六节　竣工总平面图编绘

在企业的各类建筑物和构筑物的施工过程中,都可能因为出现了设计时未考虑到的问题,以及施工过程中一些建筑物或构筑物产生沉降或倾斜变形,使得施工后建筑物或构筑物的实际位置与设计不完全相同。为了能准确反映施工后建筑物和各种地上、地下管线的实际情况,为日后的管理、维修和企业将来的改建、扩建提供资料,一般应在施工结束时编绘竣工总平面图。

竣工总平面图的编绘包括竣工测量和室内编绘两方面的内容。新建企业的竣工总平面图,应随着各分项工程的陆续竣工相继进行编绘,即在工程竣工后,一面进行竣工测量,一面利用竣工测量的成果编绘竣工图。这样不仅能在全部工程竣工后及时编绘出竣工总平面图,作为交工验收的资料,也能大大减少实测工作量,从而节约了人力和物力,降低了施工成本。

一、竣工测量

每个单项工程完工后,施工单位应进行竣工测量,实际测定该工程物各点的平面位置和高程,从而获得竣工测量成果。竣工测量的内容包括:

1. 工业厂房和一般建筑物。实测房角坐标和各种管线进出口的位置和高程,房屋四角的室外高程,并附注房屋编号、名称、结构层数、面积和竣工时间等资料。

2. 厂区铁路和道路。测定线路转折点、曲线起终点、曲线元素、道路交叉点以及桥涵等构筑物的坐标和高程。

3. 地下管线。测定管线起止点、转折点、检查井的坐标,以及井旁地面、井盖、井底、沟槽和管顶等处的高程,并注明管道的名称、编号、管径、管材、间距、坡度和流向等。

4. 架空管线。测定管线的转折点、结点、交叉点和支点的坐标,以及支架间距和支架的基础标高等。

5. 其他。竣工测量完成后,应交的资料包括工程名称、施测项目、观测成果、设计数据等,作为编绘竣工总平面图的依据。

二、编绘竣工总平面图

竣工总平面图一般采用1:1 000的比例尺,局部工程密集的地方,可采用1:500的比例尺。图上有关建筑物和构筑物的符号应与设计图例相同,有关地形的符号应与国家地形图图式符号相同。竣工总平面图的内容应该包括:

1. 现场保存的测量控制点和建筑方格网、厂房控制网等平面和高程控制点;

2. 厂房、辅助设施、生活福利设施等地面及地下建筑物的平面位置和高程;

3. 给水、排水、电力、通讯管线的平面位置和高程；

4. 各种道路及其附属设备的位置和高程；

5. 室外空地和绿化区的地形等。

编绘竣工总平面图，应在整个施工过程中随时收集有关资料，特别是对隐蔽工程要及时验收测绘。地面工程在取得竣工测量成果后，即可着手编绘竣工图。编绘前，可将设计总平面图用铅笔描绘在图纸上，并将各种测量控制点（建筑方格网点、水准点、导线点等）也描绘在图纸上。图上用红色数字表示建筑物的设计位置。当一项工程竣工后，根据竣工测量成果，用黑色将其实际形状描绘在图上，并用黑色数字注记其坐标和高程。这样，红色与黑色之差就是施工与设计之差。随着施工的进展，依次将所有铅笔原图着墨描绘。由此不仅可以随时检查施工进度，也可防止竣工图的漏测、漏绘。

竣工总平面图编绘完成后，应附以必要的说明和图表，连同原始地形图、地质资料、设计图纸、设计变更资料、验收记录等合编成册。

思考与练习题

10-1　简述施工测量的作用。

10-2　施工测量的主要任务、内容和特点有哪些？

10-3　轴线放样数据和细部放样数据是如何取得的？

10-4　什么是引桩？什么是龙门板？它们在建筑施工中有何作用？

10-5　如何测设角桩？其精度要求是怎样的？

10-6　厂房立柱吊装时如何控制其高程位置？如何测量和校正其垂直性？

10-7　高层建筑施工测量的主要问题是什么？解决此问题可选择哪几种方法？

10-8　为什么要进行竣工测量？其主要任务有哪些？

10-9　如图 10-28 所示，测设出主轴线点 C'、O'、D' 后，检测 $\angle C'O'D' = 180°00'56''$，轴线设计长度 $c = 100$ m，$d = 150$ m，计算这 3 个点的调整值 δ_c、δ_o、δ_D。

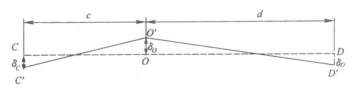

图 10-28　习题 10-9 图

10-10　新建筑物 A、B 与原有建筑物的位置关系如图 10-29 所示，详述新建筑物的测设方法和步骤。

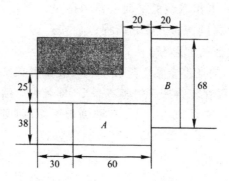

图 10-29　习题 10-10 图 (单位: m)

第十一章 管道施工测量

随着生产的不断发展,在城镇、工矿企业和一些交通沿线上,需要敷设的给水、排水、热力、煤气、输电、输油等管道越来越多。管道工程测量的任务,就是为管道工程的设计提供有关的地形资料,并在管道的施工中,按设计要求将管道的位置在地面上标定出来。本章介绍地下管道工程测量的基本内容和方法。

第一节 管道工程测量的特点和内容

大部分管道工程属于埋入地下的隐蔽工程,若在工程完工后发现问题,将很难查找,以至在使用中可能会产生严重后果。例如,若在自流管道的施工过程中将管道高程测设错误,会使液体的流量和流速达不到设计要求,甚至会发生倒流事故。此外在大型的城镇或厂矿企业中,各种管道常常相互穿插,纵横交错,如果在测量、设计或施工中发生差错,将使管线难以正确连接。因此,测量工作应严格按要求的精度进行,并做到每一步工作都有检核,以保证测量结果的正确性和准确性。同时要注意坐标系统和高程系统的一致性,防止因采用了不同的坐标或高程系统而导致管道位置的测设错误。

管道工程测量的内容包括:

1. 制订施测方案。首先,要收集规划区内已有的大、中比例尺地形图和原有管道的平面图、断面图等资料,然后根据收集到的资料结合现场勘察,对管道的走向和位置进行初步规划和纸上定线。

2. 地形测量。根据纸上定线方案,实地测绘管线附近的带状地形图,或对原有的地形图进行修测,供管道设计使用。

3. 管道中线测量。根据设计要求,在地面上标定出管道中心线的位置,为管道施工提供位置依据。

4. 断面测量。通过测量管道中心线的纵、横断面方向上的地形起伏情况,可为确定管道埋深和计算土石方数量提供依据。

5. 管道施工测量。在管道施工过程中,用测量的方法和手段,在实地控制管道的平面位置和高程位置,以保证管道施工完成后,其位置符合设计要求。

6. 竣工测量。管道施工完成后,将管道的实际位置测绘成图,作为判断施工质量的一项依据。同时也是日后使用期间进行管理和维修的基础资料。

第二节　管道中线测量

管道中线测量就是将管道的走向和位置在地面上标定出来。其内容包括主点测设、管线转向角测量、中桩测设及里程桩手簿的测绘等。

一、主点测设

管道的起点、终点和转折点通称主点,其位置在设计中已确定。根据取得测设数据的方法不同,主点测设的主要方法有距离交会法、极坐标法和拨角法三种。

1. 距离交会法

用距离交会法测设主点时,通常是根据管道设计图上主点与相邻地物的相对关系,直接在图上量取主点放样的数据,并据此进行主点测设。

如图 11-1,设 A、B 为原有管道的检查井位置,Ⅰ、Ⅱ、Ⅲ点是设计管道的主点,要在地面上标定出这些主点的位置,可根据设计图纸的比例尺,在图上量出 D、a、b、c、d、e 等距离,从而得到管线主点的测设数据。测设时,从既有管道的 A 点起,沿 A—B 方向丈量水平距离 D,即可得到管线起点Ⅰ的位置,然后在Ⅰ点用直角坐标法测设出Ⅱ点,再利用既有建筑物用距离交会法测设Ⅲ点。最后,量测既有建筑物到Ⅱ点的距离 a、b、c,及相邻主点间的距离 $D_{Ⅱ-Ⅲ}$,以此检核测设的点位是否正确。

由此可见,用这种方法进行管线主点的测设,与设计图或管线规划图的比例尺和精度有很大关系,图纸的比例尺愈大,图解法得到的测设数据的精度就愈高。因此应尽可能采用较大比例尺的图纸量取测设数据。

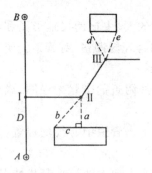

图 11-1　距离交会法

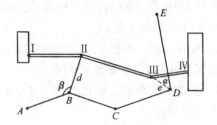

图 11-2　极坐标法

2. 极坐标法

如果管线规划设计图上已经给出了主点的坐标,而且主点附近也有测量控制点,则可以利用坐标反算的方法获得主点的测设数据,并据此进行主点测设。

设在图 11-2 中,A、B、C 等点为测量控制点(如导线点),Ⅰ、Ⅱ、Ⅲ 等为设计的管道主点,为了能在实地采用极坐标法放样主点Ⅱ,可根据Ⅱ点和 A、B 两点的坐标,反算出

B—A 边和 B—Ⅱ边的坐标方位角及 B—Ⅱ边的距离,从而得到测设数据 d 和 β。测设时将经纬仪安置在 B 点,后视 A 点,拨 β 角后在视线方向丈量水平距离 d,即可放样出主点Ⅱ。用同样的方法可测设其他主点。最后,丈量已测设的各主点之间的距离,并与按坐标反算的相应距离比较,检核主点测设是否正确。

3. 拨角法

有些管道在转折时,要满足定型弯头的要求,例如给水铸铁管的弯头按其转折角分为 90°、45°、22.5°等型号。在这种情况下测设管道主点,可在已测设出的主点上安置经纬仪,按定型弯头的转折角确定管线的方向,并按此方向测设下一个主点的位置。这种测设主点的方法就称为拨角法。如图 11-3,设Ⅰ、Ⅱ为已测设的管道主点,在测设Ⅲ点时,将经纬仪安置在Ⅱ点,后视Ⅰ点,倒镜后拨 45°角,沿视线方向丈量距离 D,即可标定出Ⅲ点的位置。

拨角法测设管道主点时,应用两个盘位测设角度,距离测设也应往返丈量,以提高测设精度。各主点测设出后,应检查它们与相邻地物点或测量控制点的关系,以检核主点测设的正确性。

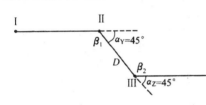

图 11-3　偏角测量

二、偏角测量

在管线转折处,转变后管道的方向与原来方向的夹角称为管线的转向角,亦称偏角。偏角有左、右之分,如果转变方向后的管线偏向原来方向的左面,称为左偏,其偏角用 α_Z 表示;反之称为右偏,其偏角用 α_Y 表示,如图 11-3 所示。管线主点测设在地面上后,应在各转折点上安置经纬仪,用一个测回测量管线的右角 β,并由 β 值计算偏角值。显然,测得的右角大于 180°时,管线的偏角为左偏,$\alpha_Z = \beta - 180°$;右角小于 180°时,偏角为右偏,$\alpha_Y = 180° - \beta$。

三、中桩测设

为了测定管线的实际长度和测绘纵横断面,应从管道的起点开始,沿管道中线测设一些桩点,这些桩点统称为中线桩,简称中桩。测设这些中线桩的工作就称为中桩测设。

中桩分为整桩和加桩两类。从管道起点开始,每隔一段固定的距离测设的桩点称为整桩。不同的管线这段距离也不同,一般为20 m、30 m或50 m。相邻的整桩之间,还应在有重要地物(如铁路、公路、房屋、其他旧有管道等)的地点,以及在地面坡度变化的地点设置桩点,这些位于整桩之间的桩点称为加桩。

测设中桩时,可用钢尺测设距离,用经纬仪确定量距的方向。如果是采用拨角法测设主点,也可在主点测设的过程中将整桩和加桩测设出来。用钢尺量距时应丈量两次,相对误差一般应不大于1/2 000。如果精度要求不高,也可用皮尺或绳尺进行丈量。

所有测设出的中线桩,均应在木桩侧面用红油漆标明里程,即从管道起点沿管道中线到该桩点的距离。

四、绘制里程桩手簿

在中线测量的过程中,应同时在手簿上描绘管线两侧的地物和地貌,供绘制纵断面图和进行管道设计时参考。这种表示管线两侧带状地区地物、地貌情况的草图,是根据里程桩的位置描绘的,故称为里程桩手簿。

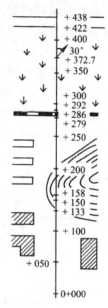

绘制里程桩手簿时,先在手簿的毫米方格纸上绘出一条粗直线表示管道的中心线,并标注出里程,如图 11-4 所示。图中,0 + 000 为管线的起点,0 + 133 和 0 + 158 为地面坡度变化处的加桩,0 + 279、0 + 286、0 + 292、和 0 + 422、0 + 438 等桩为管线穿过铁路和公路时的加桩,其余各桩号则是间距为 50 m 的整桩。

在管线的转折点,如图中 0 + 372.7 处,要用箭头表示出管线转折的方向,并注明转向角的数值,但转折以后的管线仍用原来的直线表示管道中线。

图 11-4 里程桩手簿

里程桩手簿的测绘方法,主要是用皮尺按距离交会法或按直角坐标法进行测量,也可用皮尺配合罗盘仪按极坐标法进行测量。测绘宽度一般为管线左右各 20 m,若遇到建筑物,则应绘出建筑物。

第三节　管道纵横断面图测绘

一、纵断面测量

管道纵断面测量的任务,是测量管道中线桩的地面高程,并根据各桩的里程和测得高程绘制纵断面图。纵断面图表示了中线上地面起伏情况,是设计管道的坡度、埋深和进行土石方量计算的主要依据。纵断面测量的主要内容包括:

1. 水准点高程测量

为了保证管线上各中线桩高程测量的精度,根据从整体到局部的测量原则,按照先控制后碎部的测量程序,先沿线路布设足够数量的水准点,并测量各水准点的高程,用作中桩水准测量和管道施工时进行高程放样的依据。

布设水准点时应注意将点位选在不受施工影响,易于保存,又便于使用的地方。沿线水准点的分布也应比较均匀。在给排水管道施工中,对水准点高程测量的精度要求和水准点分布的密度要求见表 11-1。

表 11-1　给排水工程水准测量精度要求

水准点类型	允许闭合差(mm)		水准点分布(个)	
	无压管道	压力管道	沿管线每公里	其他给排水设备附近
永久水准点	$\pm 10\sqrt{L}$	$\pm 20\sqrt{L}$	1	1
临时水准点	$\pm 10\sqrt{L}$	$\pm 20\sqrt{L}$	2~3	根据需要增设

2. 中桩高程测量

中桩高程测量就是根据水准点高程测量中线点的地面高程。在测定中桩高程时，一般采用附合水准路线分段施测，其高程闭合差应不大于$\pm 40\sqrt{L}$(mm)。闭合差在允许范围内时一般可不调整。

中桩水准测量时，安置一次仪器可观测多个中线点。其中，由于转点起着传递高程的作用，所以转点上的尺读数应读到毫米，而中间点只用于绘制断面图，因此中间点上的尺读数只读到厘米即可。计算时，先计算出各测站的仪器视线高程，再用视线高程减去前视或中视读数即可得地面点高程。表 11-2 为一段中桩水准测量的记录。

表 11-2　中桩水准测量记录

桩　号	水准尺读数			视线高程 (m)	测得高程 (m)	采用高程 (m)	备　　　注
	后视	中视	前视				
BM₁	1.864			46.624		44.760	
0+000	1.443		1.313	46.754	45.311		
+050		1.05			45.70		
+100		0.75			46.00		
+133	2.674		0.474	48.954	46.280		坡　脚
+150		1.33			47.62		
+158	0.348		0.552	48.750	48.402		坡　顶
+200	0.854		3.261	46.343	45.489		坡　脚
+250		1.39			44.95		
+279	2.805		1.693	47.455	44.650		路基下
+286		0.25			47.20		道　心
+292	1.397		2.797	46.055	44.658		路基下
+300		1.78			44.28		
+350		2.05			44.00		
+372.7	1.358		2.034	45.379	44.021		转折点
+400		1.55			43.83		
+422		1.42			43.96		公路边
+438	1.578		1.405	45.552	43.974		公路边
BM₂			0.334		45.218	45.241	
Σ	14.321		13.863				
计算检核 与 成果检核	14.321 −13.863 +0.458				45.218 −44.760 +0.458		$f = 45.241 - 45.218 = -23$ mm $F = \pm 40\sqrt{0.5} = \pm 26$ mm $f < F$

当管线较短时,中桩水准测量可与水准点高程测量同时进行,由一水准点开始,先测量各中线桩高程,并附合到另一待测高程的水准点上。然后不测中间点,直接返测回起始水准点,以资检核。往返测较差在准许值内时,取往返测高差的平均值,计算后一水准点的高程。

3. 绘制纵断面图

纵断面图一般绘制在毫米方格纸上。绘制时以管线的里程为横坐标,以高程为纵坐标。为了使地面的起伏情况得到明显的表示,纵断面图的高程比例尺比水平比例尺大 10 倍或 20 倍,如图 11-5 所示。纵断面图的绘制步骤如下:

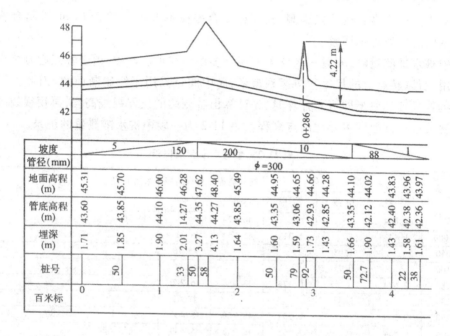

图 11-5　纵断面图

(1)填注数据。在纵断面图下部的相应栏目内,填注里程、桩号、管底设计标高、中线地面标高、管道埋置深度、管径、管道设计坡度等实测、设计或计算的数据。其中,坡度栏内向上、向下的斜线或水平线称为坡度线,表示设计管道为上坡、下坡或平坡。坡度线的上方标注设计管道坡度的千分数,线下注记该坡段的水平长度。管底标高可根据管道起点的标高、管道设计坡度和各桩之间的水平距离逐点推算。例如,已知管道起点 0 +000 的管底标高为43.60 m,管道设计坡度为 +5‰,则 0 +050 的管底标高为

$$43.60 + 0.005 \times 50 = 43.85 \text{ m}$$

而埋置深度则根据实测的地面高程和管底设计标高计算。

(2)描绘地面线。根据各点的地面标高,在相应的位置上按比例尺描绘出中线点的位置,并用直线连接相邻点,即可绘出中线地面的纵断面图。

（3）描绘管道设计位置。根据管底设计标高,可将管道各变坡点的位置在图上描绘出来,用直线连接相邻变坡点,并按比例尺画出管径,则完成了管道纵断面图的绘制工作。

二、横断面测量

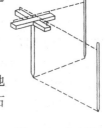

图 11-6　方向架

横断面测量的任务,是在各中线点上,沿垂直于中线方向测量地面的起伏情况,并绘制成横断面图。横断面图是管道设计时计算土石方数量的基本依据,也是管道施工时确定管沟开挖边界的主要依据。

测量横断面时,一般用方向架(图 11-6)确定横断面方向,用皮尺丈量横断面方向上各地面特征点到中线桩的距离,用水准仪测量各特征点的高程。测量过程如图 11-7 所示,先在中线桩上立尺,用水准仪读得后视读数,并计算出视线高程;再将水准尺依次竖立在各断面特征点上,读取中视(前视)读数,同时测量各点到中线桩的水平距离。用视线高程减去中视(前视)读数即可计算出各点的地面高程。

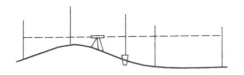

图 11-7　横断面测量

0+050

图 11-8　横断面图

横断面测量的记录如表 11-3。最后,根据测量结果绘制横断面图(图 11-8)。为了便于计算横断面面积和便于确定开挖边界,横断面图的平距比例尺和高程比例尺相同,一般均为 1:200 或 1:100 。

表 11-3　横断面测量手簿

| 测　点 | 水准尺读数 | | | 视线高程 | 高　程（m） | 备　注 |
（桩号）	后　视	中　视	前　视			
0 + 050	1.78			47.48	45.70	
左 7.2		0.48			47.00	
左 20.0		2.12			45.36	
右 5.0		2.36			45.12	
右 20		2.46			45.02	
0 + 100			1.48		46.00	

第四节　地下管道施工测量

一、施工测量的准备工作

1. 熟悉图纸

管道施工开始之前,应准备管道施工所必需的管道平面图、纵横断面图等资料,熟

235

悉图纸并校核图上的有关数据,做到对设计内容、施工现场和测量方案心中有数。

2. 校核中线位置

一般在设计阶段标定于地面的中线桩就是施工时管道的中线位置,但在施工开始之前应对其进行校核,以确认中线位置是否正确。若从设计到施工间隔了较长的时间,原先钉设的中线桩可能会有部分丢损,中线校核时应重新恢复这些桩点。另外,如果管道施工中线的位置有所变动,则应按设计资料重新测设改线后的中线桩。

3. 测设施工控制桩

地下管道施工时,中线上的各桩将被挖掉,为了能及时恢复中线和检查井的位置,应在不受施工干扰、便于保存点位和引测方便的地方,测设出施工控制桩,如图 11-9 所示。

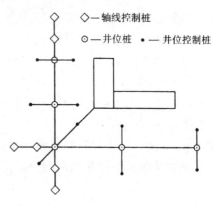

图 11-9　中线控制桩和井位控制桩

二、槽口放线

根据管道中线的位置、管径、埋设深度和土质情况,决定管沟开挖的宽度,并在地面上定出槽边线的位置,这项工作称为槽口放线。

如果横断面坡度比较平缓,如图 11-10,开槽宽度 $2B$ 可按下式计算:

$$2B = 2b + 2m \cdot h \tag{11-1}$$

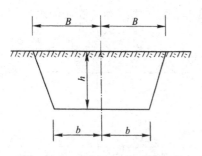

图 11-10　平坦地面的开槽宽度

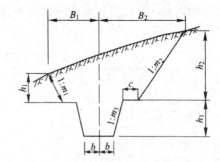

图 11-11　倾斜地面的开槽宽度

式中,b 为槽底的半宽;h 为中线上的挖槽深度;m 为根据土质决定的沟槽边壁坡度的倒数。

当横断面坡度比较陡时,如图 11-11,开槽宽度 $B_1 + B_2$ 的计算公式为

$$B_1 = b + m_1 h_1 + m_3 h_3 + c \tag{11-2}$$

$$B_2 = b + m_2 h_2 + m_3 h_3 + c \tag{11-3}$$

三、测设施工标志

管道施工测量的主要任务是根据工程进度,及时测设控制管道中线位置和高程位

置的施工标志,以使施工按设计的要求进行。施工标志测设的常用方法有龙门板法和腰桩法两种。

1. 龙门板法

龙门板由坡度板和高程板组成,如图 11-12。测设龙门板的步骤如下:

(1)设置坡度板

管沟开挖过程中,为了能随时控制管道的中线位置,应每隔 10～20 m 设置一块坡度板。埋设时应注意使板身稳固,板面基本水平。

(2)投测中线

用经纬仪将管道中线投测到坡度板上,并用小钉标定出中线位置,称为中线钉。各龙门板上中线钉的连线,就是管道的中线方向。在中线钉或其连线上悬挂垂球,即可将中线位置投影到管沟内,依此控制管道中线。

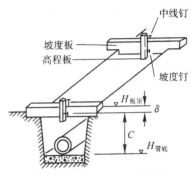

图 11-12　龙门板和坡度钉

(3)测设坡度钉

为了控制管道埋深,还应在坡度板上测设出高程标志。如果这一标志到管底设计标高的差值为一常数(这一常数称为下返数),施工时检查管底标高将十分方便。为此,可先根据施工场地附近的水准点,用水准仪测定各坡度板顶面的高程 $H_{板顶}$,再根据管底的设计标高 $H_{管底}$ 和预先确定的下返数 C,计算每一板顶标高应向上或向下的调整数 δ,据此在高程板上钉设坡度钉,使之到管底设计标高的垂直距离为预先确定的下返数 C。由图 11-12 可见,调整数的计算公式为

$$\delta = C + (H_{板顶} - H_{管底}) \tag{11-4}$$

按此式计算的坡度钉调整数若大于零,应向上调整;反之应向下调整。

现举例说明坡度钉调整数的计算和坡度钉的测设方法。如表 11-4,先根据测量记录将各坡度板顶面高程列入第 4 栏内,再根据距离和坡度计算各桩号的管底高程,将计算值列入第 5 栏。已知管道起点 0+000 的高程为 42.750 m,从起点到第一个坡度板 0+020 的距离为 20 m,管道设计坡度为 $i = -5‰$,则 0+020 的管底高程为 42.750 - 0.005×20 = 42.650 m。根据板顶高程和管底高程可计算板顶下返数,例如 0+020 桩的板顶下返数为 45.406 - 42.650 = 2.756 m。各坡度板的板顶下返数均记入第 6 栏,预先确定的固定下返数 C 记入第 7 栏。根据这两个下返数即可计算在高程板上测设坡度钉需要的调整数 δ。本例中,固定下返数为 2.5 m,故 0+020 桩的调整数为 $\delta = 2.5 - 2.756 = -0.256$ m,将此计算结果记入第 8 栏,并沿坡度板顶面向下量 0.256 m 钉设坡度钉。最后计算出坡度钉的高程填入表中第 9 栏。显然,板顶高程加上调整数即为坡度钉高程,而管底高程加上固定下返数也应等于坡度钉高程,由此进行计算检核。

表 11-4　坡度钉测设记录

桩　号	距　离	坡　度	板顶高程（m）	管底高程（m）	板顶下返数（m）	固定下返数（m）	调整数（m）	坡度钉高程（m）
1	2	3	4	5	6	7	8	9
0 + 000			45. 235	42. 750	2. 485		+ 0. 015	45. 250
0 + 020	20		45. 406	42. 650	2. 756		- 0. 256	45. 150
0 + 040	20	- 5‰	45. 212	42. 550	2. 662	2. 500	- 0. 162	45. 050
0 + 060	20		45. 085	42. 450	2. 635		- 0. 135	44. 950
…	…		…	…	…		…	…

（4）检查坡度钉标高

所有坡度钉测设好后，应重新测量其高程，检查是否有误。在施工过程中，也应经常检查坡度钉的高程，以便管道施工的正确进行。

2. 平行轴腰桩法

在地面坡度较大，管径较小，精度要求较低的情况下，管道施工测量常用平行轴腰桩法控制管道的中线和坡度，其测设步骤如下：

（1）测设平行轴线

为了能及时恢复管道的中线，在管沟开挖前先在中线的一侧测设一排平行轴线桩，如图 11-13。平行轴线桩到管道中线的距离为一常数 a，桩位应在施工范围之外，各桩间距以20 m为宜。

（2）测设腰桩

为了能准确方便地控制管道中线的高程，可在沟槽壁上测设一排木桩，并使其标高与槽底的设计标高之差为一常数，如图 11-14 。这排木桩就称为腰桩，它们到设计槽底高度的距离称为下返数 C，其位置应与相应的平行轴线桩处于同一横断面上。施工时利用腰桩可很方便地检查槽底开挖是否达到设计要求。

图 11-13　平行轴线

图 11-14　平行轴线桩和腰桩

为了测设腰桩，当管沟开挖到一定程度后，在管沟边壁上距槽底大约1 m处先钉设一排临时腰桩，并用水准仪测定它们的高程。根据管底的设计标高 H、预先确定的固定下返数 C 和临时腰桩的高程 H'，计算出各腰桩的调整数 δ（其计算方法与坡度板法相同），然后从各临时腰桩向上或向下量出对应的调整数，打入正式腰桩，并以小钉标志点位。在正式腰桩上，各小钉的连线与管道设计坡度线平行，且其高程与管底设计高程相差为一固定的下返数。最后拔去临时腰桩，施工时根据正式腰桩上的小钉检查各点高程。

四、管道竣工测量

管道工程竣工后,应及时进行竣工测量,整理并编绘全面的竣工资料和竣工图。竣工图应如实反映施工成果,它是工程验收和管道投产后进行管理、维修或扩建时的重要技术档案。

管道竣工图包括竣工平面图和竣工断面图两种。竣工平面图上应标明管道节点和转折点的施工坐标及它们到附近设施的相对距离。管道竣工断面图上则应标明管顶和检查井井口的竣工高程。

测绘管道竣工图时,应充分利用施工控制网,若施工控制网不能满足要求,则应重新布设控制网后再行测绘。竣工图一般应根据现场实测资料进行编绘,若工程较小或不甚重要时,也可根据施工中的设计变更情况和测量验收资料,在施工图上修绘。

第五节 顶管施工测量

地下管道施工,通常是先开挖沟槽,再敷设管道,最后掩埋回填。但当管道穿越不允许中断运行的铁路、重要公路、主要街道以及不能断流的河道时,为了不影响交通、市容和通航,可采用顶管施工的方法敷设管道。

顶管施工比开挖沟槽施工复杂,精度要求高,常采用 1:200 ~ 1:500 比例尺的平面图进行技术设计,在图上标出管道中线、顶管的起、终点位置及前后管道的位置。施工时,在顶管的起点位置事先挖好工作坑,坑内安放导轨(钢轨或方木),将管材放在导轨上,用顶镐(千斤顶)将管材按设计的方向顶入土中,同时取出进入管内的土壤。

顶管施工中,测量工作的主要任务是测设管道的中线和高程位置,并在顶进过程中检查管道的方向和高程是否正确。

一、施工准备时的测量工作

1. 测设顶管中线桩

首先根据设计图纸,在工作坑位置的前后测设两个中线控制桩,并根据中线控制桩放样出开挖边界。工作坑开挖到设计标高后,再根据中线控制桩用经纬仪将管道中线引测到坑壁上,并钉设木桩,用以控制顶管的中线位置,此桩称为顶管中线桩。

2. 设置临时水准点

为了控制管道按设计的标高和坡度顶进,可在工作坑内设置大木桩,并测定其高程作为临时水准点。临时水准点应设置两个,以便相互检核。

3. 导轨安装测量

为了便于控制顶管的方向和高程,在工作坑内要安装顶管导轨。导轨一般安装在木基础或混凝土基础上,基础面的标高和坡度应符合设计要求。安装前先将中线标在基础上,再根据导轨宽度安装导轨,然后根据顶管中线桩和临时水准点检查调整导轨的中线位置和标高,无误后将导轨固定。

二、顶进过程中的测量工作

为了保证施工质量,顶管施工中每顶进0.5 m,就应进行一次中线测量和高程测量。管道的中线位置和高程误差在限差之内时可继续顶进,如果误差超限则应校正后再顶进。顶管的质量要求为:高程允许偏差 + 10 mm, – 20 mm;中线允许偏差30 mm;管字错口一般不得超过10 mm,对顶时不得超过30 mm。

1. 中线测量

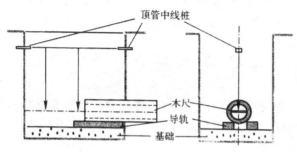

图 11-15　顶管中线测设

如图 11-15,在两个顶管中线桩间拉一条细线,细线上挂两个垂球。测量时在管道前端水平放置一根木尺,沿两垂球线的连线方向用细绳将管道中线延长到木尺上,以此检查顶管中线是否有偏差。若中线延长线在木尺上的交点与木尺的中间点重合,说明顶管方向正确,否则说明方向有偏差,偏差大于允许值时则应校正顶管方向。

2. 高程测量

将水准仪安置在工作坑内,先检查水准点高程有无变化,再后视一个临时水准点,用一根长度小于管径的标尺立于管道内的待测点上,读取前视读数即可得到该点的高程。测得的高程与管底设计高程之差应不大于 ±1 cm,否则应进行校正。

思考与练习题

11-1　管道施工测量的主要任务和内容有哪些?

11-2　主点测设的任务是什么?

11-3　简述主点测设的图解法、拨角法和解析法。

11-4　主点测设出后,如何检查点位测设是否正确?

11-5　简述管道纵断面测量的方法和精度要求。

11-6　为什么要进行槽口放线,如何进行?

11-7　中桩测设的目的是什么?

11-8　管沟开挖时,其开挖深度是如何控制的?

11-9　为什么设置坡度钉时要采用一个固定的下返数?

11-10 控制点 C_1、C_2 和管道主点 G_1 的坐标如表11-5所示,计算分别在 C_1 和 C_2 置镜,用极坐标法测设 G_1 时的放样元素,并叙述测设方法。

表 11-5 习题 11-10 表

测站	坐 标		前/后 视点	坐 标		ΔX	ΔY	S	α	β
	$X(\text{m})$	$Y(\text{m})$		$X(\text{m})$	$Y(\text{m})$	(m)	(m)	(m)	° ′ ″	° ′ ″
C_1	481.11	320.45	C_2							
			G_1	574.30	328.66					
C_2	562.28	345.70	C_1							
			G_1							

11-11 纵断面水准测量成果如表11-6,完成其计算和检核。

表 11-6 纵断面水准测量记录表

测 点	后 视	中 视	前 视	视线高程	测点高程 (m)	备 注
BM$_1$	0.875				165.431	已知高程
0 + 000		1.56				
0 + 020		1.42				
0 + 040		1.86				
0 + 056.23	0.524		2.371			
0 + 060		0.85				
0 + 080		1.37				
0 + 100		1.96				
0 + 120		1.58				
0 + 140	1.968		1.022			
0 + 160		1.84				
0 + 168.54		1.67				
0 + 180		1.56				
0 + 200		1.32				
0 + 220		1.15				
0 + 240	0.987		1.003			
0 + 250		1.13				
	1.544		1.798			
BM$_2$			0.355			已知高程 164.797 m
计算检核						

11-12 根据上题纵断面水准测量成果绘制水平比例尺为 1:2 000,高程比例尺为 1:200 的纵断面图。

11-13 坡度钉测设记录如表11-7所示,完成其计算。

表 11-7 坡度钉测设记录表

桩 号	距 离	板顶高程 （m）	管底高程 （m）	板顶下返数	固定下返数 （m）	调整数	坡度钉高程
		设 计 坡 度 −3%					
0 + 000		62.012	60.00				
0 + 020		61.310					
0 + 040		60.732					
0 + 060		60.118			2.00		
0 + 080		59.582					
0 + 100		58.907					
⋮		⋮					

第十二章 铁路既有站场测量

根据任务和内容,铁路站场测量可分为新建站场测量和既有线站场测量。前者在初测阶段的主要任务是测绘足够面积的地形图供设计使用,在定测阶段,则应根据需要,在区段站以上的站场设置基线,供详细测设站内设施使用;后者除了要测绘站场及其周围的地形图外,还要详细测绘所有站内建筑和各种站场设备的位置。与线路测量相比,既有线站场测量具有地物多、干扰大、测量面积广、精度要求高的特点。本章主要讨论既有线站场测量的基本内容和方法。

既有线站场测量的范围一般包括:纵向到两端进站信号机以外50 m,横向到两侧最外股道以外100 m。如果这个范围仍不能包括站场所有附属股道及设施,或不能满足设计要求,则应根据实际情况和具体要求确定测量范围。

既有线站场测量的主要内容包括:纵向丈量、基线测设、道岔测量、站内线路平面测量、高程测量、横断面测绘及地形测量等。此外,在既有线车站的改建或扩建施工中,还应进行道岔和站线连接的计算和测设等工作。其中,高程测量、横断面测绘和地形测量的方法与线路测量中的相应测量基本相同,只是根据站场测量的特点有一些特殊要求,实际工作中应按《新建铁路工程测量规范》的有关规定执行。

第一节 站内线路纵向丈量

为了取得站内主要线路的长度和里程,并使站内线路和区间线路的里程连续一致,对站内的正线、支线和厂矿专用线等应沿线路进行丈量,并在丈量过程中标注出百米标、加标的位置和里程,因此称之为里程丈量。

站内里程丈量应沿正线进行,一般是在区间线路里程丈量时连续完成的。大站内的各车场、机务段、车辆段和大型货场的里程丈量,可选择一条贯通线进行。丈量范围应根据设计需要决定,一般应延伸到进站信号机以外。

对站内的支线、专用线、联络线等线路,应以联轨道岔的中心为测量起点,并确定它们与正线或其他线路的里程关系,例如专 $0 + 000 = K89 + 123.45$。测量的终点应能满足设计需要,并应设置在直线上。

直线地段里程丈量时,可沿左轨轨面进行,在曲线地段则应沿线路中线进行丈量。当车站为图 12-1 所示股道布设时,应从车站中心转入另一股道连续丈量并推算里程。

里程丈量应使用经过检定的钢尺丈量两次,并对丈量结果加入温度改正和尺长改正。两次丈量的误差在1/2 000之内时,以第一次丈量的里程为准,在左轨上标注百米标和加标,并在测量手簿上记录两次丈量的较差。

除了应沿线路标注公里标和百米标外,在直线地段不大于50 m、曲线地段里程为20 m的整倍数处均应设置加标。此外,在下列地点也应设置加标:

1. 车站中心、道岔中心、信号机、桥梁中心、大中桥的桥台胸墙和台尾、隧道进出口等处,里程取位至厘米;

2. 站台、平交道口、立交桥中心、涵渠中心、各种线路标志桩、各种跨越线路的管线中心、路基防护的起终点等,里程取位至分米;

3. 路基边坡的最高和最低点、路堤路堑的交界处、路基宽度变化处、路基病害地段等,里程取位至米。

所有公里标、百米标和加标的位置均应用白油漆标注在钢轨外侧。直线地段标注在左轨上,曲线地段若左轨为外轨时,还应在内轨上进行标注。标注时,在钢轨外侧从轨顶边到钢轨腹部画一条竖线作为里程标记,竖线上加一短横线表示里程的加号。公里标应写全里程,百米标和加标的里程可不写公里数,直接写在竖线右边,如图 12-2 所示。

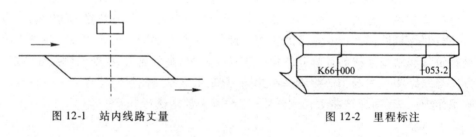

图 12-1　站内线路丈量　　　　　　　　图 12-2　里程标注

第二节　站场基线测量

基线是站场平面控制的基础。根据基线应能计算和设计道岔等各种站场设施和建筑物的坐标,也应能进行细部测量和施工放样。因此,基线的设置应满足勘测设计和施工各个阶段的要求。

在区段站以上的大型车站,其基线应根据需要与国家或城市的三角点取得联系。附近没有三角点时,可用天文观测的方法或用陀螺经纬仪测定基线的真方位角。中小车站一般不与国家点联测,也不测真方位角。但附近有大量的建设项目可能会对站场的发展规模产生影响,且附近有三角点时,也可与基线联测,以利勘测设计工作的进行。

一、基线的布设原则

1. 基线点的位置应能最大限度地保证测量工作的安全和方便,并尽可能减少与行车的干扰。各基线点间距以 100～300 m 为宜。

2. 基线的长度应根据需要确定,但其端点应在车站两端进站信号机以外。

3. 基线的形状以直线为最佳,因条件限制而必须布设成折线时,应尽可能减少转折点的数量。

4. 主基线布设在正线和到发线之间为宜,并尽可能与正线平行。

5. 当测绘宽度大于30 m时,应布设辅助基线。辅助基线与主基线应相互平行,并应构成闭合网。各基线的间距应不超过50 m,以30 m左右为宜。

二、基线的类型

1. 直线形基线

直线型基线如图 12-3 所示,是最常见的形式,一般布设在直线形的站场内。

2. 折线形基线

当车站位于曲线上时,可将基线布设成如图 12-4 所示的折线形。

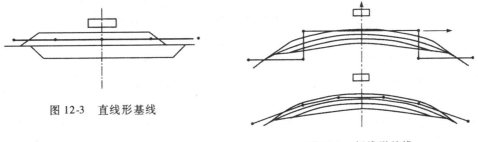

图 12-3　直线形基线

图 12-4　折线形基线

3. 综合基线

在面积大、建筑物和设备多的大型站场,可将主基线、辅助基线与站场导线配合,组成如图 12-5 所示的综合基线。其中,站场导线包括中线外移导线、地形导线、给排水管路导线等。这些导线除应满足各自的专业要求外,有时也要起辅助基线的作用,故与基线有同样的精度要求。

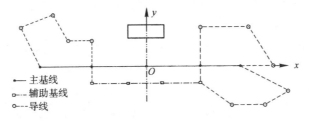

图 12-5　综合基线

三、基线坐标系

站场平面测绘一般采用直角坐标系,基线是其 x 轴,过车站中心且垂直于 x 轴的直

线为 y 轴,两轴的交点为原点,如以上各图。有时,为了计算方便,也可选择车站最外方的第一个道岔中心为坐标系的原点。

当车站布置分散时,对机务段、车辆段、货场内的主要建筑物和设备,可单独布设与该处股道平行的辅助基线,另设坐标系进行测绘。这就意味着在同一个车站中,可能有多条基线,因此就可能有多个坐标系。为了测绘的方便,可以分别采用几种不同的坐标系,但各坐标系与主坐标系应有明确的联系,至于是否要换算成统一的坐标系,则根据需要决定。

四、基线的布设方法

首先应确定基线的形式和位置。直线形基线可在车站范围内,按正线与到发线的线间距定出几个分中点,并对这些分中点进行检查和调整,使它们处在一条与正线平行的直线上,这条直线的位置即可作为基线的位置。布设折线形基线和综合基线时,为了便于坐标计算,一般应使车站的中心线与折基线的一条边垂直,在道岔区,则应尽量使基线与正线平行。布设基线桩时,最好使基线桩的位置与正线上的百米标对应。

基线的形式和位置确定后,应根据车站中心确定基线的坐标原点。当站房为对称式时,车站中心一般为站房中心,站房为非对称式时,一般以运转室中心为车站的中心。测量前应与车站和工务部门联系,找出车站的原有中心和有关资料并实地核对。无资料时则需重新测定车站中心。从车站中心引直线与正线垂直,则该直线与基线的交点即为车站坐标系的原点。为使基线里程与正线里程一致,可沿垂线将车站中心的里程或正线里程引到基线上。

五、基线测量的精度要求

基线桩间的距离和角度观测方法与初测导线相同。用检定过的钢尺量距时,往返测较差应在1/2 000之内。需延长直线时,应采用正倒镜分中的方法。正倒镜定出的点位,每百米不应超过5 mm,最大不超过2 cm。

辅助基线应与主基线构成基线网。基线网的角度闭合差应不大于 $\pm 30'' \sqrt{n}$,n 为测角个数;基线网的全长相对闭合差应不大于1/4 000。误差在允许范围内时,将角度闭合差平均分配在各角上,长度闭合差则根据边长或坐标增量按比例分配在各基线边上。

第三节 站场平面测绘

站场平面测绘的任务,是将站内所有地面或地下建筑物和其他站内设施测绘成图。其内容包括:各种测量控制点(导线点、基线点、水准点)的位置;站内各种线路和道岔的位置;站内各种建筑物和站场设施(站台、雨棚、站房、仓库、信号楼、车库、地道、水塔、水鹤、信号机、电线、管道、转盘等）的位置；以及站场范围内不属于铁路的其他地物的位置等。

站场平面图通常可采用极坐标法或直角坐标法进行测绘。极坐标法测绘时，将经纬仪安置在基线桩上，测量基线方向到地物点方向的夹角，并用钢尺测量测站到地物点之间的距离。对重要的地物点（如道岔、警冲标、信号机、水鹤、检查坑、转盘、灰坑、车库等），均应计算出它们的坐标，并按坐标展绘其位置；而对次要的地物点可用分度器直接展绘在图上。直角坐标法精度较低，一般只用于测定基线附近的设备和建筑物，或用于测定次要的地物点。测量时，用钢尺丈量坐标值，用方向架确定垂线方向。

一、道岔测量

1. 股道和道岔的表示方法

在站场平面图上，一般用股道和道岔的中心线表示它们的位置，并应在图上注明它们的编号。股道编号的方法是：从靠近站房的股道起，向远离站房的方向顺序编号，其中正线的编号在图上用罗马数字标注，其余股道的编号则用阿拉伯数字标注。道岔的编号方法是：从车站两端由外向内依次编号，下行列车进站一端为奇数号（单号），上行列车进站一端为偶数号（双号），单双号的分界线为站房的中心线。站场平面图上股道和道岔的表示方法如图 12-6 所示。

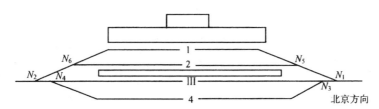

图 12-6　股道和道岔的表示方法

2. 道岔号码的测定

铁路道岔有多种型号，我国使用最多的是普通单开道岔，又称单开道岔。单开道岔以它的钢轨类型和辙岔号码区分类型。标准道岔的号码有 6、7、9、12、18 及 24 号等，其中以 9 号、12 号及 18 号道岔最为常用。

道岔号码 N 与其辙岔角 α 有如下关系

$$N = \cot \alpha \tag{12-1}$$

例如，12 号道岔的辙岔角 $\alpha = 4°45'49''$，或 $\cot 4°45'49'' = 12$。

由于理论辙岔尖端与实际辙岔尖端并不是同一点，如图 12-7，所以在量测道岔号码时，应先在辙岔顶面上找出宽 1 dm 和 2 dm 的两个位置，然后测量这两个位置的间距，该距离的分米数 N 即为道岔号码。

3. 道岔中心的标定

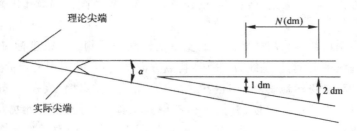

图 12-7　道岔号码的测定

在站场平面图上,道岔的位置是由道岔中心的位置表示的。道岔中心又称岔心,是指主线和侧线中心线的交点,它在实地并无标记,因此,要测定道岔的位置首先应在实地标出道岔中心的位置。标定岔心的方法,根据道岔类型可分为两种:

(1)直接丈量法

直接丈量法适用于普通单开道岔岔心的测定。单开道岔结构尺寸见图 12-8 和表 12-1。确定道岔中心时,先确定道岔的号码,再查算出该号道岔的前端长 a,并在实地找到道岔前端的基本轨轨缝,由两轨缝中心的连线沿线路中线量取 a 值即可定出道岔中心的位置。

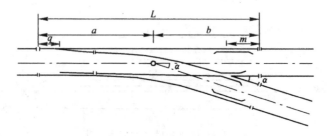

图 12-8　单开道岔

表 12-1　单开道岔主要尺寸(单位:mm)

道岔号码	辙岔角	道岔全长	道岔前端长	道岔后端长	基本轨前端长	辙岔跟距
	α	L	a	b	q	m
18	3°10′12.5″	54 000	22 667	31 333	3 862	5 400
12	4°45′49″	36 815	16 853	19 962	2 646	2 708
9	6°20′25″	28 848	13 839	15 099	2 646	2 050

(2)交点法

钉设曲线道岔、对称道岔、复式交分道岔等类型道岔的岔心时,一般可采用交点法进行。钉设时先在尖轨附近的直线部分钉出线路中心线,然后在辙岔附近定出侧线的线路中心线,用经纬仪延长这两条中心线,其交点即为道岔的中心点。图 12-9 为曲线道岔,图 12-10 为对称道岔,图 12-11 为交分道岔。

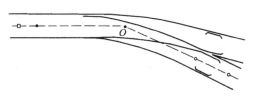

图 12-9　曲线道岔

4. 道岔测量

岔心位置确定后,应钉设标志,并用白油漆在两侧钢轨上画线以显示其位置。在实地标出道岔中心后,即可根据基线桩用极坐标法或直角坐标法测定其坐标。对正线的岔心还应量测出其里程,警冲标到岔心的距离也应同时测出。有关道岔的细部尺寸,应根据已有资料逐项核对,并填写"道岔调查表"。

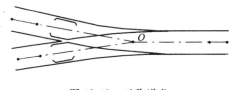

图 12-10　对称道岔

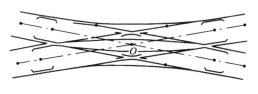

图 12-11　交分道岔

二、站内线路测绘

站内线路测绘的目的,是在站场平面图上测绘出站内所有线路的位置。其中,站内的正线、支线、厂矿专用线、联络线,以及带有缓和曲线的线路,均应按铁路既有线测量的方法,即采用偏角法或矢距法进行测绘。站内的各平行股道可通过测量线间距确定其位置。其他线路则可视具体情况,采用中线法、导线法或按平行股道进行测绘。

线间距测量应在百米标或加标处进行,在平行股道的直线地段每200 m测量一处,在曲线段、道岔咽喉区,应根据需要,每50 m或更短距离测量一处。丈量时应注意与正线垂直。

中线法就是沿线路中心布设一条导线,通过对导线的测量,确定线路的方向和位置。导线布设时,每一直线段上至少应布设两个点,以便确定切线方向。在较长的曲线上,也可适当布设几个导线点,以便曲线测量时进行检核。

由于有些站内线路上经常有列车通过或停留,使得用中线法进行线路测绘易受干扰。此时可在待测线路的一侧布设一条导线,然后根据导线点用直角坐标法或极坐标法测绘线路的中心点。与中线法相同,测绘时每一个直线段上应至少测定两个线路中线点,在较长的曲线上,可适当加测一些点。

站内较短的曲线的转向角可采用实测或解析的方法求算。例如可在交会出交点后用经纬仪实测,也可根据已测定的中线点坐标反算。曲线的半径则可根据情况采用中矢法、外矢法或偏角法进行计算。以下介绍曲线半径的观测和计算方法。

1. 中矢法

中矢法又称正矢法。如图 12-12，在曲线中部的外轨上标出间隔为 10 m 或 20 m 的线段，用细绳拉出各线段的弦，并量出弦长 c 和中矢 f，则曲线半径 R 的近似计算公式为

$$R = \frac{c^2}{8f} \tag{12-2}$$

中矢法测定曲线半径时，应量出几个线段的中矢，取平均值后按上式进行计算。

2. 偏角法

在曲线中部的线路中心上，先定出间距为 $c = 20$ m 或 $c = 10$ m 的几个点，如图 12-13 中的 b、d、e 三个点，然后用经纬仪测出相邻弦线的夹角 δ，则曲线半径：

图 12-12　中矢法

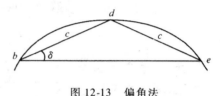

图 12-13　偏角法

$$R = \frac{c}{2\sin\delta} \tag{12-3}$$

3. 外矢法

利用外矢距 E 和转向角 α 计算曲线半径的方法。当曲线交点测设出来后，在实地测出外矢距和转向角，则曲线半径为

$$R = \frac{E}{\sec\dfrac{\alpha}{2} - 1} \tag{12-4}$$

由于站内曲线一般不设缓和曲线，所以在测定出曲线的转向角和半径后，即可据此计算曲线要素。

股道和道岔的连接曲线，其交点和偏角一般不需要在现场测定，而在内业绘制平面图时根据道岔坐标、道岔号码与辙岔角，以及股道线间距的资料，直接在图上交出交点。如图 12-14，根据各平行股道的线间距可以在图上标定它们的位置和方向，再根据 $N4$ 号道岔的坐标和辙岔角，先标出道岔中心，再与 2 股道相交得 JD_4；根据 $N2$ 号和 $N6$ 号道岔的坐标在图上标出位置后，将这两

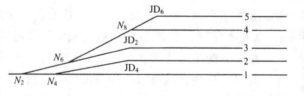

图 12-14　道岔连接曲线

点的连线延长与 3 股道相交得 JD_2；同理，根据 8 号道岔的坐标标出点位后，连接 $N6$ 号和 $N8$ 号道岔又可交出 JD_6。连接曲线的交点编号，应与该交点的道岔斜边最外方道岔的编号一致，例如图 12-14 中，5 道的道岔连接曲线连接 $N6$ 号和 $N8$ 号道岔其交点编号应为 JD_6，而 3 道的道岔连接曲线连接 $N2$ 号和 $N6$ 号道岔，其交点编号应为 JD_2。

三、三角线测绘

三角线由三副道岔和三段线路连接组成,专供机车调头使用。根据道岔类型,三角线有用单开道岔组成的三角线和用对称道岔组成的三角线两种形式。测绘三角线时,应测定三个道岔中心的坐标,以及连接三副道岔的曲线位置和曲线要素。

道岔中心的坐标可在标出其位置后与已知点连测获得,连接三个道岔的线路位置和曲线要素,可采用下述方法测量和计算。

如图 12-15,首先在实地标定出三个道岔的道岔中心 A、B、C,并确定各道岔的号码。安置经纬仪于 C 点,将该道岔的主线方向延长至 A、B 连线上得 P_1,再将经纬仪安置在 P_1 测出夹角 β_1,根据道岔号码查出各道岔的辙岔角 α_1、α_2 和 α_3 后,即可根据图示几何关系计算两条曲线的转向角:

$$\theta_1 = \beta_1 - \alpha_1$$
$$\theta_2 = \beta_2 - \alpha_2$$

其中

$$\beta_2 = 180° - \beta_1 - \alpha_3$$

然后,用中矢法或偏角法测定两条曲线的半径 R_1 和 R_2,根据半径和转向角即可计算出各曲线的要素。

为了确定曲线起终点的位置,应丈量 P_1 到 A、B、C 各点的距离 AP_1、BP_1 和 CP_1,用正弦定理解算出各道岔中心到交点 O_1 和 O_2 的距离 AO_1、CO_1 和 BO_2、CO_2 后,根据各曲线的切线长,即可算出曲线起终点到道岔中心的距离。

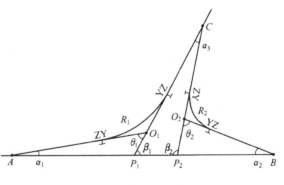

图 12-15　三角线

【例 12-1】　已知由单开道岔组成的三角线如图 12-15,两条圆曲线半径分别为 $R_1 = 350\ \text{m}$,$R_2 = 300\ \text{m}$,实测数据为 $\alpha_1 = \alpha_2 = 9°27'44''$,$\alpha_3 = 8°07'48''$,$\beta_1 = 80°10'24''$,$AP_1 = 276.693\ \text{m}$,$BP_1 = 395.822\ \text{m}$,$CP_1 = 367.510\ \text{m}$,计算曲线要素和测设数据。

【解】　　　　　　　$\beta_2 = 180° - \beta_1 - \alpha_3 = 91°41'48''$

转向角:　　　　　　$\theta_1 = \beta_1 - \alpha_1 = 70°42'40''$

　　　　　　　　　　$\theta_2 = \beta_2 - \alpha_2 = 82°14'04''$

曲线要素:　　　　　$L_1 = R_1 \cdot \theta_1 = 431.950\ \text{m}$

　　　　　　　　　　$L_2 = R_2 \cdot \theta_2 = 430.579\ \text{m}$

$$T_1 = R_1 \tan \frac{\theta_1}{2} = 248.324 \text{ m}$$

$$T_2 = R_2 \tan \frac{\theta_2}{2} = 361.866 \text{ m}$$

$$E_1 = R_1 \left(\sec \frac{\theta_1}{2} - 1 \right) = 79.144 \text{ m}$$

$$E_2 = R_2 \left(\sec \frac{\theta_2}{2} - 1 \right) = 98.213 \text{ m}$$

测设数据：
$$AO_1 = \frac{AP_1 \sin(180° - \beta_1)}{\sin \theta_1} = 288.848 \text{ m}$$

$$D_{A\text{-}ZY} = AO_1 - T_1 = 40.524 \text{ m}$$

$$P_1O_1 = \frac{AP_1 \sin \alpha_1}{\sin \theta_1} = 48.193 \text{ m}$$

$$CO_1 = CP_1 - P_1O_1 = 319.317 \text{ m}$$

$$D_{C\text{-}YZ} = CO_1 - T_1 = 70.993 \text{ m}$$

$$P_1P_2 = \frac{CP_1 \sin \alpha_3}{\sin \beta_2} = 51.996 \text{ m}$$

$$CP_2 = \frac{CP_1 \sin \beta_1}{\sin \beta_2} = 362.277 \text{ m}$$

$$BP_2 = BP_1 - P_1P_2 = 343.826 \text{ m}$$

$$BO_2 = \frac{BP_2 \sin(180° - \beta_2)}{\sin \theta_2} = 346.856 \text{ m}$$

$$D_{B\text{-}YZ} = BO_2 - T_2 = 84.990 \text{ m}$$

$$P_2O_2 = \frac{BP_2 \sin \alpha_2}{\sin \theta_2} = 57.047 \text{ m}$$

$$CO_2 = CP_2 - P_2O_2 = 305.230 \text{ m}$$

$$D_{C\text{-}ZY} = CO_2 - T_2 = 43.364 \text{ m}$$

第四节　站场高程、断面和地形测量

一、站场高程测量

站场高程测量的内容包括：测量车站范围内的所有测量控制点（水准点、基线点、导线点）的高程；测量站场范围内所有线路（正线、支线、厂矿专用线，及机务段、车辆段、货场、驼峰车场内各条线路)的中桩高程;测量站内重要设备和建筑物(如有固定设备处的轨面、站房地面、站台、给排水设备等)的高程;测量公路、电线等在跨越铁路处的轨面标高。

水准点高程应采用一组往返或两组单程进行观测,其较差及与原有水准点的高程闭合差,均不应超过 $\pm 30\sqrt{L}(\text{mm})$。

中桩高程应按线路上已有的百米标和加标进行测量,直线地段测左轨轨顶,曲线地段测内轨轨顶,取位至毫米。轨顶的测点间距应不大于50 m,在避难线、驼峰线的峰顶和加速坡段,应每 5～10 m测一点,驼峰线的其余地段可每 10～20 m测一点。中桩高程也应测量两次,每次测量与水准点的高程闭合差在 $\pm 30\sqrt{L}(\text{mm})$ 以内时,按转点个数分别进行平差,平差后各中桩高程相差在20 mm内时,以第一次测量平差后的高程为准。

在站场范围内,如果有国家水准点或其他单位的水准点,还应进行联测。

二、站场横断面测量

在站场内的下列地点均应测量横断面:

1. 正线的百米标和加标处;
2. 车站中心和站台端部;
3. 路基和站坪宽度变化处;
4. 平交道口和跨线桥处;
5. 路基病害工点和地质不良地段等。

横断面的间隔在直线地段应不远于100 m,曲线地段应不远于40 m。在驼峰头部,应不大于 10～20 m。对道岔咽喉地段也应适当加密。

站内横断面的测量内容应包括横断面方向上的所有股道的轨顶标高、碴肩、路肩、排水沟、建筑物和设备的位置和高程,以及地形变化点的位置和高程。测量宽度应能满足扩建或改建设计的需要,一般应测至路基坡脚或堑顶外30 m。

站场横断面测量应用钢尺丈量距离,用水准仪测量高程,用经纬仪确定横断面方向。站坪内距离和高程的测量均应取位至厘米,坡脚和堑顶以外的点,测量时可取位至分米。

三、站场地形测量

既有站场改建或扩建时,一般要求测绘1:1 000或1:2 000的地形图。其测量方法和精度要求,与线路地形测量相同。测绘范围则应根据站场设备情况和改、扩建的设计要求,以及方案比选的实际需要而定。一般对中间站,地形测量的范围横向为正线两侧各 150～200 m,纵向为改建进站信号机以外 300～500 m。对区段站可能设置机务段的地方,测绘宽度应达到600 m。

思考与练习题

12-1 铁路既有站场测量的范围和主要内容有哪些?

12-2 站内里程丈量的目的是什么?

12-3 站场基线的位置和精度应满足哪些要求?

12-4 站场平面测绘的任务是什么?

12-5 站场高程测量和横断面测量的任务是什么?

12-6 用中矢法测量某站内曲线,观测数据如表 12-2 所示,试计算该曲线的半径。

表 12-2 习题 12-6 表

里 程	距 离	中矢(mm)	计算半径(m)	平均半径(m)
K35 + 240		62		
K35 + 260		63		
K35 + 280				

12-7 用外矢法测量某站内曲线,测得该曲线的转向角 $\alpha = 23°15'18''$,外矢距 $E = 16.76$ m,计算其半径。

12-8 用偏角法测量某站内曲线,观测数据如表 12-3 所示,计算该曲线的半径。

表 12-3 习题 12-8 表

测 站	目 标	平盘读数 ° ′ ″	距离(m)	偏 角 ° ′ ″	计算半径(m)	平均半径(m)
	K58 + 500	0 00 00				
	K58 + 520	359 17 05				
K58 + 480	K58 + 540	358 33 58				
	K58 + 560	357 51 02				
	K58 + 580	356 25 05				

12-9 由单开道岔组成的三角线如图 12-16 所示,实测数据为:AC 曲线的半径 $R_1 = 320$ m,CB 曲线的半径 $R_2 = 280$ m,$AP = 265.476$ m,$BP = 350.522$ m,$CP = 311.687$ m,A、B 道岔的辙岔角 $\alpha_A = \alpha_B = 8°47'48''$,C 道岔的辙岔角 $\alpha_c = 9°27'44''$,$\beta = 82°15'12''$,计算各曲线要素,并说明主点测设方法。

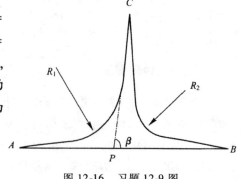

图 12-16 习题 12-9 图

第十三章　测绘新技术简介

本章简要介绍全球定位系统(GPS)、航测与遥感技术(RS)和地理信息系统(GIS)三种测绘新技术的基本概念、工作原理和应用范围。

第一节　全球定位系统(GPS)

全球定位系统(Global Positioning System,简称 GPS)是美国国防部研制的导航定位授时系统,由 24 颗等间隔分布在 6 个轨道面上大约20 000 km高度的卫星组成。最早的 GPS 研制,是出于军事目的,现在 GPS 技术已经逐渐向民用开放。

当前有两个公开的 GPS 系统可以利用。一是 NAVSTAR 系统,由美国研制,归美国国防部管理和操作;一是 GLONASS 系统,为俄联邦所拥有。因为通常首先可利用的是 NAVSTAR 系统,故又将这一全球卫星定位导航系统简称为 GPS。我国于 2000 年 10 月 31 日发射了第一颗导航试验卫星,这是我国自行建立的第一代卫星导航定位系统——北斗一号双星系统的重要一环,也标志着我国在 GPS 系统技术领域迈入世界先进行列。目前欧洲也正在实施 GPS 的 Galileo 计划。

一、全球定位系统的组成

GPS 由 GPS 卫星星座(空间部分)、地面监控系统(地面控制部分)、GPS 信号接收机(用户设备部分)三个部分组成,如图 13-1 所示。

1. 空间部分

GPS 的空间部分由 24 颗 GPS 工作卫星所组成,这些 GPS 工作卫星共同组成了 GPS 卫星星座,其中 21 颗为可用于导航的卫星,3 颗为活动的备用卫星。这 24 颗卫星分布在 6 个倾角为 55 的轨道上绕地球

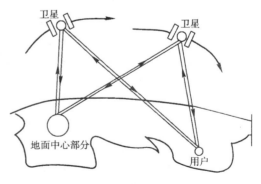

图 13-1　GPS 的组成

运行,如图 13-2。卫星至地球表面的平均高度为20 200 km,运行周期约为 12 恒星时。这样,在地球上任何地点、任何时刻至少都能观测到 4 颗卫星。每颗 GPS 工作卫星都

发出用于导航定位的信号。GPS 用户正是利用这些信号来进行工作的。

GPS 技术的基础是精确的时间和位置信息。每个卫星装有运行 7 万年误差在1 s

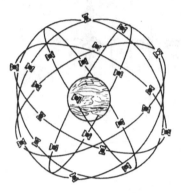

之内的精确的原子钟，并存有精确的卫星运行轨迹。卫星在运行中连续发送时间和位置信息。卫星发射两个载波频率的无线电信号：$L_1 = 1\ 575.42\ MHz$，$L_2 = 1\ 227.6\ MHz$。在 L_1 载波上调制有 $1.023\ MHz$ 的伪随机噪声码（称为粗捕获码，又称标准定位信号 SPS 或 C/A 码）和 $10.23\ MHz$ 的伪随机噪声码（称为精码，又称精确定位信号 PPS 或 P 码），以及 $50\ bit/s$ 的导航电文。在 L_2 载波上只调制有 P 码和导航电文。使用 P 码的导航精度高，仅供美国军方使用。另外，美国政府出于对自身安全的考虑，对民用码进行了一种称为"选择可用性

图 13-2　GPS 空间部分

SA（Selective Availability）"的干扰，以确保其军用系统具有最佳的有效性。由于 SA 通过卫星在导航电文中随机加入了误差信息，使得民用信号 C/A 码的定位精度降到 100 m 左右。

最近，美国国防部计划对当前使用的 GPS 卫星进行现代化改造，增加发射 3 个新的信号：一是高功率点波束军用 M 码，这种信号的增益将比 GPS 发射机当前采用的增益高得多，加载在 L_1 和 L_2 载波上，只供军用，在战时军方有权对某地区的其他信号进行干扰，增加 M 信号，有助于确保美军士兵在其他信号受干扰情况下得以导航；二是将 C/A 码加载在 L_2 载波上，原来加载在 L_1 载波上的 C/A 码继续保留；三是 L_5 码，用作生命安全信号，仅供民用。美国防部计划在两种 GPS 卫星，Block ⅡR 改进型卫星和 Block ⅡF 卫星上加载这三种新信号。计划从 2003 年开始发射加有新的编码的卫星。美国还在进一步探索新的 GPS 体系结构。

图 13-3　GPS 接收机

2. 地面控制部分

GPS 的地面控制部分由 5 个监测站、3 个注入站和 1 个主控站组成。监测站的任务是取得卫星观测数据并将这些数据送至主控站。主控站对地面监测站实行全面的控制。它的主要任务是收集各监测站对 GPS 卫星观测的全部数据，利用这些数据计算每颗 GPS 卫星的轨道和卫星钟修正值，依次外推一天以上的卫星星历及时钟差，并按一定格式转换为导航电文传输给注入站。当卫星运行至注入站上空时，注入站就把这类导航

数据及主控站的指令注入到卫星的存储器中。

3. 用户部分

GPS 的用户部分由 GPS 接收机、数据处理软件及相应的用户设备如计算机、气象仪器等组成。GPS 接收机的结构分为天线单元和接收单元两部分，如图 13-3。对于测地型接收机，两个单元一般分成两个独立的部件，也有将这两个单元制作成一个整体的接收机。GPS 接收机的作用是接收 GPS 卫星所发出的信号，并跟踪这些卫星进行观测，实时地计算出测站的三维坐标。

二、GPS 定位原理

设想以 3 颗位置已知的卫星为圆心，以被测点到卫星的距离为半径作 3 个圆，这 3 个圆的交点就是被测点的位置（图 13-4）。在 GPS 系统中，就是根据空中运行的 3 颗卫星的位置和这些卫星到被测点的距离，确定被测点位置的。在实际工作中，一般要根据 4 颗或更多的卫星信号进行定位，以增加多余观测，提高观测精度，实现精确定位。

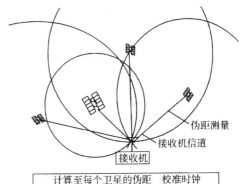

图 13-4 GPS 定位示意图

目前商品化的 GPS 接收机都使用 C/A 码。全球卫星定位导航系统采用多星高轨测距体制，GPS 接收机在同时接收到 3 颗以上卫星的信号后，将接收到的信号解调，得到延迟后的伪随机噪声码，它与接收机本身产生的伪随机噪声码相比较，即可确定两个码之间的相对位移，即传播延迟 t。由传播延迟 t 即可确定卫星与接收机之间的距离 R，显然 $R = ct$，c 为光速。根据 3 颗卫星到用户接收机的距离，可以确定 3 个球面，它们的相交点即为接收机的位置。通过对四颗卫星的观测还可测定时间，并由时钟改正值来修正距离测量误差。卫星发射的 L_1 载波和 PRN（伪随机噪声）码都与卫星时钟同步，经过一定的传播延迟后，被接收机接收。由于卫星时钟偏差、用户接收机时钟偏差、信号传播的附加延迟等因素的影响，所测得的距离含有较大的误差，故称这段距离为伪距，对伪距进行修正后即可得出接收机至卫星的距离。

由上可见，要实现精确定位，必须解决两个问题：其一是要确知卫星的准确位置；其二是要准确测定卫星至地面上待测点的距离。

三、GPS 定位的方法

按接收机与地球表面的运动关系，GPS 定位分为动态定位和静态定位。若接收机相对于地球表面运动，则称为动态定位；若接收机相对于地球表面是静止的，则称为静态定位。按定位方式，GPS 定位分为单点定位、相对定位和差分定位。下面分别介绍单点定位、相对定位和差分定位的原理。

1. 单点定位

单点定位方式就是用 1 台 GPS 接收机接收 3 颗或 4 颗卫星的信号,来确定接收点的位置。单点定位方式测定的位置误差较大。在移动性一次观测定位中,其误差在使用 P 码时约 10 ~ 25 m,使用 C/A 码时约100 m。在固定点定位测量时,用两种码的相应误差分别为1 m和5 m。

2. 相对定位

相对定位是根据两台以上接收机的观测数据来确定观测点之间的相对位置的方法。该方法可以较准确地测定两点之间的距离和方向,其精度为1 cm的量级。相对定位时,若干台接收机同步跟踪相同的 GPS 卫星信号,从而确定各接收机之间的相对位置。相对定位主要测定由卫星播发的电波到达每两台接收机的时间差,即延迟时间。相对定位的结果是各同步跟踪站之间的三维坐标差$(\Delta x, \Delta y, \Delta z)$,因而给出网中一个或多个点的坐标就可以求出其余点的坐标。

相对定位时,卫星的时钟误差、星历误差、以及卫星信号在大气中的传播误差等对于各同步测站的影响相同或大致相同,定位时这些误差可以相互抵消或大幅度削弱,因此相对定位的精度要高于单点定位的精度。在基线测量时,如果基线长度小于10 km,电离层对两测站的影响基本相同,可以忽略电离层对信号传播的影响。在基线长于10 km的时候,电离层对两测站的影响不相同,解算时应采用其他方法消除电离层的影响。

相对定位测量有经典相对静态定位、快速静态定位、准静态相对定位和动态相对定位等几种模式。

经典相对静态定位需要两台以上的接收机,用于中等长度的基线(100 ~ 500 km)测量,相对定位精度达 $10^{-6} \sim 10^{-7}$。该方法多在建立地壳运动和工程测量检测网、建立全球全国大地控制网、建立长距离检核基线、进行岛屿和大陆联测或建立精密工程测量控制网等工作中使用。

快速静态定位模式一般用于地籍测量、碎部测量、工程测量、边界测量或小范围测量加密。快速静态相对定位时,先在测区中选一个已知点并在该点上安置一台接收机作为基准站,基准站应连续跟踪测量所有可见卫星。再用另一台接收机依次到各点设站,并且在每个流动站上,静止观测数分钟,以便快速解算出所需要的参数。该方法一般要求至少跟踪 4 颗以上的卫星,流动站与基准站之间的距离小于15 km。快速静态定位模式的特点是接收机在流动站移动时,不必保持对所有的卫星的连续跟踪,作业速度快,精度高[流动站与基准站之间的距离中误差为$(5 \sim 10) \text{mm} + D \times 10^{-6}$,$D$ 为两测点间的距离]。缺点是两机作业不构成封闭图形,可靠性差。

准静态定位模式与快速静态定位模式相似,也是先在基准站上安置接收机,并连续跟踪测量所有可见卫星,置另一台接收机于起始点,观测数分钟后求得起始参数。在保持对所有卫星跟踪的情况下,流动站的接收机依次到各测点测量。该定位模式要求观测 4 颗以上的卫星,观测中不能失锁(接收机未能保持对卫星信号的跟踪称为失锁),特点是效率很高,而且如果偶然失锁,在该站延长数分钟,仍可继续观测。这种定位模式的测量精度为:基线长度在 15 km 以内时,测量中误差为 $(10\sim20)\,\mathrm{mm}+D\times10^{-6}$,一般用于开阔地区的加密测量、工程定位和碎部测量及剖面测量和地籍测量等。

动态相对定位模式是在测区中选一个已知点并安置一台接收机作为基准站,另一台接收机安置于移动载体(如车辆、船只)上。首先在起始点进行初始化,然后从起始点开始,按预定的采样间隔自动观测。该方法一般要求连续跟踪 4 颗以上且位置良好的卫星,测区范围为 15 km 以内,基线精度在 $(1\sim2)\,\mathrm{cm}+D\times10^{-6}$。其特点是速度快、精度高、可实时定位。该方法可以应用于载体运动轨迹的测定、道路中心测量、航道测量、开阔地区的剖面测量和水文测量等。

3. 差分定位

根据观测瞬间卫星在空间的位置以及接收机所测得的测点到卫星的距离,并且加上大气延迟和钟差各项改正后,即可采用距离交会的方法求得该瞬时接收机的位置。在美国实施 SA(selected availability)技术后,单点定位精度降低到平面位置误差小于 100m(置信度为 95%),高程误差小于 140m(置信度为 95%)。差分 GPS 是消除美国政府实施 SA 技术所造成的危害,大幅度提高单点定位精度的有效手段。差分 GPS 由最早的单基准站差分系统发展为具有多个基准站的区域性差分系统和广域差分 GPS 系统,最近又出现了增强式广域差分系统和地基伪卫星站差分系统。

影响 GPS 实时单点定位的原因有很多,其中最主要的有卫星星历误差、大气延迟误差和卫星钟的误差等。以上这些误差从总体上讲具有较好的空间相关性。因而相距不太远的两个测站在同一时间分别进行单点定位时,上述误差对两个测站的影响大体相同。如果在已知点上安置一台 GPS 接收机并和用户一起进行 GPS 观测,利用 GPS 单点定位结果与已知测站坐标比较,就可以求出每个时刻由于上述误差造成的影响。该已知点通过无线电通讯设备(称为数据链)将求得的偏差改正发送给附近工作的用户,如果这些用户再施加上述改正数后,其定位精度就能大幅度提高。

差分 GPS 是利用相对定位思想实现米级精度的实时定位技术。例如运动目标监控与管理示意图,主要由基准站的 GPS 接收设备、数据处理与传输设备和用户 GPS 接收机组成。在监控和管理中心增设一台 GPS 接收机,并将其安置在已知的基准站上,对所有可见卫星进行连续观测。这样,根据某一历元的码观测量,可得基准站所测 GPS 卫星的相应伪距值。与此同时,根据基准站的已知坐标和所测卫星的已知瞬时位置,也可计算基准站到所测卫星的距离。取该距离的计算值,与上述观测的相应伪距值之差,作为伪距修正量传输给运动目标,用以修正运动目标的相应伪距值,实时计算运动目标的瞬时位置。用户对坐标或距离观测值进行改正,可提高定位的精度和可靠性。

四、卫星位置的确定

要确知卫星所处的准确位置,首先需要优化卫星运行轨道设计;其次要由监测站通过各种手段,连续不断监测卫星的运行状态,适时发送控制指令,使卫星保持在正确的运行轨道;然后将正确的运行轨迹编成星历注入卫星,并经由卫星发送给 GPS 接收机。正确地接收每个卫星的星历,就可确定观测时刻卫星的准确位置。

五、定位误差

在 GPS 定位过程中,存在三部分误差。第一部分是对每一个用户接收机所共有的,例如卫星钟误差、星历误差、电离层误差、对流层误差等;第二部分为不能由用户测量或由校正模型来计算的传播延迟误差;第三部分为各用户接收机所固有的误差,例如内部噪声、通道延迟、多径效应等。利用差分技术可完全消除第一部分误差和第二部分误差的大部分(与基准接收机至用户接收机的距离有关);第三部分误差则无法消除,只能靠提高 GPS 接收机本身的技术指标来改善。美国的 SA 政策,实质上是人为地增大前两部分误差,而差分技术可克服 SA 政策带来的影响。

六、GPS 定位技术的应用

GPS 系统原是美国国防部为其星球大战计划而建立的,其作用是为美军方在全球的舰船、飞机导航及陆军作战指挥等提供自动服务。后来,随着1993年 GPS 太空卫星网的完全建成、GPS 接收机技术的发展、超大规模芯片的应用等,使接收机成本不断下降,从而使 GPS 的应用带来很好的经济效益和社会效益,故 GPS 已逐步广泛应用于航海、航空、科学研究、交通运输、石油勘探、地形测量以及商业、旅游业等行业,甚至渗透到个人生活的各个方面。由于 GPS 具有定位精度高、使用范围广、可全天候应用、用户设备简单等优点,因此被认为是当前定位导航设备中最具有发展前途的。

1. GPS 应用于导航

GPS 可以为船舶、汽车、飞机等运动物体进行定位和导航。例如,船舶远洋导航和进港引水、飞机航路引导和进场降落、汽车自主导航、地面车辆跟踪和城市智能交通管理、紧急救生、个人旅游及野外探险、个人通讯终端(与手机、PDA、电子地图等集成一体)等。

2. GPS 应用于授时校频

GPS 可以满足电力、邮电、通讯等网络的时间同步功能,为此类系统提供并授入准确的时间和频率。

3. GPS 应用于高精度测量

GPS 可应用于各种等级的大地测量、控制测量、道路和各种线路放样、水下地形测量、地壳形变测量、大坝和大型建筑物变形监测等。此外,GIS 数据提供商用 GPS 采集地理信息相关数据,并提供位置信息相关服务(LBS),GPS也用于工程机械(轮胎吊,推土机等)控制、精细农业等领域。

第二节　摄影测量与遥感

摄影测量是利用摄影机拍摄物体的相片,根据相片上所获得的影像信息来测定物体的形状、大小和空间位置的方法。遥感技术简称遥感(Remote Sensing 简写为 RS),是指不接触物体本身,用传感器收集来自物体的电磁波信息,经数据处理和分析后,识别物体的性质、形状、几何尺寸和相互关系以及其变化规律的技术。从这个意义上说,摄影测量也是遥感的一个方面,不过目前在工程部门,仍然将摄影测量和遥感分为两种技术:前者以摄影相片为主要研究介质,以确定物体的形状、大小和空间位置为主要目的;后者研究各种不同物体的电磁波辐射与反射规律,以判定物体的性质、范围、变化规律等特性为主要目的。本节主要介绍摄影测量的基本知识。

一、摄影测量概述

由于摄影取得的影像信息能真实和详尽地记录摄影瞬间客观景物的形态,具有良好的量测精度和判读性能,因此摄影测量被广泛地应用于各个方面。

按照所研究对象的不同,摄影测量分为地形摄影测量和非地形摄影测量。地形摄影测量研究的对象是地球表面的形态,以物体与构像之间的几何关系为基础,最终根据摄影相片测绘出摄影区域的地形图。非地形摄影测量一般是指近景摄影测量,摄影机距摄影目标的距离较近,研究的对象在体积和面积上较小,测量精度相应地较高。近景摄影测量大多应用在专题科学研究和考察,诸如工业、建筑学、生物学、考古、医学及高速运动物体等方面,测量成果是表示研究对象的一系列特征点的三维坐标值,即研究对象的数字模型,根据要求也可绘制所摄物体的立面图、平面图和显示立体形态的等值线图。

按摄影站位置的不同,摄影测量又可分为航空摄影测量、航天摄影测量、地面摄影测量和水中摄影测量几类。航空摄影测量指的是地形摄影测量,从航摄飞机上对地面进行摄影,目的在于测绘各种比例尺的地形图。航天摄影测量是利用航天器如人造地球卫星进行摄影。地面摄影测量包括地面立体摄影测量和近景摄影测量,前者在测绘特殊地区的地形图时常被采用,后者是对专题科研项目进行研究时采用。水中摄影测量是将摄影机置于水中,对水下地表面进行摄影以绘制水下地形图。

由于电子计算机的问世,摄影测量中各种光学或机械模拟解算方法,已经逐渐被解析方法所代替,摄影测量由模拟法向解析法过渡。当今全球定位系统(GPS)应用于摄影测量,使摄影测量中的几何定位变得愈来愈小地依赖于地面控制,这为解析摄影测量向全数字化、自动化和智能化方向发展奠定了基础。20世纪80年代末进入到信息时代,解析摄影测量的进一步发展就是数字摄影测量。数字摄影测量是把摄影所获得的影像进行数字化,由计算机进行数字处理,从而提供数字地形图与专题图、数字地面模型、数字正射影像等各种数字化产品。

航空摄影测量制作地形图大体上分三个阶段:航空摄影、航测外业和航测内业。航空摄影就是在航摄飞机上安装航空摄影机,从空中对测区地面作有计划的摄影,以取得适合航测制图要求的航摄相片。航测外业是在野外实地进行相片联测和判读调绘,相片联测的目的是利用地面控制点把航摄相片与地面联系起来,相片的判读调绘是在相片上补绘没有反映出的地物、地类界等,并搜集地图上必须有的地名、注记等地图元素。航测内业就是依据航摄相片和航测外业成果在室内专用的航测仪器上测绘地形原图。

二、航空摄影

航空摄影是将航摄仪安装在航摄飞机上,从空中一定的高度上对地面物体进行摄影,取得航摄相片。运载航摄仪的飞机要有较好的飞行稳定性,在空中摄影过程中要能保持一定的飞行高度和航线飞行的直线性。飞机的航速不宜过大,续航的时间要长。航空摄影开始之前,要会同民航部门制定周密摄影方案,确定摄影的区域、飞行的航线、航速以及摄影曝光的时间间隔等,然后由民航部门根据航摄方案实施飞行,直至把整个航摄区域摄影完毕。曝光后的胶片经过室内摄影处理(显影、定影、水洗、晾干等),就得到了覆盖整个航摄区域的航摄负片,再经过晒印即得到用于内外业作业的航摄相片。

航摄相片质量的优劣,直接影响摄影测量过程的繁简、摄影测量成图的工效和精度。因此,摄影测量要对空中摄影提出一些质量(摄影质量和飞行质量)要求。

1. 相片比例尺

相片比例尺是由摄影机的主距和摄影的高度(或距离)来确定的,即:

$$\frac{1}{m} = \frac{f}{H} \qquad (13\text{-}1)$$

式中,m 为相片比例尺分母,f 为摄影机主距,H 为摄影高度或称航高。

从式(13-1)看出,主距 f、航高 H 的变化都会影响摄影比例尺的变化。对一架航摄机而言,主距是一个固定不变的常数,因此影响摄影比例尺变化的因素主要是航高的变化。在同一高度上进行空中摄影,所得相片的比例尺基本上是一致的。但由于空中气流或其他因素的影响,会使摄影时的飞机产生升或降,因而使摄影比例尺发生变化。如果相邻两相片的比例尺相差太大,则会影响像对的立体观察。相邻两相片的比例尺之差超出航测仪器结构的允许范围时,则无法在仪器上进行作业。为此,摄影比例尺的变化要有一定的限制范围。

按照摄影测量要求,相片比例尺分母的相对误差一般不应超过 5%。因此,空中摄影时飞行航高 H 的变化量 ΔH(也称航高差)应限制为:

$$\Delta H = H \times 5\% \qquad (13\text{-}2)$$

另外,测量规范还规定同一航带内最大航高与最小航高之差不得大于30 m;摄影区域内实际航高与设计航高之差不得大于50 m。

2. 相片重叠度

摄影测量使用的航摄相片,要求两相邻相片上对所摄地面有一定的重叠影像,这种重叠影像部分的宽度与相片宽度之比的百分数称为相片重叠度。同一航线上相邻两张相片的重叠度称为航向重叠度,相邻两条航带的相片重叠度称为旁向重叠度。

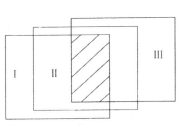

相片的重叠部分是立体观察和相片连接所必需的条件。在航向方向必须要三张相邻相片有公共重叠影像,这一公共重叠部分称之为三度重叠部分(如图13-5),这是摄影测量选定控制点的要求。因此,三度重叠中的Ⅰ、Ⅲ相片的重叠部分不能太小。因为相片最边缘部分的影像清晰度很差,会影响量测的精度。所以,一般情况下要求航向重叠度保持在60% ~65%,旁向重叠度保持在15% ~30%。

图 13-5 航向重叠

3. 航带弯曲

航带弯曲度是指航带两端像主点之间的直线距离与偏离该直线最远的像主点到该直线的垂距之比,一般采用百分数表示。航带的弯曲会影响到航向重叠、旁向重叠的一致性。如果弯曲太大,还会产生航摄漏洞,影响摄影测量的作业。因此航带弯曲度一般规定不得超过3%。

4. 相片倾角

摄影瞬间航摄仪主光轴与铅垂线的夹角称为相片倾角。用航测方法测绘地形图时,理想的摄影条件是垂直摄影,即航摄仪主光轴与铅垂线重合,由于飞机飞行稳定性的限制,航摄机主光轴在曝光时总会有微小的倾斜,这种摄影方式称为竖直摄影。航测内业对相片倾角的要求是,其数值一般不大于2°,个别相片最大不大于3°。

5. 相片旋偏角

相邻两相片的主点连线与像幅沿航带飞行方向的两框标连线之间的夹角称为相片的旋偏角,如图13-6所示,习惯用 k 表示,它是由于摄影时航摄机定向不准确而产生的。旋偏角不但会影响相片的重叠度,而且还给航测内业作业增加困难。因此,对相片的旋偏角,一般要求小于6°,个别最大不应大于8°,而且不能连续三片有超过6°的情况。

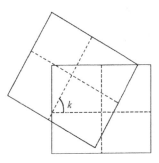

此外,还要求底片上地物、地貌影像清晰,框标影像齐全,像幅四周指示器件(如圆水准气泡)的影像应清晰可辨,黑度及反差应符合要求,负片上不应有云影、划痕、折伤和乳剂脱落等现象。

图 13-6 相片旋偏角

三、航摄相片的特性

用一组假想的直线将物体向几何面投射称为投影,其投射线称为投影射线,投影的几何面通常取平面,称为投影平面,在投影平面上得到的图形称为该目标在投影平面上的投影。根据投影射线组遵循的规律及投影射线与投影平面相关位置的不同,投影有中心投影与平行投影两种。当投影射线汇聚于一点时称为中心投影,投影射线的汇聚点称为投影中心 S(图 13-7)。当诸投影射线都平行于某一固定方向时,这种投影称为平行投影(图 13-8)。平行投影中,投影射线与投影平面斜交的称为斜投影,投影射线与投影平面正交的称为正射投影。测量中,地面与地形图的投影关系属正射投影。摄影相片却是地面景物在相片平面上的中心投影。摄影测量要解决的基本问题,就是将中心投影的相片转换为正射投影的地形图。

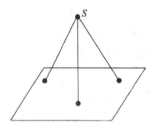

图 13-7　中心投影

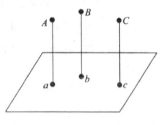

图 13-8　平行投影

四、相片立体观察

当用两眼同时观察空间远近不同的 A 与 B 两个物点时,如图 13-9,由于远近不同而形成了交会角的差异,便在人的两眼中产生了生理视差,从而能分辨出物体的远近。人类的这种能力称为人眼的立体视觉。如果在眼睛的前面各放置一块毛玻璃片,如图中的 P_1 与 P_2,把所看到的影像分别记在玻璃片上,如图中的 a_1 与 b_1 和 a_2 与 b_2 的影像,当保持双眼与玻璃片的相对位置不变,移开物体后双眼继续观察玻璃上的影像,视线同样会交会出与实物一样的空间 A 点和 B 点,

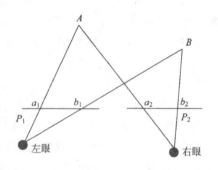

图 13-9　人造立体视觉

即两影像也在双眼中产生了与实物相同的生理视差,从而也能产生立体感觉。根据这一原理,如果在 P_1 与 P_2 两个位置对同一景物进行摄影,获得同一景物的两张相片(称为立体像对),当左、右眼各看一张相应相片时(即左眼看左片,右眼看右片),在眼中就会产生生理视差,就可感觉到与实物一样的地面景物存在,也能分辨出物体的远近。这

种观察立体像对得到地面景物的立体感觉称为人造立体视觉。

按照立体视觉原理,我们只要在一基线的两端用摄影机获取同一地物的一个立体像对,观察中就能重现物体的空间景观,测绘物体的三维坐标。这是摄影测量进行三维坐标测量的理论基础。根据这一原理,我们规定航空摄影中,相片的航向重叠要求达到60%以上,就是为了构造立体像对进行立体量测。双眼观察立体像对所构成的立体模型,是一个不接触的虚像,称为视模型。

人造立体视觉的应用使摄影测量由初期的单像量测,发展为双像的立体量测,不仅提高了量测的精度和摄影测量的工作效率,更重要的是扩大了摄影测量的应用范围,奠定了立体摄影测量的基础。

摄影测量中,广泛应用人造立体视觉进行立体观察。立体观察可以用立体镜观察进行,也可以用双眼直接进行观察。但观察中必须满足形成人造立体视觉的条件:

(1)由两个摄影站点摄取同一景物而组成立体像对;

(2)每只眼睛必须分别观察像对的一张相片;

(3)两条同名像点的视线与眼基线应在一个平面内。

五、相片控制测量

摄影测量绘制地形图的方法有多种。按照摄影测量的理论,无论采用哪种成图方法都需要相片控制点,简称像控点。像控点的获取方法可以全野外布点测定,也可先在野外测定少量控制点,然后在室内用解析法空中三角测量加密获得内业测图需要的全部控制点。外业测定像控点的工作称为相片控制测量。经过野外控制测量和室内控制点的加密,就能按各种成图方法在各种测图仪器上确定地面点的平面位置、高程。

像控点可以分为三类:仅测定平面坐标的像控点称为平面控制点,简称平面点;只测定高程的像控点称为高程控制点,简称高程点;平面和高程都测定的控制点称为平高控制点,也可简称为平高点。因此,相片野外控制测量包括平面控制测量和高程控制测量。

野外相片控制测量的工作过程包括:拟定平面与高程控制测量的技术计划;实地踏勘选定像控点;像控点的刺点与整饰;控制测量的实施与联测;控制点成果的计算与整理等。

像控点的布设方案有全野外布点和稀疏布点两种。全野外布点是指摄影测量测图过程中所需要的控制点全部由外业测定。稀疏布点是指在外业只测定少量控制点,其余大部分的像控点通过内业加密手段获取。

航摄相片由于物镜畸变和相纸变形的影响,使相片边缘产生的像点位移和影像变形比中心部分要严重。为了提高外业判读刺点和内业点位量测精度,相片所选像控点的位置距相片边缘要大于 $1\sim1.5$ cm。另外,考虑到内业立体观察的效果、减少外业像控点的布设数量以及提高内业作业的定向精度,相片上像控点要距离各类标志如压平线、框标标志、片号等不应小于1mm。像控点应分布在航向三度重叠和旁向重叠中线附近,距离方位线要大于3～4.5cm。

根据摄影测量内业测图的需要,像控点选定之后,相片上要准确标示出它的位置。最常采用的方法是用细针在像控点的影像上刺一小孔,表示该点在相片的精确位置。相片控制点的刺孔不得超过0.1mm,并且要刺穿透亮,不允许有双孔出现。刺点时要将相片影像与地物形状仔细对照辨认。为了保证刺出的点位准确、无误,点位在现场刺出后另一人要到实地检查核对。刺出的像控点要整饰注记,在像控点背面绘制刺点略图和加注对刺点位置的文字说明。用人工刺点标定像控点位置的方法,刺点误差将会成为内业测图像点坐标偶然误差的主要来源,其数值要远远大于像点坐标的系统误差。随着摄影技术的发展,摄影机的分解力、航测内业仪器的量测精度以及摄影处理技术都有了很大提高,为了充分发挥摄影测量观测值的内在精度,像控点的刺点问题在国内外得到了充分的注意,许多国家基本废除了人工刺点的传统方法,对野外像控点采用标志化点,即在摄影前在野外像控点上布设地面标志并进行坐标联测。布设地面标志可以提高外业控制点的刺点精度,从而使小比例尺相片进行大比例尺航测成图变成为现实。

像控点坐标的测定方法可以采用地形测量中用来建立平面控制和高程控制的所有测量方法,如图根三角锁(网)、图根导线、测角交会点等,也可采用GPS定位方法测定像控点的点位坐标和高程。

六、相片判读、调绘和补测

相片上地物的构像有各自的几何特性和物理特性,如形状、大小、色调、阴影和相互关系等,依据这些特性可以识别地物内容和实质。这些影像的特性是相片判读的依据,被称为相片的判读标志。相片判读就是根据影像识别地物的。一般来说,影像能保持物体原有形状,能反映物体相互间大小比例,因此形状大小是目视判读的主要标志。此外,地面不同类型地物在相片上会呈现出深浅不同的色调,影像的色调取决于物体的颜色、亮度、含水量、太阳的照度、摄影材料的特性。借助影像的色调能帮助识别判定地物的类型、摄影季节、时间等。例如水稻收割期所摄的航空相片,稻田影像已由生长期的深灰色、黑色逐渐变成淡灰色。相片影像的图形结构能反映地物、植被的影像特点和构像规律。如大比例尺树木影像成斑点图形,而小比例尺树木则成颗粒形状,依据这些特点和规律即能辨别地物的类型与性质。又如针叶林在航空相片的影像呈深黑色,树冠形状为尖锥形,影像呈现小颗粒点状影纹。阴影是高出地面的物体受阳光斜射而产生的,物体未被照射的阴暗部分在相片的构像称本影,借助本影可判别山脊、冲沟、河谷及高大建筑物。阳光照射下物体影子的构像称落影。落影可以确定地物高度与形状。另外相片判读时还应考虑地面各种地物与自然现象之间的联系和规律,这些联系、规律构成了相片判读的间接标志。例如河流方向可以利用沙滩的形状、支流的注入方向以及停泊船只的方位来间接确定。河心洲的尖端指示出河流下游的方向。河流停泊的船头方向指向河流的上游。

相片调绘是根据地物在相片上的构像规律,在室内或野外对相片进行判读调查,识别影像的实质内容,并将影像显示的信息按照用图的需要综合取舍后,用图式规定的符号在相片上表示出来。对于相片影像没有显示而地形图又需要的地物,要用地形测量的方法补测描绘到相片上,最终获得能够表示测区地面地理要素的调绘片。调绘片是摄影测量内业绘制地形图,建立地物和地貌,标定注记内容的依据和来源。调绘内容的准确性、影像信息综合取舍的恰当程度,将直接影响到图上地形要素的表示精度。相片调绘的传统方法是使用全野外调绘,它根据相片地物地貌的构像特征到实地对照判读出来。判读的地物、地貌要素要按照地形图图式的规定描绘在相片上,并加上注记内容,这种调绘方法主要作业都在野外实地进行。另一种相片调绘方法是综合判调法。它是室内判读和野外调查、补绘相结合的调绘方法。先在室内采用一定手段(立体观察、影像识别等)判读并描绘出影像显示的地理要素,然后将室内判读有疑问的或者是无法判读的内容再到实地调查和补绘。

　　相片调绘除了应将相片影像显示的信息判读描绘出来外,对于影像没有显示或者影像不够清晰而地形图又需要表示的地物地貌要素,还需要按其形状位置补绘在相片上。这些要补绘的地物可能是摄影到调绘期间地面出现的新增地物,或者是由于比例尺过小而无法直接判读的较小地物,也可能是被云影、阴影所遮盖而未成像的地物。将相片没有的或者影像不清晰的地物按像比例尺缩小描绘在相片相应位置上,这一工作即是相片调绘中新增地物的补测。

　　新增地物补测方法有简易补测与仪器补测。当新增地物零星分布或者补测面积范围较小时,可以根据周围地物的明显影像,判别交会出新增地物在相片中的位置,这就是简易补测法。当新增地物面积较大,四周又无明显地物影像时,则需要采用野外仪器补测。简易补测有比较法、截距法、距离交会法、直角坐标法等。比较法是根据地物的位置关系在实地通过目估内插来确定待补地物位置的一种最常见的比较简便的补测方法。截距法是沿线状地物在实地量测补测点到明显地物点间距的测定方法。实地如果量测三个地物点到待补地物点的距离,并将量测值按像比例尺缩小在相片上就能交会出待补地物点的相片位置(其中一个距离作为检查),称为距离交会法。按纵横距离确定补测点位置的方法为直角坐标法。当大面积补测时,可采用平板仪补测、经纬仪补测以及单片测图法补测。

七、摄影测量的数字成图

　　从发展历史来看,摄影测量成图方法有模拟成图、解析成图和影像数字化计算机成图三个从低到高的阶段。在模拟和解析摄影测量阶段,主要依靠价格昂贵的模拟测图仪和解析测图仪绘制地形图。当前的摄影测量则以影像数字化、计算机成图为主。

　　计算机数字成图的基本原理是:利用计算机对数字影像或数字化影像进行处理,由计算机视觉(其核心是影像匹配与影像识别)代替人眼的立体量测与识别,完成影像几何与物理信息的自动提取。此时,不再需要传统的光学仪器与传统的人工操作方式,而是自动化的方式。若处理的原始资料是光学影像(即相片),则需要利用影像数字化器对其进行数字化。数字成图的产品可以是数字的,也可以是模拟的。

摄影测量数字成图的过程如图 13-10 所示。

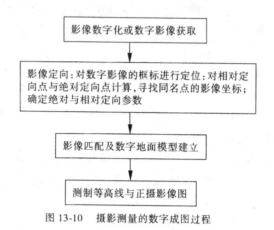

图 13-10　摄影测量的数字成图过程

数字摄影测量是摄影测量技术的发展方向。虽然现在的软件一般都为"自动化操作 + 作业员干预"的方式,相信在不远的将来,学术界真正倡导的全数字摄影测量(Full digital photogrammetry)时代必将来临。

第三节　地理信息系统

严格意义上说,地理信息系统并不是一种测量技术,而应该归纳为测量数据处理的范畴。它的功能是采集、管理、分析、显示各种空间数据。

一、地理信息系统概述

地理信息系统(GIS——Geographic Information System)脱胎于地图制图学(Cartography),是地图学在当代的扩展和进一步完善,这在学术界已经成为定论,它们都是地理信息的载体,具有存储、分析与显示地理信息的功能。国外不少学者甚至认为,19 世纪以来普遍应用的地形图、专题地图就是模拟形式的地理信息系统。

地理信息系统这一术语的提出要追溯到 20 世纪 60 年代。在 20 世纪中期,由于计算机科学的兴起和它在地图制图学与航空摄影测量学中的应用,使人们开始用计算机来收集、存贮和处理各种与空间信息有关的图形和属性数据,并尝试用计算机来为决策、管理提供服务。1963 年加拿大测量学家 R. F. Tomlinson 首先提出了地理信息系统这个术语,并建立了世界上第一个地理信息系统——加拿大地理信息系统(CGIS——Canada Geographic Information System)用于自然资源的管理和规划。

自 CGIS 出现之后,地理信息系统在全世界范围逐步得到推广和发展。表现在:①各种与 GIS 有关的协会、学会、研究所等纷纷建立。1966 年美国成立了城市和区域信息系统协会(URISA);国际地理联合会(IGU)于 1968 年设立了地理数据收集和处理委员会(CGDSP)。这些机构的建立对地理信息系统的技术传播,起到了很好的宣传作用。②各种应用软件如雨后春笋般相继出现。根据统计,在 20 世纪 70 年代,大约有 300 多个系统投入使用。1980 年美国地质调查局出版的《空间数据处理计算机软件》报告,总结了 1979 年前世界各国空间信息系统的发展概况,指出在这个期间,许多大学和研究机构开始重视 GIS 软件设计及应用的研究,GIS 也成为政府部门、商业公司等的一个引人注目的领域。

从全球 GIS 发展的历史来看,20 世纪 60 年代是 GIS 的起步阶段;70 年代是 GIS 的技术储备阶段,期间许多专业性的 GIS 先后问世;80 年代是 GIS 的推广和应用普及阶段;90 年代,GIS 已经深入到社会生活的各行各业,成为人们生活、学习和工作不可缺少的助手;在 21 世纪,GIS 在网络技术、通信技术、虚拟现实技术及信息科学与技术等的推动下,向更高层次上迈进。中国的 GIS 起源于 20 世纪 70 年代末期,此后经历了从无到有,从点到面,从研究到使用的过程。目前,我国的地理信息系统以武汉测绘科技大学、中科院地理所、国家基础地理信息中心为龙头,以部分大学的系部、专业化的研究所、GIS 软件公司为骨干和依托,正在向产业化方向迈进。许多实用的 GIS 系统已经建立,并在社会生活中扮演着重要角色。例如,国家基础地理信息中心建立的国家基础地理信息系统(NFGIS——National Fundamental GeographicInformation System)及七大江河地理信息系统在 1998 年的长江抗洪抢险中功不可没;海南省测绘局建立的海南国土资源信息系统在海南省的开发与规划中起了巨大的作用;其他如深圳、北京、上海、沈阳、宁波等较发达省市都建立了自己的 GIS,并在政府决策、城市规划、交通运输、生态环境保护、提高工农业生产率、打击犯罪、抗洪抢险、改善人民生活质量等方方面面发挥了重要作用。

二、地理信息系统的基本概念

如果从广义上说,地理信息系统就是处理空间数据的信息系统,如早期的各种版本的古地图、20 世纪中叶出现的计算机辅助制图(CAC——Comouter Aided Cartogrphy)软件等就属于 GIS 的范围,这个概念当然也不排除现在公认的 GIS 软件如 Arc/Info 等。

狭义上说,地理信息系统是为特定目标建立的空间信息系统,它是在计算机硬件、软件和网络的支持下,对有关空间数据进行预处理、输入、存储、检索、查询、处理、分析、显示、更新和提供应用的技术系统。

地理信息系统(GIS)与管理信息系统(MIS——Management Information System)是

有区别的:GIS 要对图形数据库和属性数据库共同管理、分析和使用,其硬件设备要复杂,系统功能要强;而 MIS,如情报检索系统、财务管理系统等,则只有属性数据库的管理。即使 MIS 中存贮了图形数据,也是以文件形式管理,图形要素不存在拓扑关系,不能分解、查询。如只管理表 13-1 中属性数据的属于 MIS,能同时管理图 13-11 中图形和表 13-1 中属性数据的属于 GIS。

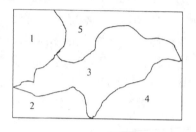

图 13-11 地块图

但是,并非管理图形的都是地理信息系统,如计算机辅助设计/制图系统(CAD——Computer Aided Design/Drawing)和 GIS 是不同的,虽然二者都能把图形目标和一定的参考系统联系起来,都能处理图形数据和属性数据,都能描绘拓扑关系,但是地理信息系统的数据容量大,数据输入方式和处理方法更具独特性能。一套功能强大的 CAD 可能完全不适合 GIS 任务的要求。

表 13-1 属性数据表

地 块 号	使 用 人	面积(亩)	类 别
1	张三	80	苹果园
2	李四	66	菜 地
3	王五	155	草 地
4	赵六	88	水产养殖
5	田七	101	居民地

三、地理信息系统的功能

GIS 作为计算机地图制图在当代的扩展,将肩负空间分析和地图制图自动化的双重任务。综括起来,GIS 的功能包括如下几个方面。

1. 空间数据的输入、存储和编辑功能

对于多源(地图、图像、文本等)、多尺度(比例尺或分辨率)的信息,可以实现自动或半自动输入,建立空间数据库。空间数据输入包括数字化、规范化和数据编码等内容。

所谓数字化,包括将不同信息经过扫描数字仪或跟踪数字化器,进行模数转换、坐标转换等,形成各种数据文件,存放在数据库中。

所谓规范化,就是对空间数据的比例尺、投影模型、数据精度、数据格式等进行转换,使它们统一起来。

所谓数据编码,就是根据一定的数据结构和目标属性特征,将数据转换为计算机容易识别的代码。

2. 数据的多功能检索

如数据分层检索和检索结果的逻辑操作、拓扑检索和变焦检索等。

3. 各种地理分析功能

如统计分析、地形分析、地理相关的回归分析和多因子分析、地理评价、多要素叠置分析等。

4. 动态模拟功能

根据相应的模型,进行诸如景观规划、水文气象、洪水灾情、水土流失等的预测预报和过程模拟等。

5. 数据输出、显示功能

对空间分析结果输出专题地图、图表、数据表格、报告等。

6. 数据更新功能

当数据库中数据现势性较差时,GIS 可以提供数据更新的功能。

四、空间数据模型和数据组织

空间目标的描述是 GIS 的核心技术方法之一,这就关系到 GIS 的数据模型问题。在 GIS 中一共有两种数据模型来描述空间目标,即矢量数据模型和栅格数据模型。两种模型对空间点、线、面目标采取不同的描述策略。

矢量数据模型以 (x,y) 坐标对来表达目标。在该模型中,点目标为一个坐标对 (x,y),线目标为前后相继的坐标串 $(x_1,y_1),(x_2,y_2),\cdots(x_n,y_n)$,面目标为前后相继并首位相接的坐标串 $(x_1,y_1),(x_2,y_2),\cdots(x_n,y_n),(x_1,y_1)$,对应的表达如图 13-12。

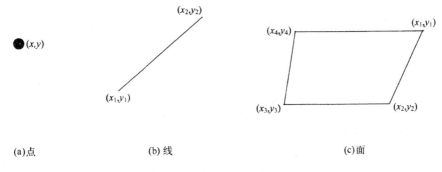

(a)点   (b)线   (c)面

图 13-12 空间目标的矢量描述

栅格数据模型用格网来表达目标。其基本思想是:把被研究的区域用一定大小的格网覆盖,一个格网的属性由被它覆盖的目标属性来决定。在栅格数据模型中,点目标

就是一个格网点,线目标是首位相继的格网集合,面目标是连续成片的格网,如图 13-13 所示。

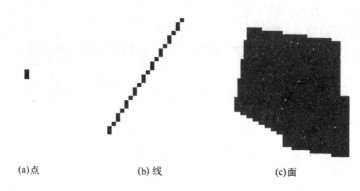

(a)点   (b)线   (c)面

图 13-13   空间目标的栅格描述

两种数据模型各有优缺点,其差异如表 13-2 所列。

表 13-2   矢量数据和栅格数据模型比较

栅格数据	矢量数据
优点:	优点:
1. 数据结构简单;	1. 数据结构严密;
2. 叠加操作容易实现;	2. 拓扑关系容易实现;
3. 能有效表达空间可变性;	3. 图形输出美观。
4. 便于图像的有效增强。	
缺点:	缺点:
1. 数据结构不紧凑,需要数据压缩技术的支持;	1. 数据结构复杂;
2. 难于表达拓扑关系;	2. 叠加操作不容易实现;
3. 图形输出不美观。	3. 表达空间变化能力差;
	4. 不能象数字图像那样做增强处理。

在一个 GIS 中究竟采用何种数据模型,取决于系统的目的。有的地理现象用矢量数据表达比较合适,有的用栅格数据模型更合适。矢量和栅格数据可以互相转换。

空间数据不论用矢量还是栅格数据模型表达,它们在空间数据库中一般都是分层存放的,通常一个专题分为一个层(图 13-14)。例如,地形图数据库可以划分为控制点、水系、道路、居民地、境界、地貌、土质植被、地名等 9 层。

五、地理信息系统应用

地理信息系统的应用已经遍布社会生活的方方面面,如测绘、地质、能源、交通、建筑、规划、电信、教育等行业都有 GIS 应用的实例。下面以某市电信管理为例,说明 GIS 的具体应用。

该城市电信 GIS 的目的是对电信网络资源管理,包括资源对象的录入、修改、删除、各项操作的合法性检验、网络拓扑图管理等。其功能分别描述如下：

1. 基础资源管理。包括局站、机房管理、设备资源管理等。

2. 网络拓扑管理。主要包括对传输、交换、数据通信网的拓扑管理等。

3. 管线资源管理。主要包括了对光缆网、电缆网和管道网的管理。

4. 工程图纸的管理。

5. 资源调度管理。

6. 客户管理。

为此，该 GIS 的硬件配置为（图 13-15）：以 Intel 系列个人计算机为核心，地图数字化仪通过串口与计算机相连，打印机通过并口

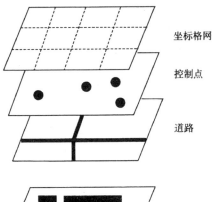

坐标格网

控制点

道路

居民地

图 13-14　空间数据的分层存放

与计算机相连。计算机型号要求在 Pentium3 以上。地图数字化仪用于对已经标图的电信目标进行定位，或对新地图进行数字化。打印机和绘图仪用于对本系统的地理信息或查询统计信息进行输出。软件配置为（图 3-16）：系统架构在 WINDOWS 操作系统平台之上，系统运行平台是 MAPINFO 地理信息管理系统，运行基于 MAPBASIC 编程环境开发的应用程序。

图 13-15　某电信 GIS 的硬件配置

本子系统应用层的基本组成包括地理信息平台的建立，电信目标数据的采集、修改及查询功能，其结构如图 13-17 所示。

六、地理信息系统的发展前景

GIS 是一门实用技术，其发展的原动力来自于社会生活的需要，其技术的完善又依赖于计算机技术、信息技术、心理学、数学、逻辑学等多学科融合的程度，这是由其交叉学科的特征决定了的。当前的 GIS 应用和研究，主要集中于下面几个方面：

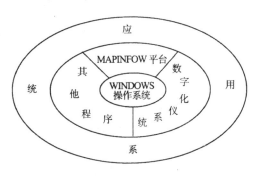

图 13-16　某电信 CIS 的软件结构

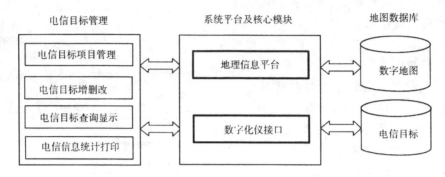

图 13-17　应用系统的组成

1. 多维 GIS 技术：初期的 GIS 是 2 维的，不能显示 3 维目标，因而在海洋、矿山等应用中有局限。现在研究和应用的多维 GIS 技术，不仅加入了立体，而且可以处理时间尺度的信息。

2. 网络 GIS 技术：单机的 GIS 已经不能满足信息时代的需要。当代的 GIS 要能够在 internet 上发布、传输地理信息，也可以让用户进行一定的地理分析。

3. 3S 集成：3S 即 GIS（Geographic Information System）、GPS（Global Positioning System）、RS（RemoteSensing）的合称。3S 集成研究如何使 GPS、RS 提供的数据在 GRS 中高效衔接，实现自动化。

4. 多媒体 GIS：即把图像、文字、声音、动画等多种媒体结合在一起的 GIS。

正如许多地理学家指出的那样，人们平时处理的信息，约 80% 与地理信息有关。所以，我们有理由相信，在不久的将来，GIS 必定会走进千家万户，走进我们的日常生活。

思考与练习题

13-1　什么是 GPS？

13-2　简述 GPS 的工作原理。

13-3　GPS 的定位误差来自哪几个方面？

13-4　什么是航空摄影测量？说明运用航空摄影测量方法制作地形图的基本过程。

13-5　摄制航空相片要注意哪些基本问题？

13-6　什么是立体视觉？

13-7　航摄相片与地形图的本质区别是什么？

13-8　数字摄影测量工作是如何进行的？

13-9　什么是 GIS？其功能是什么？

13-10　GIS 与 CAD 有什么区别和联系?

13-11　矢量和栅格数据模型各有什么优缺点?

13-12　一个 GIS 系统由什么组成?

参 考 文 献

1 潘正风,杨正尧.数字测图原理与方法.武汉:武汉大学出版社,2002

2 白迪谋.交通工程测量学.成都:西南交通大学出版社,1995

3 章书寿,陈福山.测量学教程.北京:测绘出版社,1989 年 11 月

4 中华人民共和国铁道部.新建铁路工程测量规范.北京:中国铁道出版社,1999

5 於宗俦,鲁林成.测量平差基础.北京:测绘出版社,1983

6 边馥苓.地理信息系统原理和方法.北京:测绘出版社,1996

7 徐庆荣等.计算机地图制图原理.武汉:武汉测绘科技大学出版社,1993

8 张超等.地理信息系统.北京:高等教育出版社,1995